高等职业教育专业教材（职业本科适用）

中国轻工业"十四五"规划教材

分析化学

蒋晓华　主编

ANALYTICAL CHEMISTRY

中国轻工业出版社

图书在版编目（CIP）数据

分析化学 / 蒋晓华主编. — 北京： 中国轻工业出版社，2024.12
ISBN 978-7-5184-4944-6

Ⅰ.①分… Ⅱ.①蒋… Ⅲ.①分析化学 Ⅳ.①O65

中国国家版本馆CIP数据核字（2024）第084471号

责任编辑：王 婕
策划编辑：张 靓　　责任终审：白 洁　　封面设计：锋尚设计
版式设计：砚祥志远　　责任校对：吴大朋　　责任监印：张 可

出版发行：中国轻工业出版社（北京鲁谷东街 5 号，邮编：100040）
印　　刷：北京君升印刷有限公司
经　　销：各地新华书店
版　　次：2024年12月第1版第1次印刷
开　　本：787×1092　1/16　印张：19.25
字　　数：391千字
书　　号：ISBN 978-7-5184-4944-6　定价：49.00元
邮购电话：010-85119873
发行电话：010-85119832　010-85119912
网　　址：http://www.chlip.com.cn
Email：club@chlip.com.cn

版权所有　侵权必究
如发现图书残缺请与我社邮购联系调换
211304J2X101ZBW

前 言

　　本书是根据教育部《"十四五"职业教育规划教材建设实施方案》的精神，基于深圳职业技术大学分析化学金课暨课程思政示范课建设过程中教学改革与实践的经验，在张英2009年主编的《分析化学》基础上，按照本科层次职业教育培养具有综合的专业知识和较强的技术研发能力、能解决工作过程中复杂实践问题能力的高层次技术应用型人才的目标要求，依据融媒体教材和新形态一体化教材2.0的标准重新编写而成。

　　本书遵循高等教育和职业教育人才培养的双重规律，围绕分析检验岗位核心能力需求，对分析结果的数据处理、化学分析、仪器分析中的分光光度法做了较全面系统的阐述，在编写时以知识体系为架构、以技术活动为核心、以技术模块为载体，突出本科层次职业教育的学术性和职业性，在构建内容体系上具有以下特色。

　　（1）校企共建，紧贴经济社会迭代进程。本书由深圳职业技术大学、常州工业职业技术学院、广东新安职业技术学院、深圳市计量质量检测研究院合编，并有宁波大学、深圳大学等高校教师，以及深圳天祥质量技术服务有限公司等检测认证领域的企业专家全程参与指导，精准对接区域检测认证行业、企业对人才培养的新需求。

　　（2）融合思政元素，引领价值取向。深入挖掘和运用分析化学知识中蕴含的哲学思想和思政教育元素，将知识传授、技能培养与思想引导、价值引领相结合，将家国情怀、法制意识、环保意识和国际视野等融入编写全过程，用人生哲理来诠释化学问题，培养科学的思维方式。

　　（3）涵盖大赛真题，兼顾证书培训。本书参考了世界技能大赛"化学实验室技术"、全国大学生化学实验创新设计大赛等赛项的技能理念、技能标准、评价体系，并结合"检验检测岗位通用技能"等工种证书的培训要求，把大赛部分真题、证书部分培训真题等融入到编写内容中，真正实现"以赛促教""以证促学""赛证融合"，在满足日常教学的同时，也可用于大赛训练及证书培训。

　　（4）穿插数字素材，丰富学习体验。借助现代信息技术及互联网技术，把抽象的知识点和技能点，通过微课、动画等数字技术手段展示，寓学于乐，丰富阅读者学习体验。

学银在线

　　本教材配有丰富数字化教学资源，可通过登录学银在线网站（https://www.xueyinonline.com/detail/245014337）在线学习，也可通过扫描以下二维码获取更多教材相关资源。

　　本书共分九个模块，其中模块一和模块四由深圳职业技术大学蒋晓华编写，模块二由深圳职业技术大学谢诗仪编写，模块三由深圳职业技术大学陈思羽编写，模块五由广东新安职业技术学院刘秋华编写，模块六由常州工业职业技术学院周凯和深圳市计量质量检测研究院赵彦编写，模块七由深圳职业技术大学隗晶晶编写，模块八由深圳职业技术大学杨玉皖编写，模块九由深圳职业技术大学陈露编写，任务工单由深圳职业技术大学吕智文编写。全书由蒋晓华整理定稿。

本书是在张英、丁文捷、刘莉萍、从彦丽等老师前期工作的积累上编写完成，感恩前辈的辛勤付出和无私奉献。

本书编写过程中，得到了深圳职业技术大学各级领导和相关部门的大力支持，得到了宁波大学郭智勇、深圳大学杨海朋等教授的中肯建议，同时得到了陈寿、黄珍海、周正火等企业专家的热心协助，在此一并衷心感谢。

由于编者学识水平所限，书中难免有错误和疏漏之处，恳请读者批评指正。

编者

目 录

模块六 氧化还原滴定分析法 ····························· 156

学习目标 ··· 156

模块导学（知识点思维导图） ··························· 157

模块一
认识分析化学

学习目标

知识目标

1. 了解分析化学的任务、作用与分类方法。
2. 了解分析方法及定量分析过程的一般要求。
3. 掌握分析工作的基本程序。

能力目标

1. 能以分析的眼光正确看待社会上的各种安全问题。
2. 能对自身的未来职业有一定认识和规划。
3. 能完成企业参观实践的相关任务。

职业素养目标

1. 能领会分析检验职业道德。
2. 能具有科学的工作态度和细致的专业作风。
3. 能与同学进行良好的沟通与合作。
4. 能自主学习并有一定创新精神。

【理论微课】
分析化学课程概述

【理论微课】
认识分析化学

📖 模块导学（知识点思维导图）

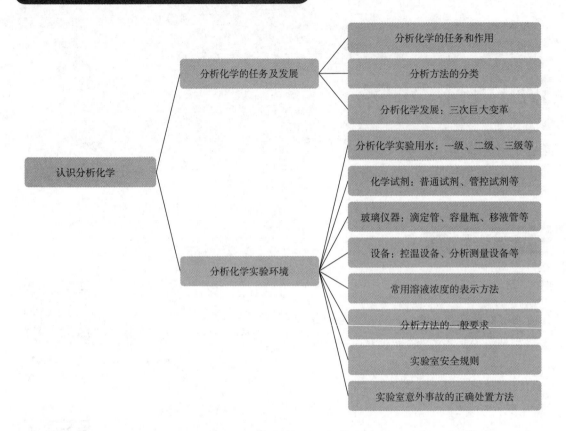

分析化学是一门人们赖以获得物质的组成和结构信息的科学，而这些信息对于药品、食品、精细化学品和材料等产品的生产管理及质量监控都是必不可少的，是人们进行生命科学、材料科学、环境科学和能源科学研究的基础。因此，分析化学被称为科学技术的眼睛，是化学及相关专业非常重要的一门基础课程。

知识一　分析化学的任务及发展

一、分析化学的任务和作用

分析化学的任务是确定物质的化学组成、测量各组成的含量以及表征物质的化学结构。它们分别属于定性分析、定量分析和结构分析研究的范畴。

分析化学在国民经济的发展、国防力量的壮大、自然资源的开发及科学技术的进步等各方面的作用举足轻重。例如，从工业原料的选择、工艺流程的控制直至成品质量检测，从土壤成分、化肥、农药到作物生长过程的研究，从武器装备的生产和研制到刑事犯罪活动的侦破，从资源勘探、矿山开发到三废的处理和综合利用，无不依赖分析化学的配合。

二、分析方法的分类

根据分析任务、分析对象、测定原理、操作方法和具体要求的不同，分析方法可分为许多种类。

1. 定性分析、定量分析和结构分析

定性分析的任务是鉴定物质由哪些元素、原子团或化合物所组成；定量分析的任务是测定物质中有关成分的含量；结构分析的任务是研究物质的分子结构或晶体结构。

2. 无机分析和有机分析

无机分析的对象是无机物，有机分析的对象是有机物。在无机分析中，组成无机物的元素种类较多，通常要求鉴定物质的组成和测定各成分的含量。在有机分析中，组成有机物的元素种类不多，但结构相当复杂，分析的重点是官能团分析和结构分析。

3. 化学分析和仪器分析

以物质的化学反应为基础的分析方法称为化学分析法。化学分析法历史悠久，是分析化学的基础，又称经典分析法，主要有重量分析法和滴定分析（容量分析）法等。

以物质的物理和物理化学性质为基础的分析方法称为物理和物理化学分析法。这类方法都需要较特殊的仪器，通常称为仪器分析法。最主要的仪器分析法有以下几种。

（1）光学分析法　是根据物质的光学性质所建立的分析方法，主要包括以下几种。

①分子光谱法：如可见和紫外分光光度法、红外光谱法、分子荧光及磷光分析法。

②原子光谱法：如原子发射光谱法、原子吸收光谱法。

③其他：如激光拉曼光谱法、光声光谱法、化学发光分析等。

（2）电化学分析法　是根据物质的电化学性质所建立的分析方法，主要包括电位分析法、电重量法、库仑法、伏安法、极谱法和电导分析法。

（3）热分析法　是根据测量体系的温度与某些性质（如质量、反应热或体积）间的动力学关系所建立的分析方法，主要包括热重量法、差示热分析法和测温滴定法。

（4）色谱法　是一种重要的分离富集方法，主要包括气相色谱法、液相色谱法（分为柱色谱、纸色谱）以及离子色谱法。

近年发展起来的质谱法、核磁共振、X射线、电子显微镜分析以及毛细管电泳等大型仪器的分离分析方法使得分析手段更为强大。

4. 常量分析、半微量分析、微量分析和超微量分析

根据试样的用量及操作规模不同，可分为常量、半微量、微量和超微量分析，各种分析方法的试样用量如表1-1所示。

表1-1　各种分析方法的试样用量

方法	试样质量 /g	试液体积 /mL
常量分析	>0.1	>10
半微量分析	0.1~0.01	10~1
微量分析	0.01~0.001	1~0.01
超微量分析	<0.001	<0.01

根据待测成分含量高低不同，又可粗略分为常量成分（质量分数>1%）、微量成分（质量分数 0.01%~1%）和痕量成分（质量分数<0.01%）的测定。痕量成分的分析不一定是微量分析，为了测定痕量成分，有时取样千克以上。

5. 例行分析和仲裁分析

一般化验室日常生产中的分析，称为例行分析。不同单位对分析结果有争论时，请权威的单位进行裁判的分析工作，称为仲裁分析。

三、分析化学发展

分析化学有悠久的历史，在科学史上，分析化学曾经是研究化学的开路先锋。它对元素的发现，原子质量的测定，定比定律、倍比定律等化学基本定律的确立，矿产资源的勘察利用等，都曾做出重要贡献。

进入 20 世纪，分析化学学科的发展经历了三次巨大的变革。第一次在 20 世纪初，由于物理化学溶液理论的发展，为分析化学提供了理论基础，建立了溶液中四大平衡理论，使分析化学由一种技术发展为一门科学。第二次变革发生在第二次世界大战前后，物理学和电子学的发展，促进了各种仪器分析方法的发现，改变了经典分析化学以化学分析为主的局面。自 20 世纪 70 年代以来，以计算机应用为主要标志的信息时代的到来，促使分析化学进入第三次变革时期。由于生命科学、环境科学、新材料科学发展的需要，基础理论及测试手段的完善，现代分析化学完全可能为各种物质提供组成、含量、结构、分布、形态等全面的信息，使微区分析、薄层分析、无损分析、瞬时追踪、在线监测及过程控制等过去的难题都迎刃而解。分析化学广泛吸取了当代科学技术的最新成就，成为当代最富活力的学科之一。

练一练1-1：选择正确答案。

1. 微量分析样品质量为（　　）g。

A. 10~1　　　　　　　　　　　　　　　B. 1~0.1

C. 0.1~0.01　　　　　　　　　　　　　D. 0.01~0.001

2. 若被测组分含量在1%~0.01%，对其进行分析属于（　　）。

A. 微量分析　　　　　　　　　　　　　B. 微量组分分析

C. 痕量组分分析　　　　　　　　　　　D. 半微量分析

3. 下列分析方法中属于化学分析的是（　　）。

A. 电化学分析　　　　　　　　　　　　B. 滴定分析

C. 重量分析　　　　　　　　　　　　　D. 光学分析

知识二　分析化学实验环境

在分析工作中，对使用的水、试剂、仪器和分析操作方法等均有一些特殊要求，这些要求是为了保证我们在实验中正确地理解标准检测方法中表述的实验内容，规范地完成分析操作，得到准确的分析结果。

一、分析化学实验用水

（一）纯水的规格与合理选用

分析化学实验不能直接使用自来水或其他天然水，而需使用按一定方法制备得到的纯水。纯水并不是绝对不含杂质，只是杂质的含量极微小而已。我国已建立了实验室用水规格的国家标准，GB/T 6682—2008《分析实验室用水规格和试验方法》中规定了实验室用水的技术指标、制备方法及检验方法。实验室用水的级别及主要指标见表1-2。

纯水来之不易，应根据实验对水的要求合理选用适当级别的水，并注意节约用水。在化学定量分析实验中，一般使用三级水；仪器分析实验一般使用二级水；有的实验（如电化学分析实验）则需使用一级水。

表1-2　实验室用水的级别及主要指标

指标名称	一级	二级	三级
pH范围（25℃）	—	—	5.0~7.5
电导率（25℃）/（mS/m）≤	0.01	0.10	0.50
吸光度（254nm，1cm光程）≤	0.001	0.01	—
可溶性硅（以SiO_2计）含量/（mg/L）≤	0.01	0.02	—

（二）纯水的制备方法

1. 三级水的制备

三级水是最普遍使用的纯水，过去多采用蒸馏（用铜质或玻璃蒸馏装置）的方法制备，故通常称为蒸馏水，为节约能源和减少污染，目前多改用离子交换法、电渗析法或反渗透法制备。

蒸馏法设备成本低，操作简单，但能量消耗大，只能除去水中非挥发性杂质，不能完全除去水中溶解的气体杂质。

离子交换法的去离子效果好（亦称去离子水），但不能除去水中非离子型杂质，故去离子水中常含有微量的有机物。

电渗析法是在直流电场的作用下，利用阴、阳离子交换膜对原水中存在的阴、阳离子选择性渗透的性质而去除离子型杂质。同离子交换法相似，电渗析法也不能除去非离子型杂质。好的电渗析器所制备的纯水电阻率为$0.15~0.20M\Omega \cdot cm$，接近三级水的质量。

2. 二级水的制备

二级水可含有微量的无机、有机或胶态杂质，可采用蒸馏、反渗透或去离子后再经蒸馏等方法制备。

3. 一级水的制备

一级水基本上不含溶解或胶态离子杂质及有机物，可用二级水进一步处理制得。例如可采用将二级水用石英蒸馏器进一步蒸馏、通过离子交换混合床或0.2μm的过滤膜的方法制备。

二、化学试剂

（一）化学试剂的种类和使用

试剂的纯度对分析结果准确度的影响很大，不同的分析工作对试剂纯度的要求也不相同。因此，必须了解试剂的分类标准，以便正确使用试剂。

化学试剂的种类很多，世界各国对化学试剂的分类和分级的标准不尽一致。化学试剂按照用途可分为标准试剂、一般试剂和生化试剂等。我国根据化学试剂中所含杂质的多少，将实验室普遍使用的一般试剂划分为三个等级，具体的名称、标志和主要用途见表1-3。

表1-3　化学试剂的级别和主要用途

级别	名称	英文标志	标签颜色	主要用途
一级	优级纯（guaranteed reagent）	GR	绿	精密分析实验
二级	分析纯（analytical reagent）	AR	红	一般分析实验
三级	化学纯（chemical pure）	CP	蓝	一般化学实验

此外，还有基准试剂、色谱纯试剂、光谱纯试剂等。基准试剂的纯度相当于或高于优级纯试剂；色谱纯试剂是在最高灵敏度下以 10^{-10} 下无杂质峰来表示的；光谱纯试剂专门用于光谱分析，它是以光谱分析时出现的干扰谱线的数目及强度来衡量的，即其杂质含量用光谱分析法已测不出或其杂质含量低于某一限度。

高纯试剂和基准试剂的价格要比一般试剂高数倍乃至数十倍。因此，应根据分析工作的具体情况进行选择，不要盲目地追求高纯度。关于基准试剂的应用，后续模块中会专门讲解，这里仅指出试剂选用的一般原则。

（1）滴定分析常用的标准滴定溶液，一般应选用分析纯试剂配制，再用基准试剂进行标定。某些情况下（例如对分析结果要求不是很高的实验），也可以用优级纯或分析纯试剂代替基准试剂。滴定分析中所用其他试剂一般为分析纯。

（2）仪器分析实验一般使用优级纯或专用试剂，测定微量或超微量成分时应选用高纯试剂。

（3）某些试剂从主体含量看，优级纯与分析纯相同或很接近，只是杂质含量不同。若所做实验对试剂杂质要求高，应选择优级纯试剂；若只对主体含量要求高，则应选用分析纯试剂。

（4）按规定，试剂的标签上应标明试剂名称、化学式、摩尔质量、级别、技术规格、产品标准号、生产许可证号、生产批号、厂名等，危险品和毒品还应给出相应的标志。若上述标记不全，应提出质疑。当所购试剂的纯度不能满足实验要求时，应将试剂提纯后再使用。

（5）指示剂的纯度往往不太明确，除少数标明"分析纯""试剂四级"外，经常只写明"化学试剂"等。常用的有机试剂也常等级不明，一般只可作"化学纯"试剂使用，必要时进行提纯。

（二）化学试剂的保管和取用

试剂保管不善或取用不当，极易变质和玷污。这在分析化学实验中往往是引起误差甚至造成实验失败的主要原因之一。因此，必须按一定的要求保管和取用试剂。

（1）使用前，要认清标签；取用时，不可将瓶盖随意乱放，应将瓶盖反放在干净的地方。固体试剂应用干净的药匙取用，用毕立即将药匙洗净，晾干备用。液体试剂一般用量筒取用。倒试剂时，标签朝上，不要将试剂泼洒在外，多余的试剂不应倒回试剂瓶内，取完试剂随手将瓶盖盖好，切不可"张冠李戴"，以防玷污。

（2）装盛试剂的试剂瓶都应贴上标签，写明试剂的名称、规格、日期等，不可在试剂瓶中装入与标签不符的试剂，以免造成差错。标签脱落的试剂，在未查明前不可使用。标签要用碳素墨水书写或打印，以保证字迹长久，并贴在试剂瓶的2/3处。

（3）使用标准滴定溶液前，应把试剂充分摇匀。

（4）易腐蚀玻璃的试剂，如氟化物、苛性碱等，应保存在塑料瓶或涂有石蜡的玻璃瓶中。

（5）易氧化的试剂（如氯化亚锡、低价铁盐）、易风化或潮解的试剂（如 $AlCl_3$、无水 Na_2CO_3、$NaOH$ 等），应用石蜡密封瓶口。

（6）易受光分解的试剂，如 $KMnO_4$、$AgNO_3$ 等，应用棕色瓶盛装，并保存在暗处。

（7）易受热分解的试剂、低沸点的液体和易挥发的试剂，应保存在阴凉处。

（8）剧毒试剂，如氰化物、三氧化二砷、二氯化汞等，必须特别妥善保管和安全使用。

（三）常用化学试剂

在分析工作中使用的试剂除特别注明外一般为分析纯试剂。乙醇除特别注明外，指95%的乙醇。常用的酸碱试剂有盐酸、硫酸、硝酸、磷酸、氨水等，如果没有指明浓度即为市售的浓盐酸、浓硫酸、浓硝酸、浓磷酸、浓氨水等，常用市售酸碱试剂的密度和浓度见表1-4。

表1-4　常用市售酸碱试剂的密度和浓度

试剂名称	化学式	相对分子质量	密度 $\rho/$（g/mL）	质量分数 $w/\%$	物质的量浓度 $c_B/$（mol/L）
浓硫酸	H_2SO_4	98.08	1.84	96	18
浓盐酸	HCl	36.46	1.19	37	12
浓硝酸	HNO_3	63.01	1.42	70	16
浓磷酸	H_3PO_4	98.00	1.69	85	15
冰醋酸	CH_3COOH	60.05	1.05	99	17
高氯酸	$HClO_4$	100.46	1.67	70	12
浓氢氧化钠	$NaOH$	40.00	1.43	40	14
浓氨水	$NH_3 \cdot H_2O$	17.03	0.90	28	15

三、玻璃仪器

分析化学中使用的玻璃仪器和玻璃器皿需按规定要求彻底洗净后才能使用。仪器洗涤是否符合要求，对化验工作的准确度和精密度均有影响。不同分析工作（如工业分析、一般化学分析、微量分析等）有不同的仪器洗净要求。

玷污的玻璃仪器和玻璃器皿，根据玷污物的性质，采用不同洗涤液，通过化学或物理作用，有效地洗净仪器。

（一）洗涤仪器的一般步骤

1. 水刷洗

准备一些用于洗涤各种形状仪器的毛刷，如试管刷、烧杯刷、瓶刷等。首先用毛刷蘸水刷洗仪器，用水冲去可溶性物质及刷去表面黏附的灰尘。

2. 用低泡沫洗涤液刷洗

在仪器中加入低泡沫洗涤液和水，摇动，必要时可加入滤纸碎块，或用毛刷刷洗，温热的洗涤液去油能力更强，必要时可短时间浸泡。去污粉因含有细砂等固体摩擦物，有损玻璃，一般不要使用。冲净洗涤剂，再用自来水洗3遍。

将滴管、吸量管、小试管等仪器浸于温热的洗涤剂水溶液中，在超声波清洗机液槽中洗涤数分钟，洗涤效果极佳。

洗净的仪器倒置时，水流出后器壁应不挂水珠。至此再用少量纯水洗涤仪器3次，洗去自来水带来的杂质，即可使用。

（二）洗涤液使用注意事项

针对仪器玷污物的性质，采用不同洗涤液通过化学或物理作用能有效地洗净仪器。要注意在使用各种性质不同的洗液时，一定要把上一种洗涤液除去后再用另一种，以免相互作用，生成更难洗净的产物。

洗涤液的使用要考虑能有效地除去污染物，不引进新的干扰物质（特别是微量分析），又不腐蚀器皿。强碱性洗液不应在玻璃器皿中停留超过20min，以免腐蚀玻璃。

铬酸洗液因毒性较大尽可能不用，近年来多以合成洗涤剂、有机溶剂等来去除油污，但必要时仍要用到铬酸洗液。

（三）砂芯玻璃滤器的洗涤

（1）新的滤器使用前应以热的盐酸或铬酸洗液边抽滤边清洗，再用纯水洗净。可正置或倒置用水反复抽洗。

（2）针对不同的沉淀物采用适当的洗涤剂先溶解沉淀，或反置用水抽洗沉淀物，再用蒸馏水冲洗干净，在110℃烘干，升温和冷却过程都要慢慢进行，以防裂损。然后保存在无尘的柜或有盖的容器中。若不然积存的灰尘和沉淀堵塞滤孔很难洗净。表1-5列出的洗涤砂芯玻璃滤器常用的洗涤液可供选用。

表1-5　洗涤砂芯玻璃滤器常用的洗涤液

沉淀物	洗涤液
AgCl	（1+1）氨水或10% $Na_2S_2O_3$ 水溶液
$BaSO_4$	100℃浓硫酸或用EDTA-NH_3 水溶液（3% EDTA二钠盐 500mL与浓氨水100mL混合）加热近沸
汞渣	热浓 HNO_3
有机物质	铬酸洗液浸泡或温热洗液抽洗
脂肪	CCl_4 或其他适当的有机溶剂
细菌	将化学纯浓 H_2SO_4 5.7mL、化学纯 $NaNO_3$ 2g、纯水 94mL充分混匀，抽气并浸泡48h后以热蒸馏水洗净

（四）吸收池（比色皿）的洗涤

玻璃或石英比色皿在使用前要充分洗净，根据污染情况，用冷的或温热的（40~50℃）含阴离子表面活性剂的碳酸钠溶液（2%）浸泡，可加热10min左右。也可用硝酸、重铬酸钾洗液（测Cr和紫外区测定时不用）、磷酸三钠、有机溶剂等洗涤。对于有色物质的污染可用HCl（3mol/L）-乙醇（1+1）溶液洗涤。用自来水、实验室用纯水充分洗净后倒立在纱布或滤纸上控去水，如急用，可用乙醇、乙醚润洗后用吹风机吹干。

（五）特殊的洗涤方法

（1）有的玻璃仪器（主要是成套的组合仪器）可安装起来，用水蒸气蒸馏法洗涤一定时间。如凯氏微量定氮仪，使用前用装置本身发生的蒸汽处理5min。

（2）测定微量元素用的玻璃器皿用10% HNO_3 溶液浸泡8h以上，然后用纯水冲净。测磷用的仪器不能用含磷酸盐的商品洗涤剂洗涤。测Cr、Mn的仪器不能用铬酸洗液、$KMnO_4$ 洗液洗涤。测铁用的玻璃仪器不能用铁丝柄毛刷刷洗。测锌、铁用的玻璃仪器酸洗后不能再用自来水冲洗，必须直接用纯水洗涤。

（3）测定分析水中微量有机物的仪器可用铬酸洗液浸泡15min以上，然后用自来水、蒸馏水洗净。

（4）用于环境样品中痕量物质提取的索氏提取器，在分析样品前应先用己烷、乙醚分别回流3~4h。

（5）有细菌的器皿，可在170℃热空气中灭菌2h。

（6）严重玷污的器皿可置于高温炉中于400℃加热15~30min。

玻璃仪器的干燥和保管方法参见本教材模块三任务二。

四、设备

分析工作中经常使用的控温设备有恒温水浴锅、恒温干燥箱、高温电炉（马弗炉）等，测量仪器如天平、酸度计、温度计、分光光度计、色谱仪等，均需按照国家有关规程进行测试和校正。此外，常用的还有砝码、滴定管、移液管、容量瓶、刻度吸管等。

水浴除回收有机溶剂或特别注明温度外，均指沸水浴。烘箱除特别注明外，均指100~105℃烘箱。

五、常用溶液浓度的表示方法

广义的浓度概念通常是指在一定量的溶液中所含溶质的量。分析工作中常用的表示方法有以下几种。

1. 质量分数（%，m/m）

质量分数指溶质的质量与溶液的质量之比，可用符号w（B）表示，B代表溶质。如w（HCl）=0.37，也可以用"百分数"表示，即w（HCl）=37%，表示100g溶液中含有37g氯化氢。市售浓酸浓碱大多采用这种表示方法。如果分子、分母两个质量单位不同，则质量分数应写上单位，如mg/g，μg/g，ng/g（1μg=1000ng）。

2. 体积分数（%，V/V）

体积分数指相同的温度和压力下，溶质的体积与溶液的体积之比，可用符号φ（B）表示，B代表溶质。如φ（CH$_3$CH$_2$OH）= 0.8，也可以用"百分数"表示，即φ（CH$_3$CH$_2$OH）= 80%，表示100mL溶液中含有80mL无水乙醇。将原装液体试剂稀释时，多采用这种浓度。

3. 质量浓度（m/V）

质量浓度指溶质的质量与溶液的体积之比，可用符号ρ（B）表示，B代表溶质。如ρ（NaOH）=10g/L，指1L溶液中含有10g氢氧化钠。当浓度很稀时，可用mg/L，μg/L，ng/L表示。

4. 比例浓度

比例浓度指各组分的体积比。如正丁醇-氨水-无水乙醇（7：1：2）或（7+1+2）指7体积正丁醇、1体积氨水和2体积无水乙醇混合而成的溶液。

5. 物质的量浓度（mol/L）

狭义的浓度概念即物质的量浓度，指溶质的物质的量与溶液体积之比，可用符号$c(B)$表示，B代表溶质的基本单元。如$c(CH_3COOH)=2mol/L$，表示1L乙酸溶液中含有2mol乙酸。

此外，在分析工作中经常用到液体的滴作为量的单位，液体的滴指蒸馏水自标准滴管自然滴下的一滴的量，在20℃时20滴相当于1mL。

在分析工作中"溶液"除特别注明外均指水溶液。

六、分析方法的一般要求

在分析工作中，"称取"指用天平进行的称量操作，其准确度要求用数值的有效数字的位数表示，如"称取20.0g……"指要求称量的准确度为±0.1g；"称取20.00g……"指要求称量的准确度为±0.01g。"准确称取"指必须用分析天平进行称量操作，其准确度一般至±0.0001g；"准确称取约"一般指必须准确称至±0.0001g，但称取量可接近所列的数值（不超过所列数值的±10%）。恒量指在规定条件下，供试样品连续两次灼烧或干燥后称定的质量之差不超过规定的范围。"量取"指用量筒或量杯取液体物质的操作，其准确度要求用数值的有效数字的位数表示。"吸取"指用移液管或刻度吸量管吸取液体物质的操作，其准确度要求用数值的有效数字的位数表示。"空白实验"指除不加样品外，其余采用完全相同的分析步骤、试剂和用量（滴定法中标准滴定液用量除外），进行平行操作所得结果。用于扣除样品中试剂本底和计算检验方法的检测限。

七、实验室安全规则

在分析工作中，经常使用腐蚀性、易燃、易爆炸或有毒的化学试剂；大量使用易损的玻璃仪器和某些精密分析仪器；使用煤气、水电等。为确保实验的正常进行和人身安全，必须严格遵守实验室的安全规则。

（1）必须熟悉实验室周围环境，熟悉实验室水闸、电闸、灭火器的位置。

（2）使用电器设备时，不能用湿的手去开启电闸，以防触电。

（3）一切有毒、有气味的气体实验，都应在通风橱内进行。使用浓的HNO_3、HCl、H_2SO_4、$HClO_4$、氨水时，均应在通风橱中操作，绝不允许在实验室加热。

（4）不能用手直接拿取试剂，要用药匙或指定的容器取用。取用一些强腐蚀性的试剂如氢氟酸、溴水等，必须戴上橡皮手套。

（5）对易燃物（如酒精、丙酮、乙醚等）、易爆物（如氯酸钾），使用时要远离火源，用完后应及时加盖存放在阴凉通风处。低沸点的有机溶剂应在水浴上加热。

（6）热的、浓的$HClO_4$遇有机物常易发生爆炸。如果试样为有机物时，应先用浓硝酸加热，使之与有机物发生反应，有机物被破坏后，再加入$HClO_4$。蒸发$HClO_4$所产生的烟雾易在通风橱中凝聚，经常使用$HClO_4$的通风橱应定期用水冲洗，以免$HClO_4$的凝聚物与尘埃、有机物作用，引起燃烧或爆炸，造成事故。

（7）汞盐、砷化物、氰化物等剧毒物品，使用时应特别小心。氰化物不能接触酸，因作用时产生HCN（剧毒），氰化物废液应倒入碱性亚铁盐溶液中，使其转化为亚铁氰化铁盐类，然后作废液处理。严禁直接倒入下水道或废液缸中。

（8）实验室内严禁饮食、吸烟，一切化学药品严禁入口。实验完毕后，需认真洗手。

八、实验室意外事故的正确处置方法

实验时，若有事故发生，应沉着、冷静，正确应对。实验室意外事故的处理方法见表1-6。

表1-6　实验室意外事故的处理方法

事故	正确处理方法
强酸腐伤	先用大量水冲洗，然后擦上碳酸氢钠油膏
氢氟酸腐伤	迅速用水冲洗，再用5%碳酸钠溶液冲洗，然后浸泡在饱和硫酸镁溶液中半小时，最后敷以硫酸镁26%、氧化镁6%、甘油18%、水和盐酸普鲁卡因1.2%配成的药膏（或用甘油和氧化镁质量比为2：1的悬浮剂涂抹，用消毒纱布包扎）
强碱腐伤	立即用大量水冲洗，然后用1%柠檬酸或硼酸溶液清洗
磷烧伤	用1%硫酸铜、1%硝酸银或浓高锰酸钾溶液处理伤口后，送医院治疗
吸入溴、氯等有毒气体	吸入少量酒精和乙醚的混合蒸气以解毒，同时应到室外呼吸新鲜空气
汞泄漏	撒上硫黄粉，使汞与硫反应，生成不挥发的硫化汞
触电事故	立即拉开电闸，截断电源，尽快利用绝缘物（干木棒，竹竿）将触电者与电源隔离
火灾	酒精及其他可溶于水的液体着火时，可用水灭火；汽油、乙醚等有机溶剂着火时，用沙土扑灭；导线或电器着火时，首先切断电源，再用CCl_4灭火器灭火

上述事故如果严重，应立即送医院医治。

思考与练习题

1. 定性分析、定量分析和结构分析的任务是什么?

2. 对物质进行定量分析主要有哪些方法?

3. 将10g NaCl溶于100mL水中,请用c、w、ρ表示溶液中NaCl的浓度。

4. 玻璃仪器洗涤的一般方法是什么?

5. 分析实验用水有何规定?

6. 分析实验用试剂有何要求?

【思政内容】
模块一　阅读与拓展

模块二
定量分析中误差及数据处理

🏳 学习目标

知识目标

1. 理解定量分析中误差相关的概念及计算，理解误差的分类及减免方法。
2. 掌握有效数字的概念和运算规则。
3. 了解分析数据的统计处理方法。

能力目标

1. 能够初步解析实际分析检验工作中影响准确度的原因并提出解决办法。
2. 能够正确记录和计算分析检验结果有效数字。
3. 能够正确计算平均值的标准偏差并给出置信区间。
4. 能够正确解析不同分析方法的测定结果是否存在显著性差异。
5. 能够判断分析结果可疑值并正确地进行取舍。

职业素养目标

1. 培养正确评价和表达分析结果的能力。
2. 培养求真务实、实事求是的科学态度及社会责任感。
3. 学习老一辈科学家坚定朴素、执着求真的科学精神。

📖 模块导学（知识点思维导图）

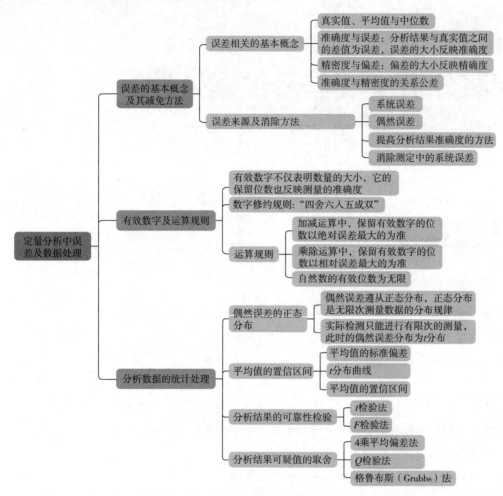

分析化学定量分析的目的是准确测定试样中各有关组分的含量。但是在实际分析工作中，用同一个分析方法，测定同一个样品，虽然经过多次测定，却不能得到完全一样的测定结果。这说明在测定过程中误差是客观存在的。为此，我们必须了解误差产生的原因及其种类，尽可能采取措施将误差减到最小，以提高分析结果的准确度。

知识一　误差的基本概念及其减免方法

误差是测量测得的量值减去参考量值。测得的量值简称测得值，代表测量结果的量值。所谓参考量值，一般由量的真值或约定量值来表示。对于测量而言，人们往往把一个量在被观测时其本身所具有的真实大小认为是被测量的真值。实际上，它是一个理想的概念。因为只有"当某量被完善地确定并能排除所有测量上的缺陷时，通过测量所得到的量值"才是量的真值。从测量的角度来说，难以做到这一点。因此，一般说来，真值不可能确切获知。

出于测量及分析需要，误差往往包括以下基本概念。

一、误差相关的基本概念

（一）真实值、平均值与中位数

1. 真实值
物质中各组分的实际含量称为真实值，它是客观存在的，但不可能准确地知道。

2. 平均值
（1）总体与样本　总体（或母体）是指随机变量x_i的全体。样本（或子样）是指从总体中随机抽出的一组数据。

（2）样本平均值　n次测量数据的算术平均值$\bar{x}$为：

$$\bar{x} = \frac{x_1 + x_2 + ... + x_n}{n} = \frac{\sum\limits_{i=1}^{n} x_i}{n} \qquad （2-1）$$

样本平均值虽然不是真值，但比单次测量结果更接近真值。因而在日常工作中，总是重复测定数次，然后求得平均值。

（3）总体平均值　在消除系统误差之后并且测定次数趋于无穷大时，所得总体平均值（μ）才能代表真实值。

$$\mu = \lim_{n \to \infty} \frac{\sum\limits_{i=1}^{n} x_i}{n} \qquad （2-2）$$

3. 中位数（x_M）
一组测量数据按大小顺序排列，中间一个数据即为中位数x_M。当测量值的个数为偶数时，中位数为中间相邻两个测量值的平均值。它的优点是能简便直观说明一组测量数据的结果，且不受两端具有过大误差的数据的影响，缺点是不能充分利用数据。

（二）准确度与误差

准确度（accuracy）是指测定值与真实值之间相符合的程度，准确度的高

【理论微课】
准确度与误差

低常以误差的大小来衡量。

分析结果和真实值之间的差值称为误差（error）。误差越小，表示测定结果与真实值越接近，准确度越高；反之，误差越大，分析结果的准确度越低。当测定结果大于真实值时，误差为正值，表示测定结果偏高；反之，误差为负值，表示测定结果偏低。

误差有两种表示方式：绝对误差和相对误差。

绝对误差（absolute error）：表示测定值（x）与真实值（T）之差。

$$绝对误差（E）=测定值（x）-真实值（T） \tag{2-3}$$

相对误差（relative error）：是指绝对误差（E）在真实值中所占百分率。

$$相对误差（RE\%）=\frac{测定值（x）-真实值（T）}{真实值（T）}\times100\% \tag{2-4}$$

由于测定值可能大于真实值，也可能小于真实值，所以绝对误差和相对误差都有正、负之分。

【例2-1】若测定值为57.30，真实值为57.34，求绝对误差和相对误差。

解：绝对误差（E）$= x - T = 57.30-57.34 = -0.04$

相对误差（$RE\%$）$=\frac{E}{T}\times100\%=\frac{-0.04}{57.34}\times100\%=-0.07\%$

【例2-2】若测定值为85.35，真实值为85.39，求绝对误差和相对误差。

解：绝对误差（E）$= x - T = 85.35-85.39 = -0.04$

相对误差（$RE\%$）$=\frac{E}{T}\times100\%=\frac{-0.04}{85.39}\times100\%=-0.05\%$

由例2-1和例2-2的结果可以看出，两次测定的绝对误差是相同的，但它们的相对误差却相差较大。相对误差能够反映绝对误差在真实值中所占的比率，这对于比较各种情况下测定结果的准确度更具有实际意义。

对于多次测量的数值，其误差可按下式计算：

$$绝对误差（E）=平均值（\bar{x}）-真实值（T） \tag{2-5}$$

$$相对误差（RE\%）=\frac{平均值（\bar{x}）-真实值（T）}{真实值（T）}\times100\% \tag{2-6}$$

【例2-3】若测定3次结果为0.1201g/L，0.1193g/L和0.1185g/L，标准含量为0.1234g/L，求绝对误差和相对误差。

解：平均值 $=\frac{0.1201+0.1193+0.1185}{3}=0.1193（g/L）$

绝对误差（E）$=\bar{x}-T = 0.1193-0.1234 = -0.0041（g/L）$

相对误差（$RE\%$）$=\frac{E}{T}\times100\%=\frac{-0.0041}{0.1234}\times100\%=-3.3\%$

绝对误差和相对误差在实际应用时，具体情况具体分析。为了说明一些仪器测量的准确度，用绝对误差更清楚。如分析天平的称量误差是 ±0.0001g，常量滴定管的读数误差是 ±0.01mL 等。这些都是用绝对误差来说明的。

（三）精密度与偏差

【理论微课】
精密度与偏差

在实际工作中，分析人员在同一条件下平行测定几次，如果几次分析结果的数值比较接近，表示分析结果的精密度高。精密度（precision）表示在相同条件下各次分析结果相互接近的程度。在分析化学中，有时用重复性（repeatability）和再现性（reproducibility）表示不同情况下分析结果的精密度。前者表示同一分析人员在同一条件下所得分析结果的精密度；后者表示不同分析人员或不同实验室之间在各自的条件下所得分析结果的精密度。

精密度大小用偏差表示，偏差越小说明精密度越高。

1. 偏差

偏差（deviation）有绝对偏差和相对偏差。

绝对偏差是指单项测定值与平均值的差值。

$$绝对偏差（d）=x-\bar{x} \tag{2-7}$$

相对偏差是指绝对偏差在平均值中所占的百分率。

$$相对偏差 = \frac{x-\bar{x}}{\bar{x}} \times 100\% \tag{2-8}$$

绝对偏差和相对偏差都有正、负之分，当测定结果大于平均值时，偏差为正值，反之，偏差为负值。单次测定的偏差为零，对多次测定数据的精密度常用算术平均偏差（$\bar{d}$）表示。

2. 算术平均偏差

算术平均偏差（arithmetic average deviation）是指单项测定值与平均值的偏差（取绝对值）之和，除以测定次数。

$$算术平均偏差（\bar{d}）= \frac{\sum |x_i - \bar{x}|}{n} \qquad (i=1,2,3\cdots n) \tag{2-9}$$

$$相对平均偏差 = \frac{\bar{d}}{\bar{x}} \times 100\% \tag{2-10}$$

算术平均偏差和相对平均偏差不计正负。

【例2-4】计算下面这一组测量值的平均值（$\bar{x}$），算术平均偏差（$\bar{d}$）和相对平均偏差。

$$55.51, \ 55.50, \ 55.46, \ 55.49, \ 55.51$$

解：平均值（$\bar{x}$）$= \dfrac{\sum x_i}{n} = \dfrac{(55.51+55.50+55.46+55.49+55.51)}{5} = 55.49$

$$算术平均偏差（\bar{d}）=\frac{\sum|x_i-\bar{x}|}{n}=\frac{(0.02+0.01+0.03+0.00+0.02)}{5}=\frac{0.08}{5}=0.016$$

$$相对平均偏差=\frac{\bar{d}}{\bar{x}}\times100\%=\frac{0.016}{55.49}\times100\%=0.028\%$$

3. 标准偏差

在数理统计中常用标准偏差（standard deviation）来衡量精密度。

（1）总体标准偏差　当测量次数为无限多次时，各测量值对总体平均值 μ 的偏离，用总体标准偏差 σ 表示。总体标准偏差可以表达测定数据的分散程度，其数学表达式为：

$$总体标准偏差（\sigma）=\sqrt{\frac{\sum(x_i-\mu)^2}{n}} \tag{2-11}$$

（2）样本标准偏差　一般测定次数有限，总体平均值 μ 不知道，只能用样本标准偏差 s 来衡量该组数据的分散程度，样本标准偏差数学表达式（贝塞尔公式）为：

$$样本标准偏差（s）=\sqrt{\frac{\sum(x_i-\bar{x})^2}{n-1}} \tag{2-12}$$

式（2-12）中（$n-1$）在统计学中称为自由度，意思是在 n 次测定中，只有（$n-1$）个独立可变的偏差，因为 n 个绝对偏差之和等于零，所以，只要知道（$n-1$）个绝对偏差，就可以确定第 n 个的偏差值。

（3）相对标准偏差　标准偏差在平均值中所占的百分率称为相对标准偏差（coefficient of variation），也称变异系数或变动系数（CV）。其计算式为：

$$CV=\frac{s}{\bar{x}}\times100\% \tag{2-13}$$

用标准偏差表示精密度比用算术平均偏差表示要好。因为单次测定值的偏差经平方以后，较大的偏差就能显著地反映出来。所以生产和科研的分析报告中常用 CV 表示精密度。

例如，现有两组测量结果，各次测量的偏差分别为：

第一组 +0.3，+0.2，+0.4，-0.2，-0.4，+0.0，+0.1，-0.3，+0.2，-0.3

第二组 0.0，+0.1，-0.7，+0.2，+0.1，-0.2，+0.6，+0.1，-0.3，+0.1

两组的算术平均偏差 $\bar{d}$ 分别为：

第一组：$\bar{d}_1=\frac{\sum|d_i|}{n}=0.24$

第二组：$\bar{d}_2=\frac{\sum|d_i|}{n}=0.24$

从两组的算术平均偏差（$\bar{d}$）的数据看，都等于 0.24，说明两组的算术平均偏差相同。但很明显的可以看出第二组的数据较分散，其中有 2 个数据即 -0.7 和 +0.6 偏差较大。用算术平均偏差（$\bar{d}$）表示显示不出这个差异，但用标准偏差（s）表示时，就明显体现出第二组数据较大。各次的标准偏差（s）分别为：

第一组：$s_1 = \sqrt{\dfrac{\sum (x_i - \bar{x})^2}{n-1}} = 0.28$

第二组：$s_2 = \sqrt{\dfrac{\sum (x_i - \bar{x})^2}{n-1}} = 0.34$

由此说明第一组的精密度较好。

（4）样本标准偏差的简化计算　按上述公式计算，得先求出平均值$\bar{x}$，再求出（$x_i - \bar{x}$）及 $\sum (x_i - \bar{x})^2$，然后计算出s值，比较麻烦。可以通过数学推导，简化为下列等效公式计算：

$$s = \sqrt{\frac{\sum x_i^2 - \left(\sum x_i\right)^2 \Big/ n}{n-1}} \tag{2-14}$$

利用这个公式，可直接从测定值来计算s值，而且很多计算器上有$\sum x$及$\sum x^2$功能，有的计算器上还有s及σ功能，所以计算s值还是十分方便的。

4. 极差

一般分析中，平行测定次数不多，常采用极差（R）来说明偏差的范围，极差也称全距。

$$R = 测定最大值 - 测定最小值 \tag{2-15}$$

$$相对极差 = \frac{R}{\bar{x}} \times 100\% \tag{2-16}$$

（四）准确度与精密度的关系

关于准确度与精密度的定义及确定方法，在前面已有叙述。准确度和精密度是两个不同的概念，它们相互之间有一定的关系，现举例说明。

例如：现有三组各分析 4 次结果的数据如表 2-1 所示，并绘制成如图 2-1 所示的图表（标准值为 0.31 ）。

表 2-1　三组各分析 4 次结果的数据

	一	二	三	四	平均值
第一组	0.20	0.20	0.18	0.17	0.19
第二组	0.40	0.30	0.25	0.23	0.30
第三组	0.36	0.35	0.34	0.33	0.35

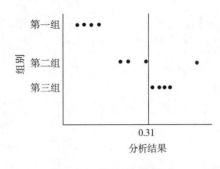

图2-1 准确度与精密度

由图2-1可知以下结论。

第一组测定的结果：精密度很高，但平均值与标准值相差很大，说明准确度很低。

第二组测定的结果：精密度不高，测定数据较分散，虽然平均值接近标准值，但这是凑巧得来的，如只取2次或3次来平均，结果与标准值相差较大。

第三组测定的结果：测定的数据较集中并接近标准数据，说明其精密度与准确度都较高。

由此可见欲使准确度高，首先必须要求精密度高。但精密度高并不说明其准确度也高，因为可能在测定中存在系统误差，可以说精密度是保证准确度的先决条件。

（五）公差

公差也称允差，是指某分析方法所允许的平行测定间的绝对偏差，公差的数值是将多次测得的分析数据经过数理统计方法处理而确定的，是生产实践中用以判断分析结果是否合格的依据。若2次平行测定的数值之差在规定允差绝对值的2倍以内，认为有效，如果测定结果超出允许的公差范围，称为超差，就应重做。

例如：重铬酸钾法测定铁矿中铁含量，2次平行测定结果为33.18%和32.78%，2次结果之差为33.18%-32.78%=0.40%，生产部门规定铁矿含铁量在30%~40%，允差为±0.30%。

因为0.40%小于允差±0.30%的绝对值的2倍（即0.60%），所以测定结果有效。可以用2次测定结果的平均值作为分析结果。即

$$w_{Fe} = \frac{33.18 + 32.78}{2} \times 100\% = 32.98\%$$

这里要指出的是，以上公差表示方法只是其中一种，在各种标准分析方法中公差的规定不尽相同，除上述表示方法外，还有用相对误差表示，或用绝对误差表示。要看公差的具体规定。

 练一练2-1：选择正确答案。

1. 准确度和精密度的关系是（　　　）。

A. 准确度不高，精密度一定不会高　　　　B. 准确度高，要求精密度也高

C. 精密度高，准确度一定高　　　　　　　D. 两者没有关系

2. 绝对偏差是指单项测定与（　　　）的差值。

A. 真实值　　　　B. 测定次数　　　　C. 平均值　　　　D. 绝对误差

3. 托盘天平读数误差在 2g 以内，分析样品应称至（ ）才能保证称样相对误差为 1%。

A. 100g　　　　　　B. 200g　　　　　　C. 150g　　　　　　D. 50g

4. 如果要求分析结果达到 0.1% 的准确度，50mL 滴定管读数误差约为 0.02mL，滴定时所用液体的体积至少要（ ）。

A. 10mL　　　　　　B. 5mL　　　　　　C. 20mL　　　　　　D. 40mL

5. 精密度的高低用（ ）的大小表示。

A. 误差　　　　　　B. 相对误差　　　　　　C. 偏差　　　　　　D. 准确度

二、误差来源及减免方法

我们进行样品分析的目的是为获取准确的分析结果，然而即使我们用最可靠的分析方法、最精密的仪器、熟练细致的操作，所测得的数据也不可能和真实值完全一致。这说明误差是客观存在的。但是如果我们掌握了产生误差的基本规律，就可以将误差减小到允许的范围内。为此必须了解误差的性质和产生的原因以及减免的方法。

根据误差产生的原因和性质，我们将误差分为系统误差和偶然误差两大类。

【理论微课】
误差来源及
减免方法

（一）系统误差

系统误差又称可测误差。它是由分析操作过程中的某些常见原因造成的。在重复测定时，它会重复表现出来，对分析结果的影响比较固定。这种误差可以设法减小到可忽略的程度。分析工作中，将系统误差产生的原因归纳为以下几方面。

1. 仪器误差

仪器误差是由于使用的仪器本身不够精密所造成的。如使用未经过校正的容量瓶、移液管和砝码等。

2. 方法误差

方法误差是由于分析方法本身造成的。如在滴定过程中，由于反应进行的不完全、化学计量点和滴定终点不相符合，以及由于条件没有控制好或发生其他副反应等原因，都会引起系统的测定误差。

3. 试剂误差

试剂误差是由于所用蒸馏水含有杂质或所使用的试剂不纯所引起的。

4. 操作误差

操作误差是由于分析工作者掌握分析操作的条件不熟练、感知颜色变化的敏锐度不同和固有习惯所致。如对滴定终点颜色的判断偏深或偏浅，对仪器刻度标线读数不准确等都会引起测定误差。

（二）偶然误差

偶然误差又称随机误差，是指测定值受各种因素的随机变动而引起的误差。例如，测量时的环境温度、湿度和气压的微小波动，仪器性能的微小变化等，都会使分析结果在一定范围内波动。偶然误差的形成取决于测定过程中一系列随机因素，其大小和方向都是不固定的。因此，无法测量，也不可能校正，所以偶然误差又称不可测误差，它是客观存的，是不可避免的。

除以上两类误差外，还有一种误差称为过失误差，这种误差是由于操作不正确、粗心大意而造成的。例如加错试剂、读错砝码、溶液溅失等，皆可引起较大的误差。有较大误差的数值在找出原因后应弃去不用，绝不允许把过失误差当作偶然误差。只要工作认真，操作正确，过失误差是完全可以避免的。

（三）提高分析结果准确度的方法

要提高分析结果的准确度，必须考虑在分析工作中可能产生的各种误差，采取有效的措施，将这些误差减小到最小。

1. 选择合适的分析方法

各种分析方法的准确度是不相同的。化学分析法对高含量组分的测定，能获得准确和较满意的结果，相对误差一般在千分之几。而对低含量组分的测定，化学分析法就达不到这个要求。仪器分析法虽然误差较大，但是由于灵敏度高，可以测出低含量组分。在选择分析方法时，主要根据组分含量及对准确度的要求，在可能的条件下选择最佳的分析方法。

2. 增加平行测定的次数

增加测定次数可以减少偶然误差。在一般的分析测定中，测定次数为3~5次，如果没有过失误差发生，基本上可以得到比较准确的分析结果。

3. 减小测量误差

尽管天平和滴定管校正过，但在使用中仍会引入一定的误差。如使用分析天平称取一份试样，就会引入 ± 0.0002g的绝对误差，为了使测量的相对误差小于0.1%，则试样的最低称样量应为：

$$m = \frac{\text{绝对误差}}{\text{相对误差}} = \frac{0.0002\text{g}}{0.001} = 0.2\text{g}$$

使用滴定管完成一次滴定，会引入 ± 0.02mL 的绝对误差。为了使测量的相对误差小于0.1%，滴定剂的最少消耗体积为：

$$V = \frac{绝对误差}{相对误差} = \frac{0.02\text{mL}}{0.001} = 20\text{mL}$$

（四）消除测定中的系统误差

消除系统误差可以采取以下措施。

（1）空白试验 由试剂和器皿引入的杂质所造成的系统误差，一般可做空白试验来加以校正。空白试验是指在不加试样的情况下，按试样分析规程在同样的操作条件下进行的测定，空白试验所得结果的数值称为空白值。从试样的测定值中扣除空白值，就能得到比较准确的分析结果。

（2）校正仪器 分析测定中，具有准确体积和质量的仪器，如滴定管、移液管、容量瓶和分析天平砝码，都应进行校正，以消除仪器不准所引起的系统误差，因为这些测量数据都是参与分析结果计算的。

（3）对照试验 常用的对照试验有 3 种。

①用组成与待测试样相近，已知准确含量的标准样品，按所选方法测定，将对照试验的测定结果与标样的已知含量相比，其比值称为校正系数。

$$标正系数 = \frac{标准试样组分的标准含量}{标准试样测得的含量}$$

则试样中被测组分含量的计算为：

$$测试样中被测组分含量 = 测得含量 \times 校正系数$$

②用标准方法与所选用的方法测定同一试样，若测定结果符合公差要求，说明所选方法可靠。

③用加标回收率的方法检验，即取 2 等份试样，在一份中加入一定量待测组分的纯物质，用相同的方法进行测定，计算测定结果和加入纯物质的回收率，以检验分析方法的可靠性。

✏️ **练一练2-2：选择正确答案。**

1. 在滴定分析中，会产生系统误差的是（ ）。

A. 试样未经充分混匀   B. 滴定管的读数读错

C. 滴定时有液滴溅出   D. 砝码未经校正

2. 下列因素中，会产生系统误差的是（ ）。

A. 称量时未关天平门   B. 砝码稍有锈蚀

C. 滴定管末端有气泡   D. 滴定管最后一位读数估计不准

3. 下列情况所引起的误差中，不属于系统误差的是（　　）。

A. 移液管转移溶液后残留量稍有不同　　B. 称量时使用的砝码锈蚀

C. 天平的两臂不等长　　　　　　　　　D. 试剂里含微量的被测组分

4. 下列误差中，属于偶然误差的是（　　）。

A. 砝码未经校正　　　　　　　　　　　B. 读取滴定管读数时，最后一位数字估计不准

C. 容量瓶和移液管不配套　　　　　　　D. 重量分析中，沉淀有少量溶解损失

5. 可用（　　）减免分析测试中的系统误差。

A. 进行仪器校正　　　　　　　　　　　B. 增加测定次数

C. 认真细心操作　　　　　　　　　　　D. 测定时保证环境的湿度一致

6. （　　）可以减小分析测试中的偶然误差。

A. 对照试验　　　　　　　　　　　　　B. 空白试验

C. 仪器校正　　　　　　　　　　　　　D. 增加平行测定的次数

知识二　有效数字及运算规则

一、有效数字

为了取得准确的分析结果，不仅要准确进行测量，而且还要正确记录与计算。所谓正确记录是指正确记录数字的位数。因为数据的位数不仅表示数字的大小，也反映测量的准确程度。所谓有效数字，就是实际能测得的数字。

有效数字保留的位数，应根据分析方法与仪器的准确度来决定，一般使测得的数值中只有最后一位是可疑的。例如在分析天平上称取试样 0.5000g，这不仅表明试样的质量是 0.5000g，还表示称量的误差在 ±0.0002g 以内。如将其质量记录成 0.50g，则表示该试样是在台秤上称量的，其称量误差为 ±0.02g。因此记录数据的位数不能任意增加或减少。如在上例中，在分析天平上，测得称量瓶的质量为 10.4320g，这个记录说明有 6 位有效数字，最后一位是可疑的。因为分析天平只能称准到 0.0001g，即称量瓶的实际质量应为（10.4320±0.0002）g。无论计量仪器如何精密，其最后一位数总是估计出来的。因此所谓有效数字就

【理论微课】
有效数字及
运算规则

是保留末一位不准确数字，其余数字均为准确数字。同时从上面例子也可以看出有效数字和仪器的准确程度有关，即有效数字不仅表明数量的大小，而且也反映测量的准确度。

二、有效数字中"0"的意义

"0"在有效数字中有两种意义：一种是作为数字定位，另一种是有效数字。

例如在分析天平上称量物质，得到如下的质量：

物质	称量瓶	Na_2CO_3	$H_2C_2O_4 \cdot 2H_2O$	称量纸
质量m/g	10.1430	2.1045	0.2104	0.0120
有效数字位数	6位	5位	4位	3位

以上数据中"0"所起的作用是不同的。

（1）在10.1430中两个"0"都是有效数字，所以它有6位有效数字。

（2）在2.1045中，"0"也是有效数字，所以它有5位有效数字。

（3）在0.2104中，小数点前面的"0"是定位用的，不是有效数字，而在数字中间的"0"是有效数字，所以它有4位有效数字。

（4）在0.0120中，"1"前面的2个"0"都是定位用的，而在末尾的"0"是有效数字，所以它有3位有效数字。

综上所述可知，数字之间的"0"和末尾的"0"都是有效数字，而数字前面所有的"0"只起定位作用。以"0"结尾的正整数，有效数字的位数不确定。例如4500这个数，就不好确定是几位有效数字，可能为2位或3位，也可能是4位。遇到这种情况，应根据实际有效数字位数书写成：

4.5×10^3　　　　　2位有效数字

4.50×10^3　　　　　3位有效数字

4.500×10^3　　　　　4位有效数字

因此很大或很小的数，常用10的乘方表示。当有效数字确定后，在书写时，一般只保留1位可疑数字，多余的数字按数字修约规则处理。

对于滴定管、移液管和吸量管，它们都能准确测量溶液体积到0.01mL。所以当用50mL滴定管测量溶液体积时，如测量体积大于10mL小于50mL，应记录为4位有效数字，例如写成24.22mL。如测量体积小于10mL，应记录为3位有效数字，例如写成8.13mL。当用25mL移液管移取溶液时，应记录为25.00mL；当用5mL吸量管吸取溶液时，应记录为5.00mL。当用

250mL容量瓶配制溶液时，则所配制溶液的体积应记录为250.0mL。当用50mL容量瓶配制溶液时，则应记录为50.00mL。

总而言之，测量结果所记录的数字，应与所用仪器测量的准确度相适应。

分析化学中还经常遇到pH、lg$K$等对数值，其有效数字位数仅决定于小数部分的数字位数，例如pH=2.08，为两位有效数字，它是由$[H^+]=8.3 \times 10^{-3}$mol/L取负对数而来，所以是2位而不是3位有效数字。

三、数字修约规则

为了适应生产和科技工作的需要，我国已经正式颁布了GB/T 8170—2008《数值修约规则与极限数值的表示和判定》，通常称为"四舍六入五成双"法则。

四舍六入五考虑，即当尾数≤4时舍去，尾数≥6时进位。当尾数恰为5时，则应视保留的末位数是奇数还是偶数，5前为偶数应将5舍去，5前为奇数则进位。

这一法则的具体运用如下。

（1）若被舍弃的第一位数字大于5，则其前一位数字加1。如28.2645只取3位有效数字时，其被舍弃的第一位数字为6，大于5，则有效数字应为28.3。

（2）若被舍弃的第一位数字等于5，而其后数字全部为零，则视被保留的末位数字为奇数或偶数（零视为偶数），而定进或舍，末位是奇数时进1、末位为偶数不加1。如28.350，28.250，28.050只取3位有效数字时，分别应为28.4，28.2及28.0。

（3）若被舍弃的第一位数字为5，而其后面的数字并非全部为零，则进1。如28.2501，只取3位有效数字时，则进1，成为28.3。

（4）若被舍弃的数字包括几位数字时，不得对该数字进行连续修约，而应根据以上各条作一次处理。如2.154546，只取3位有效数字时，应为2.15，而不得按下法连续修约为2.16。

$$2.154546 \rightarrow 2.15455 \rightarrow 2.1546 \rightarrow 2.155 \rightarrow 2.16$$

在实际工作中，有时测试部门与计算部门先将获得数据按指定的修约数位多一位或几位报出，而后由其他部门判定。为避免产生连续修约的错误，应按下述步骤进行。报出数值最右的非零数字为5时，应在数值右上角加"+"或加"−"或不加符号，分别表明已进行过舍、进或未舍未进。如16.50$^+$表示实际值大于16.50，经修约舍弃为16.50；16.50$^-$表示实际值小于16.50，经修约进一为16.50。如需对报出值进行修约，拟舍弃最右一位数字为5，且其后无数字或皆为零时，数值右上角有"+"者进一，有"−"者舍去，其他仍按法则（1）~（4）条规定进行。如实测值15.4546，报出值15.5$^-$，修约值15；实测值16.5203，报出值16.5$^+$，修约值17；实测值17.5000，报出值17.5，修约值18。

练一练2-3：选择正确答案。

1. 下列叙述正确的是（　　　　）。

A. 溶液pH为11.32，读数有四位有效数字

B. 0.0150g试样的质量有4位有效数字

C. 测量数据的最后一位数字不是准确值

D. 从50mL滴定管中，可以准确放出5.000mL标准溶液

2. pH4.230有（　　　　）位有效数字。

A. 4　　　　　　　B. 3　　　　　　　C. 2　　　　　　　D. 1

3. 分析工作中实际能够测得的数字称为（　　　　）。

A. 精密数字　　　　B. 准确数字　　　C. 可靠数字　　　D. 有效数字

4. 下面数值中，有效数字为四位的是（　　　　）。

A. w=25.30%　　　　B. pH=11.50　　　　C. 0.0987　　　D. 1000

5. 实测值9.4503，报出值为三位有效数字，修约值为两位有效数字，下列结果取舍正确的是（　　　　）。

A. 报出值9.45⁺，修约值9.4　　　　B. 报出值9.45⁺，修约值9.5

C. 报出值9.45，修约值9.4　　　　　D. 报出值9.45，修约值9.5

四、有效数字运算规则

前文根据仪器的准确度介绍了有效数字的意义和记录原则。在分析计算中，有效数字的保留也很重要。下面就加减和乘除法的运算规则来加以讨论。

1. 加减法

在加减法运算中，保留有效数字的位数，以小数点后位数最少的为准，即以绝对误差最大的为准，例如：

0.0121+25.64+1.05782=?

	正确计算		不正确计算
	0.01		00.0121
	25.64		25.64
+	1.06	+	1.05782
	26.71		26.70992

上例中相加的 3 个数据中，25.64 中的"4"已是可疑数字。因此最后结果有效数字的保留应以此数为准，即保留有效数字的位数到小数点后第二位。所以左面的写法是正确的，而右面的写法是不正确的。

2. 乘除法

乘除法运算中，保留有效数字的位数，以位数最少的数为准，即以相对误差最大的数为准。例如：

$$0.0121 \times 25.64 \times 1.05782 = ?$$

以上 3 个数的乘积应为：

$$0.0121 \times 25.6 \times 1.06 = 0.328$$

在这个算题中，3 个数字的相对误差分别为：

$$0.0121 \text{相对误差} = \frac{\pm 0.0001}{0.0121} \times 100\% = \pm 0.8\%$$

$$25.64 \text{相对误差} = \frac{\pm 0.01}{25.64} \times 100\% = \pm 0.04\%$$

$$1.05782 \text{相对误差} = \frac{\pm 0.00001}{1.05782} \times 100\% = \pm 0.0009\%$$

在上述计算中，以第一个数的相对误差最大（有效数字为 3 位），应以它为准，将其他数字根据有效数字修约原则，保留 3 位有效数字，然后相乘即得结果 0.328。

再计算一下结果 0.328 的相对误差：

$$\text{相对误差} = \frac{\pm 0.001}{0.328} \times 100\% = \pm 0.3\%$$

此数的相对误差与第一数的相对误差相适应，故应保留 3 位有效数字。

如果不考虑有效数字保留原则，直接计算：

$$0.0121 \times 25.64 \times 1.05782 = 0.32818230808$$

结果得到 11 位数字，显然这是极不合理的。

同样，在计算中也不能任意减少位数，如上述结果记为 0.32 也是不正确的。这个数的相对误差为：

$$\text{相对误差} = \frac{\pm 0.01}{0.32} \times 100\% = \pm 3\%$$

显然是又超过了上面 3 个数的相对误差。

在乘除法运算中，各数值计算有效数字位数时，当第一位有效数字 ≥ 8 时，有效数字位数可以多计 1 位。如 8.34 是 3 位有效数字，在运算中可以作 4 位有效数字看待。

有效数字的运算法，目前还没有统一的规定，可以先修约，然后运算，也可以直接用计算器计算，然后修约到应保留的位数，其计算结果可能稍有差别，不过也是最后可疑数字上稍有差别，影响不大。

3. 自然数

在分析化学运算中，有时会遇到一些倍数或分数的关系，如：

$$\frac{H_3PO_4 的相对分子质量}{3} = \frac{98.00}{3} = 32.76$$

水的相对分子质量（M_r）$= 2 \times 1.008 + 16.00 = 18.02$

在这里分母"3"和"2×1.008"中的"2"，都不能看作是1位有效数字。因为它们是非测量所得到的数，是自然数，其有效数字位数，可视为无限的。

知识三 分析数据的统计处理

在分析过程中，由于分析方法、测量仪器、试剂和分析工作者等主、客观条件的限制，测定结果不可能和真实含量（真值）完全一致；任何一种定量分析的结果都必然带有不确定度。因此有必要对实验数据进行处理，对测定结果的可靠性和准确程度做出合理的判断和正确的表达。

一、偶然误差的正态分布

1. 偶然误差的规律

从表面上看，偶然误差似乎是没有规律的，但是在消除系统误差之后，在同样条件下，进行反复多次测定，发现偶然误差还是有规律的，它遵从正态分布（即高斯分布）规律，如图2-2所示为总体标准偏差 σ 不同的2条偶然误差的正态分布曲线，也是测量值的正态分布曲线。

从正态分布曲线上反映出偶然误差的规律有以下几点。

（1）绝对值相等的正误差和负误差出现的概率相同，呈对称性。

（2）绝对值小的误差出现的概率大，绝对值大的误差出现的概率小，绝对值很大的误差出现的概率非常小。亦即误差有一定的实际极限。

根据统计学理论，正态分布曲线的数学表达式为：

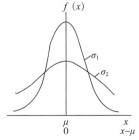

图2-2 正态分布曲线

$$y = f(x) = \frac{1}{\sigma\sqrt{2\pi}} e^{\frac{-(x-\mu)^2}{2\sigma^2}} \qquad (2-17)$$

式中　y——概率密度；

　　　μ——总体平均值（代表真实值）；

　　　σ——总体标准偏差，从总体平均值μ到正态分布曲线上 2 个拐点中任何一个拐点的
　　　　　距离；

　　　x——测定值；

　　　e——自然对数的底，e=2.718；

　　　π——圆周率，取 3.14159。

其曲线的形状与总体标准偏差σ大小有关。若将横坐标改用置信因子u表示，$u = \frac{x-\mu}{\sigma}$，则将正态分布曲线标准化，此时：

$$y = \phi(u) = \frac{1}{\sqrt{2\pi}} e^{\frac{-u^2}{2}} \qquad (2-18)$$

其曲线的形状与σ的大小无关，便于积分计算各区间的概率，如图2-3所示。

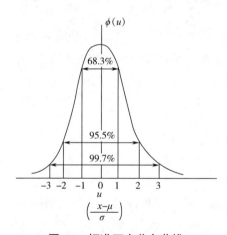

图2-3　标准正态分布曲线

μ和σ是正态分布函数中的两个基本参数，μ反映数据的集中趋势，大多数测定值集中在μ值附近。σ反映数据的分散程度，由曲线波峰的宽度反映出来。图2-2表示平均值相同而精密度不同的两组数据的正态分布情况。显然，σ_2的分散程度比σ_1的大。σ越大，测定值越分散，精密度越低。

2. 偶然误差的区间概率

正态分布曲线和横坐标所围的面积表示全部数据出现概率的总和，应当是100%，即概率$P=1$。概率计算公式为：

$$P = \int_{u_1}^{u_2} \frac{1}{\sqrt{2\pi}} \, \mathrm{e}^{\frac{-u^2}{2}} \, \mathrm{d}u \qquad\qquad （2\text{-}19）$$

当$u_1 = -\infty$，$u_2 = +\infty$时，则$P=1$。在某一区间出现的概率，可以取不同u值进行积分得到，一般不用自行运算，可以查正态分布概率积分表（表2-2）。

表2-2　正态分布概率积分表

$\|u\|$	面积	$\|u\|$	面积	$\|u\|$	面积
0.0	0.0000	1.0	0.3413	2.0	0.4773
0.1	0.0398	1.1	0.3643	2.1	0.4821
0.2	0.0793	1.2	0.3849	2.2	0.4861
0.3	0.1179	1.3	0.4032	2.3	0.4893
0.4	0.1554	1.4	0.4192	2.4	0.4918
0.5	0.1915	1.5	0.4332	2.5	0.4938
0.6	0.2258	1.6	0.4452	2.6	0.4953
0.7	0.2580	1.7	0.4554	2.7	0.4965
0.8	0.2881	1.8	0.4641	2.8	0.4974
0.9	0.3159	1.9	0.4713	2.9	0.4987

由表2-2可求出偶然误差或测量值出现在某区间的概率（如图2-3所示），见表2-3。

表2-3　偶然误差或测量值出现在某区间的概率

偶然误差出现的区间	测量值出现的区间	概率 /%
$u = \pm 1$	$x = \mu \pm 1\sigma$	68.3
$u = \pm 1.96$	$x = \mu \pm 1.96\sigma$	95.0
$u = \pm 2$	$x = \mu \pm 2\sigma$	95.5
$u = \pm 2.58$	$x = \mu \pm 2.58\sigma$	99.0
$u = \pm 3$	$x = \mu \pm 3\sigma$	99.7

由此可见，偶然误差超过$\mu \pm 3\sigma$的测量值出现的概率是很小的，只有0.3%，所以，特大的误差出现的概率接近零。在实际工作中，如果多次重复测量中的个别数据的误差的绝对值大于3σ，则这些测量值可以舍去，见本模块本知识四、1.中的$4\bar{d}$法。

在通常的分析工作中，一般只进行少数几次测定，出现大误差是不太可能的，一旦出现，有理由认为它不是由偶然误差引起的，应该将这个数据弃去。

根据上述规律，为了减少偶然误差，应该重复多做几次平行实验并取其平均值。这样可使正负偶然误差相互抵消，在消除了系统误差的条件下，平均值就可能接近真实值。

3. 随机不确定度

准确度和精密度只是对测量结果的定性描述，不确定度才是对测量结果的定量描述。

由于测量误差的存在，对被测量值不能肯定的程度称为不确定度。对偶然误差来说不可能完全消除，所以测量结果总是存在随机不确定度。

单次测量的随机不确定度（Δ），可用标准偏差（σ）和置信因子（u）的乘积表示，即$\Delta = u\sigma$。

例如：用标准NaOH溶液测定HCl溶液的浓度，测定结果HCl溶液的浓度为 0.1015mol/L。已知$\sigma = 0.0003$mol/L。若取$u=2$，即置信概率为 95.5%，则不确定度$\Delta = 2 \times 0.0003$mol/L。说明HCl溶液的真实浓度在 $0.1015 \pm \Delta$即 0.1009~0.1021mol/L。究竟在哪个数值上，不能确定，但不确定度可以说明真实值出现的范围。$(-\Delta, \Delta)$为测量结果的误差区间，误差区间的大小与置信概率（置信度）有关。置信度（P），又称为置信水平（confidence level），它是指人们对测量结果判断的可信程度。置信度太小，不可靠。所以置信度要选择适当，一般定在95%左右。

二、平均值的置信区间

1. 平均值的标准偏差

样本平均值 $\bar{x}$ 是非常重要的统计量，通常以它来估计总体平均值μ。现假定 x_1，x_2，…，x_n 是从总体中抽出的一组容量为 n 的样本，它们是 n 个相互独立的变量。可以用统计学方法证明：这一组样本的平均值$\bar{x}$的标准偏差 $\sigma_{\bar{x}}$ 与单次测量结果的标准偏差 σ 之间有下列关系：

$$\sigma_{\bar{x}} = \frac{\sigma}{\sqrt{n}} \tag{2-20}$$

对于有限次测量值，则为：

$$s_{\bar{x}} = \frac{s}{\sqrt{n}} \tag{2-21}$$

由此可见，平均值的标准偏差与测定次数的平方根成反比（图2-4）。

由图 2-4 可知，增加测定次数，可使平均值的标准偏差减小。但过多增加测定次数，所费劳力、时间与所获精密度的提高相比较，是很不合算的。在分析化学实际工作中，一般平行测定 3~4 次就够了；较高要求时可测定 5~9 次。测定

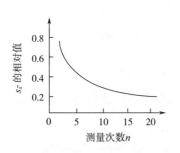

图2-4 平均值的标准偏差与测定次数的关系

次数在10次以上，$s_{\bar{x}}$的相对值改变已很小了。

用统计学方法可以证明，当测定次数非常多（例如大于20）时，标准偏差与平均偏差有下列关系：$\delta = 0.797\sigma \approx 0.80\sigma$。据此和式（2-20）可以得出平均值的平均偏差$\delta_{\bar{x}}$（或$\overline{d}_{\bar{x}}$）与单次测量的平均偏差$\delta$（或$\overline{d}$）之间，同样有下列关系存在：

$$\delta_{\bar{x}} = \frac{\delta}{\sqrt{n}} \qquad\qquad （2-22）$$

$$\overline{d}_{\bar{x}} = \frac{\overline{d}}{\sqrt{n}} \qquad\qquad （2-23）$$

【例2-5】某试样中铝质量分数的测定值为：1.62%，1.60%，1.30%，1.22%。计算平均值的平均偏差$\overline{d}_{\bar{x}}$及标准偏差$s_{\bar{x}}$。

解：$\bar{x}$=1.44%，$\overline{d}$=0.18%，s=0.20%，故

$$\overline{d}_{\bar{x}} = \frac{\overline{d}}{\sqrt{n}} = \frac{0.18\%}{\sqrt{4}} = 0.090\%$$

$$s_{\bar{x}} = \frac{s}{\sqrt{n}} = \frac{0.20\%}{\sqrt{4}} = 0.10\%$$

2. t分布曲线

正态分布是无限次测量数据的分布规律，而在实际工作中，只能对随机抽得的样本进行有限次的测量，是小样本实验，因而无法求得总体平均值μ和总体偏差σ，只能用样本标准偏差s和样本的平均值$\bar{x}$来估计测量数据的分散情况。用s代替σ，必然引起正态分布的偏离。英国统计学家兼化学家威廉·戈塞（W.S.Gosset）提出用t值代替μ值，这时偶然误差不是正态分布，而是t分布，如图2-5所示，纵坐标仍为概率密度，但横坐标则为统计量t。t定义为：

$$t = \frac{\bar{x} - \mu}{s_{\bar{x}}} \qquad\qquad （2-24）$$

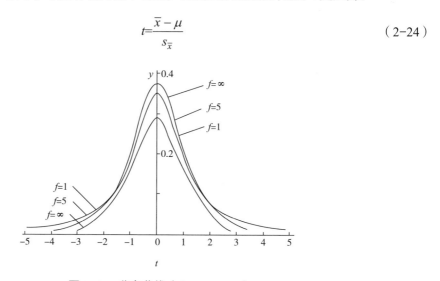

图2-5　t分布曲线（f=1，5，∞）

由图 2-5 可见，t 分布曲线与正态分布曲线相似，只是 t 分布曲线随自由度 f 而改变。当 f 趋近 ∞ 时，t 分布就趋近正态分布。

与正态分布曲线一样，t 分布曲线下面一定区间内的积分面积，就是该区间内偶然误差出现的概率。不同的是 t 分布曲线形状不仅随 t 值而改变，还与 f 值有关。不同 f 值及概率所相应的 t 值已计算出来。表 2-4 列出最常用的 t 值。表中置信度用 P 表示，它表示在某一 t 值时，测定值落在（$\mu \pm ts_{\bar{x}}$）范围内的概率。显然，落在此范围之外的概率为（$1-P$），称为显著性水平，用 α 表示。由于 t 值与置信度及自由度有关，一般表示为 $t_{\alpha, f}$。

例如：$t_{0.05,10}$ 表示置信度为 95%，自由度为 10 时的 t 值；$t_{0.01,5}$ 表示置信度为 99%，自由度为 5 时的 t 值。

理论上，只有当 $f=\infty$ 时，各置信度对应的 t 值才与相应的 μ 值一致。但由表 2-4 可以看出，当 $f=120$ 时，t 值与 μ 值已充分接近了。

表2-4 置信系数 $t_{\alpha, f}$ 值表（双边）

自由度 ($f=n-1$)	$P=90\%$ $\alpha=0.10$	$P=95\%$ $\alpha=0.05$	$P=99\%$ $\alpha=0.01$
1	6.31	12.71	63.66
2	2.92	4.30	9.92
3	2.35	3.18	5.84
4	2.13	2.78	4.60
5	2.01	2.57	4.03
6	1.94	2.45	3.71
7	1.90	2.36	3.50
8	1.86	2.31	3.35
9	1.83	2.26	3.25
10	1.81	2.23	3.17
20	1.72	2.09	2.84
30	1.70	2.04	2.75
40	1.68	2.02	2.70
50	1.68	2.01	2.68
60	1.67	2.00	2.66
80	1.66	1.99	2.64
120	1.66	1.98	2.62
∞	1.64	1.96	2.58

3. 平均值的置信区间

在写报告时，仅写出平均值（$\bar{x}$）的数值是不够确切的，还应当指在（$\bar{x} \pm s_{\bar{x}}$）范围内出现的概率是多少。这就需要用平均值的置信区间（confidence interval）来说明。

在一定置信度下，以平均值为中心，包括真实值的可能范围称为平均值的置信区间，又称为可靠性区间界限，可由公式（2-25）表示。本书不对该公式进行理论推导，只介绍它在分析化学中的应用。

$$\text{平均值的置信区间} = \bar{x} \pm t\frac{s}{\sqrt{n}} = \bar{x} \pm ts_{\bar{x}} \qquad (2\text{-}25)$$

式中　$\bar{x}$——平均值；

　　　s——标准偏差；

　　　n——测定次数；

　　　t——置信系数；

　　　$s_{\bar{x}}$——平均值的标准偏差；

　　　$ts_{\bar{x}}$——平均值的随机不确定度。

在分析化学中通常只处理较少量数据，根据所得数据，计算出平均值（$\bar{x}$）、标准偏差（s）、测定次数（n），再根据所要求的置信度（P）、自由度（f），从表2-3中查出t值，按式（2-25）即可计算出平均值的随机不确定度和平均值的置信区间。

假设我们指出测量结果的准确性有95%的可靠性，这个95%就称为置信度（P），又称为置信水平，它是指人们对测量结果判断的可信程度。置信度的确定是由分析工作者根据对测定的准确度的要求来确定的。

【例2-6】测定水中镁杂质的含量，测定结果如下所示。

测定结果 /（mg/L）	$\vert d \vert = \vert x - \bar{x} \vert$	$d^2 = (x - \bar{x})^2$
60.04	0.01	0.0001
60.11	0.06	0.0036
60.07	0.02	0.0004
60.03	0.02	0.0004
60.00	0.05	0.0025

解：$\bar{x} = 60.05$，$\sum \vert d \vert = 0.16$，$\sum d^2 = 0.0070$

标准偏差 $s = \sqrt{\dfrac{\sum (x - \bar{x})^2}{n-1}} = \sqrt{\dfrac{0.0070}{5-1}} = 0.040$

置信度 P =95%，自由度 f =（$n-1$）= 4

置信区间 $=\bar{x} \pm t \dfrac{s}{\sqrt{n}}=60.05 \pm 2.78 \times \dfrac{0.040}{\sqrt{5}}=60.05 \pm 0.05$

平均值的随机不确定度为0.05，真实值落在60.00~60.10。

此例说明通过5次测定，有95%的可靠性认为镁杂质的含量是在60.00~60.10mg/L。

三、分析结果可靠性检验

在实际分析工作中，常使用标准方法与自己所用的分析方法进行对照试验，然后用统计学方法检验两种分析结果是否存在显著性差异（significant difference）。若存在显著性差异而又肯定测定过程中没有错误，可以认定自己所用方法有不完善之处，即存在较大的系统误差，在统计学上这种情况称为两批数据来自不同总体；若不存在显著性差异，即差异只是来源于偶然误差，或者说两批数据来自同一总体，可以认为分析者所用的分析方法与标准方法一样准确。同样，如果用同一方法分析试样和标准试样，两个分析人员或两个实验室对同一试样进行测定，结果差异也需要进行显著性检验。

显著性检验的一般步骤如下。

（1）指明置信度或显著性水平。

（2）提出假设，假设在指定概率下被检验事件之间无显著性差异，不存在系统误差或过失误差。

（3）计算统计量值及从有关的统计用表中查出表值。

（4）比较计算值和表值，做出统计检验的结论。

分析化学中最常用的显著性检验方法是 t 检验法和 F 检验法。

1. t 检验法

（1）平均值与标准值的比较　这种检验通常是要确定一种分析方法是否存在较大的系统误差，因此要先用该分析方法对标准试样进行分析，然后将得到的分析结果与标准值比较，进行 t 检验。检验时，由式（2-26）求得 $t_{计}$ 值（式中 $\bar{x}$ 为标样测定平均值；μ 为标样标准值；s 为标样测定的偏差），根据自由度（f）与置信度（P）查表2-3得 t 值，与 $t_{计}$ 比较，若 $t_{计} > t$ 则存在显著性差异，否则不存在显著性差异。在分析化学中，通常以95%的置信度为检验标准，即显著性水平 α 为5%。

$$t_{计}=\frac{|\bar{x}-\mu|}{s_{\bar{x}}}=\frac{|\bar{x}-\mu|}{s}\sqrt{n} \qquad （2-26）$$

【例2-7】用一新分析方法对某含铁标准物质进行分析，已知该铁标准试样的标准值为1.060%，对其10次测定的平均值为1.054%，标准偏差为0.0090%，取置信为95%时，判断此新分析方法是否存在较大的系统误差。

解：μ=1.060%，$\bar{x}$=1.054%，s=0.0090%

$$t=\frac{|\bar{x}-\mu|}{s}\sqrt{n}$$

$$t_{计}=\frac{|1.054-1.060|}{0.0090}\sqrt{10}=2.1$$

由 P=95%，f=（n-1）=10-1=9，查表 2-4 得 t=2.26。

因为 $t_{计}<t$，故该新方法无较大的系统误差。

（2）两组数据平均值的比较　实际分析工作中常需要对两种分析方法、两个不同实验室或两个不同操作者的分析结果进行比较。做法是：双方对同一试样进行若干次测定，比较两组数据各自的平均值，以判断二者是否存在显著性差异。以x_{Ai}、x_{Bi}分别表示两组各次测定值，以$\overline{x_A}$、$\overline{x_B}$分别表示A、B两组数据的平均值，以n_A、n_B分别表示两组各自测定次数，以s_A、s_B分别表示两组数据的标准偏差。进行检验时，先用 F 检验法（见本模块知识三、2.）检验两组数据的精密度是否存在显著性差异，在无显著性差异的情况下再进行 t 检验。在进行 t 检验时，先用下式求出合并标准偏差s_p：

$$t=\frac{|\overline{x_A}-\overline{x_B}|}{s_p}\sqrt{\frac{n_A n_B}{n_A+n_B}}\tag{2-27}$$

$$s_p=\sqrt{\frac{(n_A-1)s_A^2+(n_B-1)s_B^2}{n_A+n_B-2}}\tag{2-28}$$

式中，s_p 称为合并标准偏差。总自由度 f=n_A+n_B-2。取 P=95%，查表 2-4 得 t 值，若 $t_{计}>t$ 则存在显著性差异，否则不存在显著性差异。

这种方法和（1）所述方法的不同之处是两个平均值不是真值，因此，即使二者存在显著性差异，也不能说明其中一组数据是否存在较大的系统误差。

【例 2-8】甲、乙两个分析人员用同一分析方法测定合金中的Al含量，他们测定的次数、所得结果的平均值及各自的标准偏差分别为：

甲	n=4	$\bar{x}_1$=15.1	s_1=0.41
乙	n=3	$\bar{x}_2$=14.9	s_2=0.31

试问两人测得结果是否有显著性差异？

解：根据式（2-27）、式（2-28）得

$$s_p=\sqrt{\frac{(4-1)\times0.41^2+(3-1)\times0.31^2}{3+4-2}}=0.37$$

$$t_{计}=\frac{|15.1-14.9|}{0.37}\times\sqrt{\frac{3\times4}{3+4}}=0.71$$

由于 $P=95\%$，$f=3+4-2=5$，查表 2-4 得 $t=2.57$

$t_{计}<t$，所以两人测定结果无显著性差异。

2. F 检验法

F 检验法用于检验两组数据的精密度，即标准偏差 s 是否存在显著性差异。F 检验法的步骤很简单。首先求出两组数据的标准方差分别为 $s_{大}^2$ 和 $s_{小}^2$，它们相应地代表方差较大和较小的那组数据的方差，然后计算统计量 $F_{计}$ 值：

$$F_{计}=\frac{s_{大}^2}{s_{小}^2} \tag{2-29}$$

最后，在一定置信度及自由度的情况下，查 F 值表，将 $F_{计}$ 值与表中查得的 $F_{表}$ 值进行比较，若 $F_{计}>F_{表}$ 则存在显著性差异，否则不存在显著性差异。检验时要区别是单边检验还是双边检验，单边检验是指一组数据方差只能大于、等于但不能小于另一组数据的方差，双边检验则指一组数据的方差可以大于、等于或小于另一组数据的方差。表 2-5 中 f_1 为两组数据中方差大的自由度，f_2 为方差小的自由度。该表中的 F 值适用于单边检验，同时也适用于双边检验。但是，用于双边检验时显著性水平 α 不再是 0.05，而是 0.1。

表 2-5　F 分布表（$\alpha=0.05$，单边；$\alpha=0.1$，双边）

f_2	f_1										
	1	2	3	4	5	6	7	8	9	10	15
1	161.4	199.5	215.7	224.6	230.2	234.0	236.8	238.9	240.5	241.9	245.9
2	18.51	19.00	19.16	19.25	19.30	19.33	19.36	19.37	19.38	19.39	19.43
3	10.13	9.55	9.28	9.12	9.01	8.94	8.89	8.85	8.81	8.79	8.70
4	7.71	6.94	6.59	6.39	6.26	6.16	6.09	6.04	6.00	5.96	5.86
5	6.61	5.79	5.14	5.19	5.05	4.95	4.88	4.82	4.77	4.74	4.62
6	5.99	5.14	4.76	4.53	4.39	4.28	4.21	4.15	4.10	4.06	3.94
7	5.59	4.74	4.35	4.12	3.97	3.87	3.79	3.73	3.68	3.64	3.51
8	5.32	4.46	4.07	3.84	3.69	3.58	3.50	3.44	3.39	3.35	3.22
9	5.12	4.26	3.86	3.63	3.48	3.37	3.29	3.23	3.18	3.14	3.01
10	4.96	4.10	3.71	3.48	3.33	3.22	3.14	3.07	3.02	2.98	2.85

续表

f_2	f_1										
	1	2	3	4	5	6	7	8	9	10	15
11	4.84	3.98	3.59	3.36	3.20	3.09	3.01	2.95	2.90	2.85	2.72
12	4.75	3.89	3.49	3.26	3.11	3.00	2.91	2.85	2.80	2.75	2.62
13	4.67	3.81	3.41	3.18	3.03	2.92	2.83	2.77	2.71	2.67	2.53
14	4.60	3.74	3.34	3.11	2.96	2.85	2.76	2.70	2.65	2.60	2.46
15	4.54	3.68	3.29	3.06	2.90	2.79	2.71	2.64	2.59	2.54	2.40
20	4.35	3.49	3.10	2.87	2.71	2.60	2.51	2.45	2.39	2.35	2.20
30	4.17	3.32	2.92	2.69	2.53	2.42	2.33	2.27	2.21	2.16	2.01
60	4.00	3.15	2.76	2.53	2.37	2.25	2.17	2.10	2.04	1.99	1.84
∞	3.84	3.00	2.60	2.37	2.21	2.10	2.01	1.94	1.88	1.83	1.67

【例2-9】同一含铜的样品，在两个实验室分别测定5次的结果见下表：

	1	2	3	4	5	$\bar{x}$	s
实验室1	0.098	0.099	0.098	0.100	0.099	0.0988	0.00084
实验室2	0.099	0.101	0.099	0.098	0.097	0.0988	0.00148

用 F 检验法检验判断这两个实验室所测数据的精密度是否存在显著性差异。

解：由于事先不知道哪一种方法的精密度更好，因此这个问题属于双边检验，选择显著性水平为0.1。

$$s_大=0.00148 \qquad s_小=0.00084$$

$$F_计=\frac{s_大^2}{s_小^2}=3.1$$

$$f_1=f_2=5-1=4$$

查表2-5得 $F_表=6.39$，$F_计<F_表$，所以两组测定结果的精密度不存在显著性差异。

【例2-10】某分析人员分别用新方法和标准方法对试样中铁含量进行了测定，结果如下：

新方法（1）/%	23.28	23.26	23.43	23.38	23.30
标准方法（2）/%	23.44	23.41	23.39	23.35	

试问新方法与标准方法的精密度间是否存在显著性差异（$P=95\%$）？

解：新方法与标准方法相比只要证明新方法的精密度是否显著地劣于标准方法即可，因此属于单边检验。

假设新方法与标准方法的精密度间无显著性差异。

$$s^2_{大}=0.0037 \qquad s^2_{小}=0.0014$$

$$F_{计}=\frac{s^2_{大}}{s^2_{小}}=2.6$$

$$f_1=5-1=4 \qquad f_2=4-1=3$$

查表2-5得$F_{表}=9.12$。

$F_{计}<F_{表}$，说明原假设成立，新方法与标准方法测定结果的精密度不存在显著性差异。

四、分析结果可疑值的取舍

在定量分析工作中，我们经常做多次重复的测定，然后求出平均值。但是多次分析的数据是否都能参加平均值的计算，这是需要判断的。如果在消除了系统误差后，所测得的数据出现显著的特大值或特小值，这样的数据是值得怀疑的。我们称这样的数据为可疑值，对可疑值应作如下判断。

（1）在分析实验过程中，已知道某测量值是操作中的过失所造成的，应立即将此数据弃去。

（2）如找不出可疑值出现的原因，不应随意弃去或保留，而应按照下面介绍的方法来取舍。

1. $4\bar{d}$法

$4\bar{d}$法亦称4乘平均偏差法。$4\bar{d}$法计算步骤如例2-11所示。

【例2-11】我们测得一组的数据如下表所示：

测得值	30.18	30.56	30.23	30.35	30.32	$\bar{x}$=30.27
$\|d\|=\|x-\bar{x}\|$	0.09	—	0.04	0.08	0.05	$\bar{d}$=0.065

请判断上表中的数据是否可疑。

解：从上表可知30.56为可疑值。

$4\bar{d}$法计算步骤如下：

（1）求可疑值以外其余数据的平均值$\bar{x}_{n-1}$。

$$\bar{x}_{n-1}=\frac{30.18+30.23+30.35+30.32}{4}=30.27$$

（2）求可疑值以外其余数据的平均偏差$\bar{d}_{n-1}$。

$$\bar{d}_{n-1}=\frac{|d_1|+|d_2|+|d_3|+|d_4|}{n}=\frac{0.09+0.04+0.08+0.05}{4}=0.065$$

（3）求可疑值和平均值之差的绝对值。

$$30.56-30.27=0.29$$

（4）将此差值的绝对值与$4\bar{d}_{n-1}$比较，若差值的绝对值$\geqslant 4\bar{d}_{n-1}$则弃去，若$<4\bar{d}_{n-1}$则保留。

本例中：$4\bar{d}_{n-1}=4\times 0.065=0.26$

0.29>0.26，所以此值废弃去。

$4\bar{d}$法统计处理不够严格，但比较简单，不用查表，至今仍有人采用。

$4\bar{d}$法仅适用于测定4~8个数据的检验。

2. Q检验法

Q检验法的步骤如下所示。

（1）将测定数据按从小到大顺序排列，即x_1，x_2，$\cdots$，x_n。

（2）计算可疑值与最邻近数据之差，除以最大值与最小值之差，所得商称为Q值。由于测得值是按顺序排列，所以可疑值可能出现在首项或末项。

若可疑值出现在首项，则

$$Q_{\text{计算}}=\frac{x_2-x_1}{x_n-x_1}\text{（检验}x_1\text{）}$$

若可疑值出现在末项，则

$$Q_{\text{计算}}=\frac{x_n-x_{n-1}}{x_n-x_1}\text{（检验}x_n\text{）}$$

（3）查表2-6，若计算n次测量的$Q_{\text{计算}}$值比表中查到的Q值大或相等则弃去，若小则保留。

$$Q_{\text{计算}}\geqslant Q\text{（弃去）}$$

$$Q_{\text{计算}}<Q\text{（保留）}$$

（4）Q检验法适用于测定次数为3~10次的检验。

表2-6　舍弃商Q值表（置信度90%、96%、99%）

测定次数	3	4	5	6	7	8	9	10
Q（P=90%）	0.94	0.76	0.64	0.56	0.51	0.47	0.44	0.41
Q（P=96%）	0.98	0.85	0.73	0.64	0.59	0.54	0.51	0.48
Q（P=99%）	0.99	0.93	0.82	0.74	0.68	0.63	0.60	0.57

【例2-12】标定NaOH标准溶液时测得4个数据，0.1016，0.1019，0.1014，0.1012mol/L，试用 Q 检验法确定0.1019数据是否应舍去？（置信度90%）

解：① 排列：0.1012，0.1014，0.1016，0.1019（mol/L）

② 计算：$Q_{计算} = \dfrac{0.1019 - 0.1016}{0.1019 - 0.1012} = \dfrac{0.0003}{0.0007} = 0.43$

③ 查 Q 值表，4次测定的 Q 值 $=0.76$

　　$0.43 < 0.76$

④ 故数据0.1019应保留。

3. 格鲁布斯（Grubbs）法

格鲁布斯法的步骤如下所示。

（1）将测定数据按从小到大顺序排列，即 x_1，x_2，$\cdots$，x_n。

（2）计算该组数据的平均值（$\bar{x}$）（包括可疑值在内）及标准偏差（s）。

（3）若可疑值出现在首项，则 $T = \dfrac{\bar{x} - x_1}{s}$；若可疑值出现在末项，则 $T = \dfrac{x_n - \bar{x}}{s}$。计算出 T 值后，再根据其置信度查 $T_{p,n}$ 值表（表2-7），若 $T \geqslant T_{p,n}$，则应将可疑值弃去，否则应予保留。

表2-7　$T_{p,n}$ 值表

测定次数（n）	置信度（P）			测定次数（n）	置信度（P）		
	90%	95%	99%		90%	95%	99%
3	1.15	1.15	1.15	13	2.18	2.33	2.61
4	1.42	1.46	1.49	14	2.21	2.37	2.66
5	1.60	1.67	1.75	15	2.25	2.41	2.71
6	1.73	1.82	1.94	16	2.28	2.44	2.75
7	1.83	1.94	2.10	17	2.31	2.47	2.79
8	1.91	2.03	2.22	18	2.34	2.50	2.82
9	1.98	2.11	2.32	19	2.36	2.53	2.85
10	2.04	2.18	2.41	20	2.39	2.56	2.88
11	2.09	2.23	2.48	21	2.41	2.58	2.91
12	2.13	2.29	2.55	22	2.43	2.60	2.94

续表

测定次数 (n)	置信度 (P)			测定次数 (n)	置信度 (P)		
	90%	95%	99%		90%	95%	99%
23	2.45	2.62	2.96	32	2.59	2.77	3.14
24	2.47	2.64	2.99	33	2.60	2.79	3.15
25	2.49	2.66	3.01	34	2.62	2.80	3.16
26	2.50	2.68	3.03	35	2.63	2.81	3.18
27	2.52	2.70	3.05	36	2.64	2.82	3.19
28	2.53	2.71	3.07	37	2.65	2.84	3.20
29	2.55	2.73	3.08	38	2.66	2.85	3.22
30	2.57	2.74	3.10	39	2.67	2.86	3.23
31	2.58	2.76	3.12	40	2.68	2.87	3.24

（4）如果可疑值有 2 个以上，而且又均在平均值（$\bar{x}$）的同一侧，如 x_1，x_2 均属可疑值时，则应检验最内侧的一个数据，即先检验 x_2 是否应舍去，如果 x_2 属于舍弃的数据，则 x_1 自然也应该舍去。在检验 x_2 时，测定次数应按（$n-1$）次计算。如果可疑值有 2 个或 2 个以上，且又分布在平均值的两侧，如 x_1 和 x_n 均属可疑值，就应该分别先后检验 x_1 和 x_n 是否应该弃去，如果有一个数据决定弃去时，再检验另一个数据时，测定次数应减少一次，同时应选择 99% 的置信度。

【例 2-13】以 $4\bar{d}$ 法中的例 2-11 的数据为例，计算 30.56 是否应该舍去？

解：①将测定数据从小到大排列，即：30.18，30.23，30.32，30.35，30.56。

② 计算 $\bar{x}$= 30.33；$s = 0.15$。

③ 可疑值出现在末端，30.56，$T=\dfrac{30.56-30.33}{0.15}=1.5$。

④ 查 T 值表，$T_{0.95,\ 5} = 1.67$。

⑤ $T<T_{0.95,\ 5}$，所以 30.56 应保留。

由上面的判断结果可知，三种方法对同一组数据中可疑值的取舍可能有不同的结论。这是由于 $4\bar{d}$ 法在数理统计上是不够严格的，这种方法首先把可疑值排除在外，然后进行检验，容易把原来属于有效的数据也舍弃掉，所以此法有一定的局限性。Q 检验法符合数理统计原理，但只适用于一组数据中只有一个可疑值的判断，而格鲁布斯（Grubbs）法将正态分布中两个重要参数 $\bar{x}$ 及 s 引进，方法准确度较好，因此，三种方法中以格鲁布斯（Grubbs）法最合理且普遍适用，虽然计算上稍麻烦些，但小型计算器上都有标准偏差的功能键，所以这种方法仍然是可行的。

💡 思考与练习题

1. 什么是系统误差？什么是偶然误差？它们是怎样产生的？如何避免？

2. 下列情况中哪些是系统误差？

（1）砝码未校正。

（2）蒸馏水中有微量杂质。

（3）滴定时，不慎从锥形瓶中溅失少许试液。

（4）样品称量时吸湿。

3. 准确度和精密度有何不同？两者有何关系？在具体分析实验中如何应用？

4. 下列情况哪些是由系统误差引起，哪些是由偶然误差引起？

（1）试剂中含有被测微量组分。

（2）用部分已风化的 $H_2C_2O_2 \cdot 2H_2O$ 标定 NaOH 溶液。

5. 用基准 Na_2CO_3 标定 HCl 溶液时，下列情况会对 HCl 的浓度产生何种影响（偏高、偏低或没有影响）？

（1）滴定时速度太快，附在滴定管壁的 HCl 来不及流下来就读取滴定体积。

（2）称取 Na_2CO_3 时，实际质量为 0.1834g，记录时误记为 0.1824g。

（3）在将 HCl 标准溶液倒入滴定管之前，没有用 HCl 溶液润洗滴定管。

（4）锥形瓶中的 Na_2CO_3 用蒸馏水溶解时，多加了 50mL 蒸馏水。

（5）滴定开始之前，忘记调节零点，HCl 溶液的液面高于零点。

（6）滴定管活塞漏出 HCl 溶液。

（7）称取 Na_2CO_3 时，撒在天平盘上。

（8）配制 HCl 溶液时没有混匀。

6. 假设用 HCl 标准溶液滴定不纯的 Na_2CO_3 试样，若出现 5 题中所述的情况，将会对分析结果产生何种影响？

7. 用氧化还原滴定法测得 $FeSO_4 \cdot 7H_2O$ 中铁的质量分数为 20.01%，20.03%，20.04%，20.05%。计算平均值、中位数、平均偏差、相对平均偏差、极差、相对极差。

8. 用沉淀滴定法测定纯 NaCl 中氯的质量分数，得到下列结果：59.82%，60.06%，60.46%，59.86%，60.24%。计算平均结果、平均结果的绝对误差、相对误差、中位数、平均偏差、相对平均偏差。

9. 测定某矿石中铁含量，分析结果为 0.3406，0.3408，0.3404，03402。计算分析结果的平均值、算术平均偏差、相对平均偏差和标准偏差。

10. 有一化学试剂送给甲、乙两处进行分析，分析方案相同，实验室条件相同。所得分析结果如下：

甲处 40.15%，40.14%，40.16%

乙处 40.02%，40.25%，40.18%

试分别计算两处分析结果的精密度。用标准偏差和相对标准偏差计算，问何处分析结果较好？说明原因。

11. 分析天平的称样绝对误差为 ±0.0001g，如使测量时相对误差达到 0.15%，试样至少应该称多少克？

12. 滴定分析的相对误差要求为 0.1%，10mL 滴定管的读数绝对误差为 ±0.005mL，滴定时所用液体体积至少要多少毫升？

13. 今测一钢样含硫量，2 次平行结果为 0.056% 和 0.064%，生产部门规定硫的含量为 0.050%~0.100% 时公差为 ±0.006%，问测定结果是否有效？

14. 下列数值各有几位有效数字？

0.072，36.080，4.4×10^{-3}，6.023×10^{23}，100，998，1 000.00，1.0×10^3，pH=5.2 时的 $[H^+]$。

15. 某人用吸光光度法分析药物含量，称取此药物试样 0.0520g，最后计算此药物的质量分数为 96.24%。请问该结果是否合理？为什么？

16. 用加热法驱除水分以测定 $CaSO_4 \cdot 1/2H_2O$ 中结晶水的含量。称取试样 0.2000g，已知天平称量误差为 ±0.1mg。试问分析结果应以几位有效数字报出？

17. 将下列数据修约为两位有效数字。

3.6671；3.651；3.650；3.55；4.25；3.64912；pK_a=3.664

18. 用有效数字表示下列计算结果。

（1）231.89+4.4+0.8244

（2）$\dfrac{31.0 \times 4.03 \times 10^{-4}}{2.512 \times 0.002034} + 5.8$

（3）$\dfrac{28.40 \times 0.0977 \times 36.46}{1000}$

（4）231.89+4.4+0.8244

19. 用加热挥发法测定 $BaCl_2 \cdot 2H_2O$ 中结晶水的含量（%）时，称样 0.4202g，已知分析天平的称量误差为 ±0.1mg，问分析结果应以几位有效数字报出？

20. 两位分析人员对同一含铁的样品用分光光度法进行分析，得到两组分析数据，要判断两组分析的精密度有无显著性差异，应该选用哪种方法？

21. 上题中，若要判断两位分析人员的分析结果之间是否存在系统误差，则应该选用哪种方法？

22. 某一试验的 5 次测量值分别为 2.63，2.50，2.65，2.63，2.65，试用 Q 检验法判断测量值2.50是否应舍弃。

23. 各实验室分析同一样品，各实验室测定的平均值按由小到大顺序为 4.41，4.469，4.50，4.51，4.64，4.75，4.81，4.95，5.01，5.39，用格鲁布斯（Grubbs）法检验最大均值5.39是否应该被删除？

24. 分析试样中钙含量，得到以下结果：20.48%，20.56%，20.53%，20.57%，20.70%。

（1）分别按 $4\bar{d}$ 法、Q 检验法和格鲁布斯（Grubbs）法检验20.70应否弃去？

（2）计算平均值（$\bar{x}$），标准偏差（s）和置信度为90%的平均值的置信区间。

25. 用某法分析汽车尾气中 SO_2 含量（%），得到下列结果：4.88，4.92，4.90，4.87，4.86，4.84，4.71，4.86，4.89，4.99。

（1）用 Q 检验法判断有无异常值需舍弃。

（2）用格鲁布斯（Grubbs）法判断有无异常值需舍弃。

26. 分析某试样中某一主要成分的含量，重复测定 6 次，其结果为 49.69%，50.90%，48.49%，51.75%，51.47%，48.80%，求平均值在90%，95%和99%置信度的置信区间。

27. 某工厂生产一种化工产品，在生产工艺改进前，产品中杂质含量为 0.20%。生产工艺经过改进后，测定产品中杂质含量为 0.17%，0.18%，0.19%，0.18%，0.17%。试问经过工艺改进后，产品中杂质含量是否降低了（显著性水平α=0.05）？

28. 某实验室自装的热电偶测温装置，测得高温炉的温度（℃）为1250，1265，1245，1260，1275，用标准方法测得的温度为1277℃。试问自装仪器与标准比较有无系统误差（显著性水平 α=0.05）？

29. 已知标准铁样的含碳量为 4.55%，为检查分析系统是否正常，对该标准铁样进行了 6 次测定，碳含量为4.37%，4.35%，4.28%，4.30%，4.42%，4.40%。试问该分析系统是否正常（显著性水平α=0.05）？

30. 采用某新方法测定某基准物质明矾中的铝含量（%），得到下列 9 个数据：

10.74，10.77，10.77，10.81，10.81，10.73，10.86，10.81，10.77

已知明矾中铝含量的标准值为 10.77%，试问采用新方法是否引起系统误差（显著性水平α=0.05）？

31. 鉴定一个有机化合物可测定它在色谱柱上的保留时间，如与标准物质的保留时间相等，则可以假定两个物质相同，再以其他方法确证，否则可否定两物质相同。设某未知物通过柱 3 次，测定保留时间（t）分别为 10.20，10.35，10.25；标准物正辛烷通过柱 8 次，测定保留时间（t）分别为 10.24，10.28，10.31，10.32，10.34，10.35，10.36，10.37。问这一未知物是否可能是正辛烷（显著性水平 $\alpha = 0.05$）？

32. 分析两石灰石样品中的镁含量（%），结果如下：

样品 1：1.24，1.28，1.31，1.32

样品 2：1.35，1.34，1.36，1.38

这两个样品有显著性差异吗（s_1 与 s_2 之间有无显著性差异）？

33. 甲、乙两人分析同一试样。甲经过 11 次测定，$s = 0.21$；乙经过 9 次测定，$s = 0.60$。试比较甲、乙的精密度之间是否有显著性差异？

34. 某人在不同时间测定同一样品，得结果（%）如下：

第一次：35.74，35.34，34.84，35.14，35.04，34.74

第二次：34.24，33.74，32.94，33.44，34.04，33.54

两次测定结果精密度有无显著性差异？

35. 为提高分光光度法测微量铅的灵敏度，改用一种新的显色剂。设同一溶液，用原显色剂及新显色剂各测定 4 次，所得吸光度分别为 0.128，0.132，0.125，0.124 及 0.129，0.137，0.135，0.139。试判断新显色剂测定铅的灵敏度是否有显著提高？

36. 甲、乙二人用同样方法分析同一试样，结果如下：

| 甲 | 95.60 | 94.90 | 96.20 | 95.10 | 95.80 | 96.30 | 96.00 |
| 乙 | 93.30 | 95.10 | 94.10 | 95.10 | 95.60 | 94.00 | — |

试问两人结果的标准偏差间有无显著性差异（$P = 90\%$）？

【思政内容】
模块二　阅读与拓展

模块三
定量分析基本技能

🏳 学习目标

知识目标

1. 理解滴定分析法的基本术语和分类，掌握滴定分析法对滴定反应的要求。
2. 了解基准物质应具备的条件，掌握滴定分析中常用基准物质的名称和使用方法，掌握标准滴定溶液的配制方法及其适用条件，理解并掌握配制标准滴定溶液的有关规定。
3. 掌握标准滴定溶液的浓度表示方法，掌握滴定分析法中的相关计算。

能力目标

1. 能正确洗涤、使用常用玻璃器皿。
2. 能正确使用与维护分析天平。
3. 能正确使用与维护移液枪。
4. 能正确计算标准滴定溶液的浓度和待测组分的含量。

职业素养目标

1. 能科学地运用转化思想解决实际问题。
2. 树立实事求是、一丝不苟的科学品质和职业道德。

🔍 模块导学（知识点思维导图）

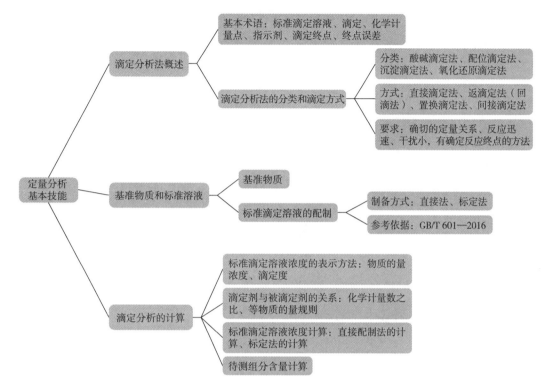

滴定分析法是根据化学反应进行分析的方法。由于这种测定方法是以测量体积为基础，所以又被称为容量分析法。这种分析方法所使用的仪器简单，操作方便、快速，滴定误差一般在 ± 0.1%，适用于被测组分含量为 1% 以上的常量分析。运用滴定分析法可以实现对许多无机物和有机物的快速测定。

【理论微课】
认识滴定分析法

知识一 滴定分析法概述

在进行滴定分析时，一般将已知准确浓度的标准滴定溶液滴加到被测物质的溶液中，直至所加溶液的物质的量按化学计量关系恰好反应完全，然后根据所加标准滴定溶液的浓度和消耗的体积计算出被测物质的含量。

一、滴定分析法的基本术语

（1）标准滴定溶液　已知准确浓度的溶液，也称标准溶液（standard solution）或滴定剂。

（2）滴定　将滴定剂从滴定管逐滴加入到被测物质溶液中的操作过程称为滴定（titration）。

（3）化学计量点　当滴入的标准滴定溶液与被测物质按化学计量关系反应完全时，即达到化学计量点（stoichiometric point）。

（4）指示剂　指示化学计量点到达而能改变颜色的辅助试剂（indicator）。

（5）滴定终点　许多滴定反应到化学计量点时并无外观变化，通常是在被测溶液中加入某种指示剂，由颜色的变化来指示停止滴定。指示剂发生颜色变化的转变点称为滴定终点（end point）。

（6）终点误差　滴定终点与化学计量点往往不一致，两者之差称为终点误差（end point error）。终点误差是滴定分析误差的主要来源之一。

二、滴定分析法的分类和滴定方式

（一）滴定分析法的分类

根据化学反应的类型，滴定分析法可分为以下四类。

（1）酸碱滴定法　以质子传递反应为基础的分析方法。

（2）配位滴定法　以配位反应为基础的分析方法。

（3）沉淀滴定法　以沉淀反应为基础的分析方法。

（4）氧化还原滴定法　以氧化还原反应为基础的分析方法。

（二）滴定方式

1. 直接滴定法

直接滴定法是用标准滴定溶液直接滴定被测物质。凡是能满足滴定分析要求的化学反应都可用直接滴定法；对不符合条件的化学反应，可根据情况采用下列滴定方式。

2. 返滴定法（回滴法）

当反应速度较慢或被测物质是固体时，可先加入一种过量的标准滴定溶液于被测物中，待其反应完全后，再用另一种标准滴定溶液滴定剩余的标准滴定溶液，这种滴定方式称返滴定法。

如：测定石灰石中$CaCO_3$的含量时，在试样中加入已知的过量的HCl标准滴定溶液，当

HCl和CaCO₃充分反应完后，再用标准NaOH溶液返滴定剩余的HCl来计算石灰石中CaCO₃的含量。滴定过程中的反应如下：

$$2HCl + CaCO_3 \xrightarrow{\hspace{1cm}} CaCl_2 + CO_2 \uparrow + H_2O$$

$$HCl + NaOH \xrightarrow{\hspace{1cm}} NaCl + H_2O$$

有的反应，如在酸性溶液中用AgNO₃滴定Cl⁻时，缺乏合适的指示剂，即可选用返滴定法。先加入一定量的过量的AgNO₃标准滴定溶液，使Cl⁻沉淀完全，再用Fe³⁺做指示剂，用NH₄SCN标准滴定溶液返滴定剩余的AgNO₃，出现淡红色即为终点。

$$Cl^- + AgNO_3 \xrightarrow{\hspace{1cm}} AgCl \downarrow + NO_3^-$$

$$NH_4SCN + AgNO_3 \xrightarrow{\hspace{1cm}} AgSCN \downarrow + NH_4NO_3$$

3. 置换滴定法

滴定反应不按一定的反应式进行，或伴有副反应，不能直接滴定被测物质，可用置换滴定法。即先用适当的试剂与被测物质起反应，置换出一定量能被滴定的物质，然后用滴定剂进行滴定。如：用碘量法测定K₂Cr₂O₇时，不能用硫代硫酸钠直接滴定，因为K₂Cr₂O₇不仅将S₂O₃²⁻氧化成S₄O₆²⁻，还会部分氧化成SO₄²⁻。如果在酸性K₂Cr₂O₇溶液中加入过量的KI，使其置换出单质I₂，再用标准Na₂S₂O₃滴定定量置换出来的I₂，从而计算K₂Cr₂O₇的含量。

$$Cr_2O_7^{2-} + 6I^- + 14H^+ \xrightarrow{\hspace{1cm}} 2Cr^{3+} + 3I_2 + 7H_2O$$

$$I_2 + 2S_2O_3^{2-} \xrightarrow{\hspace{1cm}} 2I^- + S_4O_6^{2-}$$

4. 间接滴定法

不能与滴定剂直接反应的物质，可以用间接法滴定。如KMnO₄不能与Ca²⁺直接反应，但可用草酸钠将Ca²⁺沉淀为草酸钙，沉淀经过滤、洗涤后用H₂SO₄溶解，再用KMnO₄标准滴定溶液滴定与Ca²⁺结合的C₂O₄²⁻，从而间接测定Ca²⁺含量。

$$Ca^{2+} + C_2O_4^{2-} \xrightarrow{\hspace{1cm}} CaC_2O_4 \downarrow$$

$$CaC_2O_4 + 2H^+ \xrightarrow{\hspace{1cm}} Ca^{2+} + H_2C_2O_4$$

$$5H_2C_2O_4 + 2MnO_4^- + 6H^+ \xrightarrow{\hspace{1cm}} 2Mn^{2+} + 10CO_2 \uparrow + 8H_2O$$

三、滴定分析法对滴定反应的要求

滴定分析法是以化学反应为基础的分析方法，但是并非所有的化学反应都能用于滴定分析，作为滴定分析的化学反应必须满足以下几点要求：

①反应要有确切的定量关系，即按一定的反应方程式进行，并且反应进行得完全；

②反应迅速完成，对速度慢的反应，有加快的措施；

③主反应不受共存物质的干扰，或有消除的措施；

④有确定理论终点的方法。

综上所述，进行滴定分析，必须具备以下三个条件：

①要有准确称量物质质量的分析天平和测量溶液体积的器皿；

②要有能进行滴定的标准滴定溶液；

③要有准确确定理论终点的指示剂。

知识二 基准物质和标准溶液

滴定分析中，标准滴定溶液的浓度和体积是计算被测组分含量的主要依据，因此正确地制备标准滴定溶液并准确地确定其浓度以及对其进行妥善保存，在滴定分析中具有重要的意义。

【理论微课】
基准物质和
标准溶液

一、基准物质

基准物质是可用于直接配制标准滴定溶液或标定溶液浓度的物质。基准物质应具备下列条件。

（1）纯度足够高，含量一般要求在99.9%以上，杂质含量应小于0.1%。

（2）组成恒定并与化学式相符，包括结晶水。

（3）性质稳定，在空气中不吸湿，加热干燥时不分解，不与空气中的氧气、二氧化碳等作用。

（4）使用时易溶解。

（5）最好摩尔质量较大，这样可减小称量误差。

常用的基准物质及其干燥处理方法如表3-1所示。

表3-1 常用基准物质及其干燥处理方法

名称	化学式	摩尔质量/（g/mol）	使用前的干燥条件
碳酸钠	Na_2CO_3	105.99	270~300℃干燥2~2.5h
邻苯二甲酸氢钾	$KHC_8H_4O_4$	204.23	110~120℃干燥1~2h
重铬酸钾	$K_2Cr_2O_7$	294.18	研细，100~110℃干燥3~4h
三氧化二砷	As_2O_3	197.84	105℃干燥3~4h
草酸钠	$Na_2C_2O_4$	134.00	130~140℃干燥1~1.5h

续表

名称	化学式	摩尔质量 /（g/mol）	使用前的干燥条件
碘酸钾	KIO₃	214.00	120~140℃干燥1.5~2h
溴酸钾	KBrO₃	167.00	120~140℃干燥1.5~2h
铜	Cu	63.546	用2%乙酸、水、乙醇依次洗涤后，放干燥器中保存24h以上
锌	Zn	65.38	用（1+3）盐酸、水、乙醇依次洗涤后，放干燥器中保存24h以上
氧化锌	ZnO	81.38	800~900℃干燥2~3h
碳酸钙	CaCO₃	100.09	105~110℃干燥2~3h
氯化钠	NaCl	58.44	500~650℃干燥40~45min

二、标准滴定溶液的配制方式

（一）标准滴定溶液的制备方法

标准滴定溶液的制备方法有直接法和标定法两种。

1. 直接法

在分析天平上准确称取一定量已干燥的基准物质，经溶解后，转入已校正的容量瓶中，用水稀释至刻度，摇匀，即可算出该标准滴定溶液的准确浓度。如重铬酸钾、氯化钠等标准滴定溶液的配制。

2. 标定法

很多物质不符合基准物质的条件，例如，浓盐酸中氯化氢很易挥发、固体氢氧化钠易吸收水分和CO₂、高锰酸钾不易提纯等，它们都不能直接制备成标准滴定溶液。一般是先将这些物质配成近似所需浓度的溶液，再用基准物质测定其准确浓度，这一操作称为标定（standardization）。标定的方法有两种。

（1）用基准物质直接标定　准确称取一定量的基准物质，溶于水后用待标定的溶液滴定，至反应完全，根据所消耗待标定溶液的体积和基准物质的质量，计算出待标定溶液的准确浓度。如：用邻苯二甲酸氢钾基准物质标定氢氧化钠溶液。

（2）用另一标准滴定溶液间接标定　有一部分标准滴定溶液，没有合适的用以标定的基准物质，可以用另一种已知浓度的标准滴定溶液来标定。

移取一定体积的已知准确浓度的标准滴定溶液，用待标定的溶液滴定至终点，根据标准滴定溶液的浓度、体积和待标溶液所消耗的体积，计算出待标定溶液的准确浓度。如乙酸溶液用氢氧化钠标准滴定溶液来标定。

用基准物质直接标定标准滴定溶液的浓度后，为了更准确地保证其浓度，常采用间接标定法进行验证，这一方法称比较法。例如，HCl标准滴定溶液用碳酸钠基准物质直接标定后，再用NaOH标准滴定溶液进行间接标定。国家标准规定两种标定结果之差不得大于0.2%，比较法既可检验HCl标准滴定溶液的浓度是否准确，也可考查NaOH标准滴定溶液的浓度是否可靠，最后以直接标定结果为准。

另外，在有条件的工厂，标准滴定溶液由中心试验室或标准滴定溶液室由专人负责配制、标定，然后分发各车间使用，更能确保标准滴定溶液浓度的准确性。

（二）制备标准滴定溶液的注意事项

GB/T 601—2016《化学试剂　标准滴定溶液的制备》对标准滴定溶液的制备作了如下规定。

（1）除另有规定外，所用试剂的纯度应在分析纯以上，所用制剂及制品应按国家标准中的规定制备，实验用水应符合国家标准中三级水的规格。

（2）制备的标准滴定溶液的浓度，除高氯酸外，均指20℃时的浓度。在标准滴定溶液标定、直接制备和使用时，若温度有差异，应按本教材附录一补正。标准滴定溶液标定、直接制备和使用时，所用分析天平、砝码、滴定管、容量瓶及移液管均需定期校正。

（3）在标定和使用标准滴定溶液时，滴定速度一般保持在6~8mL/min。

（4）称量工作基准试剂的质量的数值小于0.5g时，按精确至0.01mg称量；数值大于0.5g时，按精确至0.1mg称量。

（5）制备标准滴定溶液的浓度应在规定浓度值的±5%内。

（6）标定标准滴定溶液的浓度时，需两人进行实验，分别做四平行，每人四平行测定结果极差的相对值（指测定结果的极差值与浓度平均值的比值，以%表示）不得大于重复性临界极差［CrR_{95}（4）］的相对值（重复性临界极差与浓度平均值的比值，以%表示）0.15%，两人共八平行测定结果极差的相对值不得大于重复性临界极差［CrR_{95}（8）］的相对值0.18%。取两人八平行测定结果的平均值为测定结果。在运算过程中保留5位有效数字，浓度值报出结果取4位有效数字。

（7）标准滴定溶液浓度平均值的扩展不确定度一般不应大于0.2%，可根据需要报出。

（8）该标准使用工作基准试剂标定标准滴定溶液的浓度。当标准滴定溶液浓度值的准确度有更高要求时，可用二级纯度标准物质或定值代替工作基准试剂进行标定或直接制备，并在计算标准滴定溶液浓度值时将其质量分数代入计算式中。

（9）标定浓度小于等于0.02mol/L的标准滴定溶液时，应于临用前将浓度高的标准滴定溶液用煮沸并冷却的水稀释，必要时重新标定。

（10）除另有规定外，标准滴定溶液在常温（15~25℃）下保存时间一般不得超过两个月。当溶液出现浑浊、沉淀、颜色变化等现象时，应重新制备。

（11）贮存标准滴定溶液的容器，其材料不应与溶液起理化作用，壁厚最薄处不小于0.5mm。

（12）标准方法中所用溶液以%表示的均为质量分数，只有乙醇（95%）中的%为体积分数。

✎ **练一练3-1：填入正确答案。**

GB/T 601—2016规定：标定工作应由_____人在相同条件下各做_____份平行实验；每人平行试验结果的相对极差不得大于_____；_____人共_____份的相对极差不得大于_____；在运算过程中保留_____位有效数字，最终标准溶液浓度值报出结果取_____位有效数字。

知识三　滴定分析的计算

滴定分析中，标准滴定溶液的浓度和体积是计算被测组分含量的主要依据，因此正确地制备标准滴定溶液并准确地确定其浓度以及对其进行妥善保存，在滴定分析中具有重要的意义。

一、标准滴定溶液浓度的表示方法

1. 物质的量浓度

标准滴定溶液的浓度常用物质的量浓度表示。物质B的物质的量浓度是指单位体积溶液中所含溶质B的物质的量，用$c(B)$表示。即

$$c(B) = \frac{n(B)}{V} \tag{3-1}$$

式中　$n(B)$——溶液中溶质B的物质的量，mol或mmol；

　　　　V——溶液的体积，L或mL。

浓度$c(B)$的常用单位为mol/L，如$c(HCl) = 0.1012 mol/L$。由于物质的量$n(B)$的数值取决于基本单元的选择，因此，表示物质的量浓度时，必须指明基本单元。如$c(\frac{1}{5}KMnO_4) = 0.1000 mol/L$。

基本单元的选择一般可根据标准滴定溶液在滴定反应中的质子转移数（酸碱反应）、电子得失数（氧化还原反应）或反应的计量关系来确定。如在酸碱反应中常以 NaOH，HCl，$\frac{1}{2}H_2SO_4$，$\frac{1}{2}Na_2CO_3$ 为基本单元；在氧化还原反应中常以 $\frac{1}{2}I_2$，$Na_2S_2O_3$，$\frac{1}{5}KMnO_4$，$\frac{1}{6}K_2Cr_2O_7$ 为基本单元。即物质B在反应中的转移质子数或得失电子数为Z_B时，基本单元选$\frac{1}{Z_B}$。显然：

$$n(\frac{1}{Z_B}B) = Z_B n(B) \tag{3-2}$$

因此

$$c(\frac{1}{Z_B}B) = Z_B c(B) \tag{3-3}$$

例如：某硫酸溶液的浓度，当选择H_2SO_4为基本单元时，其浓度$c(H_2SO_4)=0.1mol/L$；当选择$\frac{1}{2}H_2SO_4$为基本单元时，则其浓度应为$c(\frac{1}{2}H_2SO_4)=0.2mol/L$。

2. 滴定度

在工矿企业的例行分析中，有时也用滴定度表示标准滴定溶液的浓度。滴定度是指每毫升标准滴定溶液相当于被测物质的质量（g或mg），用$T_{待测物/标准溶液}$表示。例如，若 1mL $KMnO_4$标准滴定溶液恰好能与 0.005585g Fe^{2+}反应，则该$KMnO_4$标准滴定溶液的滴定度可表示为$T_{Fe^{2+}/KMnO_4}=0.005585g/mL$。

如果分析的对象固定，用滴定度计算其含量时，只需将滴定度乘以所消耗标准滴定溶液的体积即可求得被测物的质量，计算十分简便。

例如，用滴定度为 0.005005g/mL $K_2Cr_2O_7$ 标准溶液测定某试样中的铁含量时，若消耗标准溶液22.50mL，则该试样中含铁的质量为

$$m_{Fe} = 0.005005g/mL \times 22.50mL = 0.1126g$$

滴定度与物质的量浓度之间可以进行换算，上例中$K_2Cr_2O_7$标准溶液的物质的量浓度为：

$$c(K_2Cr_2O_7) = T_{Fe/K_2Cr_2O_7} \times 10^3 mL/L/(M_{Fe} \times 6) = 0.01494mol/L$$

✎ **练一练3-2：计算题。**

用氢氧化钠测定阿司匹林中乙酰水杨酸的含量，称取阿司匹林 0.4005g，用已经标定好的氢氧化钠标准溶液滴定，终点时用去氢氧化钠标准溶液 22.09mL，空白实验用去 0.06mL氢氧化钠。已知每 1mL该氢氧化钠标准溶液相当于 18.11mg的乙酰水杨酸，计算实测样品中乙酰水杨酸的质量。

二、滴定剂与被滴定剂的关系

设滴定剂A与被滴定剂B发生下列反应：

$$aA + bB \rightleftharpoons cC + dD$$

则被滴定剂B的物质的量n_B与滴定剂A的物质的量n_A之间的关系可用两种方式求得。

1. 滴定剂A与被滴定剂B的化学计量数之比

由上述反应式可得：$n(A) : n(B) = a : b$

因此 $\qquad\qquad n(A) = \dfrac{a}{b} n(B)$ 或 $n(B) = \dfrac{b}{a} n(A)$ $\qquad\qquad$ （3-4）

$\dfrac{b}{a}$ 或 $\dfrac{a}{b}$ 称为化学计量数比（也称摩尔比），它是该反应的化学计量关系，是滴定分析定量测定的依据。

例如：用HCl标准滴定溶液滴定Na_2CO_3时，滴定反应为：

$$Na_2CO_3 + 2HCl \Longrightarrow 2NaCl + CO_2 \uparrow + H_2O$$

由式（3-4）可得：$n(HCl) = 2n(Na_2CO_3)$ 或 $n(Na_2CO_3) = \dfrac{1}{2} n(HCl)$

2. 等物质的量规则

等物质的量规则是指对于一定的化学反应，如选定适当的基本单元，那么在任何时刻所消耗的反应物的物质的量均相等。在滴定分析中，若根据滴定反应选取适当的基本单元，则滴定到达化学计量点时，被测组分的物质的量就等于所消耗的标准滴定溶液的物质的量。即：

$$n(\frac{1}{Z_B} B) = n(\frac{1}{Z_A} A)$$ $\qquad\qquad$ （3-5）

如上例中 $\qquad\qquad n(\frac{1}{2} Na_2CO_3) = n(HCl)$

三、标准滴定溶液浓度计算

1. 直接配制法的计算

准确称取质量为m_B（g）的基准物质B，将其配制成体积为V_B（mL）的标准滴定溶液。已知基准物质B的摩尔质量为M_B（g/mol），由于

$$n\left(\frac{1}{Z_B} B\right) = \frac{m_B}{M\left(\frac{1}{Z_B} B\right)}$$ $\qquad\qquad$ （3-6）

$$n\left(\frac{1}{Z_B}B\right) = c\left(\frac{1}{Z_B}B\right) \cdot V_B \qquad (3-7)$$

将式（3-6）代入式（3-7）中得到该标准滴定溶液的浓度为：

$$c\left(\frac{1}{Z_B}B\right) = \frac{n(\frac{1}{Z_B}B)}{V_B} = \frac{m_B}{V_B M(\frac{1}{Z_B}B)} \qquad (3-8)$$

【例 3-1】准确称取基准物质 $K_2Cr_2O_7$ 1.471g。溶解后定量转移至 500.0mL 容量瓶中。已知 $M(K_2Cr_2O_7)$ =294.2g/mol，计算此标准滴定溶液的浓度 $c(K_2Cr_2O_7)$ 及 $c(\frac{1}{6}K_2Cr_2O_7)$。

解：按式（3-8）可得

$$c(K_2Cr_2O_7) = \frac{1.471}{0.5000 \times 294.2} = 0.01000(mol/L)$$

$$c(\frac{1}{6}K_2Cr_2O_7) = \frac{1.471}{0.5000 \times \frac{1}{6} \times 294.2} = 0.06000(mol/L)$$

2. 标定法的计算

（1）用基准物质直接标定　若以基准物质B标定浓度为 $c(\frac{1}{Z_A}A)$ 的待标定标准滴定溶液 A，设所称取的基准物质的质量为 m_B（g），其摩尔质量为 M_B，滴定时消耗待标定标准滴定溶液A体积为 V_A（mL），根据等物质的量规则：$n(\frac{1}{Z_B}B) = n(\frac{1}{Z_A}A)$

则

$$\frac{m_B}{M(\frac{1}{Z_B}B)} = c(\frac{1}{Z_A}A) \cdot \frac{V_A}{1000} \qquad (3-9)$$

$$c\left(\frac{1}{Z_A}A\right) = \frac{1000m_B}{M(\frac{1}{Z_B}B) \cdot V_A} \qquad (3-10)$$

【例 3-2】用基准试剂 Na_2CO_3 标定 0.1mol/L HCl 溶液浓度，若称量 0.1622g基准 Na_2CO_3 于锥形瓶中，溶解后用 0.1mol/L HCl 溶液滴定，终点时消耗HCl的体积为 30.15mL，计算该HCl滴定溶液的准确浓度。已知 $M(Na_2CO_3)$ =106.0g/mol。

解：用 Na_2CO_3 标定HCl溶液浓度的反应为：

$$Na_2CO_3 + 2HCl = 2NaCl + CO_2 \uparrow + H_2O$$

根据反应式和式（3-10）可得：

$$c(\text{HCl}) = \frac{1000m(\text{Na}_2\text{CO}_3)}{M(\frac{1}{2}\text{Na}_2\text{CO}_3) \cdot V(\text{HCl})} = \frac{1000 \times 0.1622}{53.00 \times 30.15} = 0.1015(\text{mol/L})$$

（2）用另一标准滴定溶液间接标定　若移取 $V_A\text{mL}$ 的已知准确浓度为 $c(\frac{1}{Z_A}\text{A})$ 的标准滴定溶液A于锥形瓶中，用待标定的溶液B滴定至终点时，消耗了 $V_B\text{mL}$ 的B溶液，则根据等物质的量规则，待标定溶液B的准确浓度为：

$$c(\frac{1}{Z_A}\text{A}) \cdot V_A = c(\frac{1}{Z_B}\text{B}) \cdot V_B \tag{3-11}$$

【例3-3】用 0.1010mol/L $\text{Na}_2\text{S}_2\text{O}_3$ 标定碘溶液浓度，若量取 35.00mL 的 $\text{Na}_2\text{S}_2\text{O}_3$ 标准滴定溶液于锥形瓶中，用待标定的碘溶液滴定至终点时，消耗了 34.55mL 的碘溶液，计算该碘溶液的准确浓度 $c(\text{I}_2)$ 和 $c(\frac{1}{2}\text{I}_2)$。

解：用 $\text{Na}_2\text{S}_2\text{O}_3$ 标定碘溶液浓度的反应为：

$$2\text{Na}_2\text{S}_2\text{O}_3 + \text{I}_2 =\!\!= 2\text{NaI} + \text{Na}_2\text{S}_4\text{O}_6$$

根据式（3-11）可得：

$$c(\text{I}_2) = \frac{c(\text{Na}_2\text{S}_2\text{O}_3) \cdot V(\text{Na}_2\text{S}_2\text{O}_3)}{2 \times V(\text{I}_2)} = \frac{0.1010 \times 35.00}{2 \times 34.55} = 0.05116(\text{mol/L})$$

$$c(\frac{1}{2}\text{I}_2) = \frac{c(\text{Na}_2\text{S}_2\text{O}_3) \cdot V(\text{Na}_2\text{S}_2\text{O}_3)}{V(\text{I}_2)} = \frac{0.1010 \times 35.00}{34.55} = 0.1023(\text{mol/L})$$

四、待测组分含量计算

完成一个滴定分析的全过程，可以得到3个测量数据，即称取试样的质量 m_s（g）、标准滴定溶液的浓度 $c(\frac{1}{Z_A}\text{A})$（mol/L）、滴定至终点时的标准滴定溶液消耗的体积 V_A（mL）。若测得试样中待测组分B的质量为 m_B（g），则待测组分B的质量分数 w_B（数值以%表示）为：

$$w_B = \frac{m_B}{m_s} \times 100\% \tag{3-12}$$

根据等物质的量规则和式（3-8）可得：

$$w_B = \frac{c(\frac{1}{Z_A}\text{A}) \cdot V_A \cdot M(\frac{1}{Z_B}\text{B})}{m_s \times 1000} \times 100\% \tag{3-13}$$

再利用所获得的3个测量数据，代入式（3-13）即可求出待测组分含量。

【例 3-4】用 $c(\frac{1}{2}H_2SO_4)$ =0.2020mol/L的硫酸标准滴定溶液测定 Na_2CO_3 试样的含量时，称取 0.2009g 含Na_2CO_3试样，消耗 18.32mL硫酸标准滴定溶液，求试样中 Na_2CO_3 的质量分数。已知$M(Na_2CO_3)$ =106.0g/mol。

解：滴定反应式为：

$$Na_2CO_3 + H_2SO_4 = Na_2SO_4 + CO_2 \uparrow + H_2O$$

根据反应式，Na_2CO_3 和H_2SO_4 的得失质子数分别为 2，因此，基本单元分别为$\frac{1}{2}Na_2CO_3$ 和 $\frac{1}{2}H_2SO_4$，由式（3-13）得：

$$w(Na_2CO_3) = \frac{c(\frac{1}{2}H_2SO_4) \cdot V(H_2SO_4) \cdot M(\frac{1}{2}Na_2CO_3)}{m_s \times 1000} \times 100\%$$

将数据代入，得：

$$w(Na_2CO_3) = \frac{0.2020 \times 18.32 \times \frac{1}{2} \times 106.0}{0.2009 \times 1000} \times 100\% = 97.62\%$$

💡 思考与练习题

1. 什么是滴定分析?

2. 什么是标准滴定溶液?

3. 什么是化学计量点、滴定终点、终点误差?

4. 滴定分析对化学反应有哪些要求?

5. 常用的滴定方式有哪些? 分别在什么情况下采用?

6. 作为基准物质应具备哪些条件?

7. 什么叫标定? 标定方法有哪几种?

8. 一般溶液的浓度表示方法有几种? 标准滴定溶液的浓度表示方法有几种?

9. 什么是滴定度? 滴定度与物质的量浓度如何换算? 试举例说明。

10. 试指出草酸、碘和硫代硫酸钠的摩尔质量各为多少? 它们的基本单元是什么?

11. 下列物质中哪些可以用直接法配制标准滴定溶液? 哪些只能用标定法配制?

H_2SO_4; KOH; $KMnO_4$; $K_2Cr_2O_7$; KIO_3; $Na_2S_2O_3$

12. 市售盐酸的密度为 1.19g/mL, HCl含量为 37%, 欲用此盐酸配制 500mL 0.lmol/L的 HCl溶液, 应量取市售盐酸多少毫升?

13. $T_{(NaOH/HCl)} = 0.003462$g/mL 的HCl溶液，相当于物质的量浓度 $c(HCl)$ 多少？

14. 9.360g Na_2CO_3 溶于 500.0mL 水中，$c(\frac{1}{2}Na_2CO_3)$ 和 $c(Na_2CO_3)$ 各为多少？

15. 用基准物质 NaCl 配制 0.1000mol/L 的氯离子标准滴定溶液 1000mL，如何配制？

16. 称取基准物质 Na_2CO_3 0.1580g，标定 HCl 溶液的浓度，用溴甲酚绿-甲基红混合指示剂指示终点，终点时消耗该 HCl 溶液 24.80mL。计算此 HCl 溶液的物质的量浓度为多少？

17. 称取铁矿石试样 0.3143g，将该试样溶于酸，并将 Fe^{3+} 还原为 Fe^{2+}，用 $c(\frac{1}{6}K_2Cr_2O_7) = 0.1200$mol/L 的 $K_2Cr_2O_7$ 标准滴定溶液滴定，消耗 $K_2Cr_2O_7$ 溶液 21.30mL。已知 $M(Fe_2O_3) = 159.7$g/mol，计算试样中 Fe_2O_3 的质量分数。

任务一 物质的称量

【实操微课】
分析天平的使用

一、承接任务

1. 任务说明

分析工作中常常需要用天平对物质的质量进行称量，天平的规范使用是必备核心技能之一。本任务源于真实工作场景的称量环节，使用分析天平进行直接称量法、增量法和减量法称量练习。

2. 任务要求

（1）了解分析天平的构造。

（2）学习分析天平的基本操作和常用称量方法。

二、方案设计

1. 相关知识

（1）天平的构造 分析天平是一种常用的精密仪器，也是化学实验中最常用的仪器之一。图3-1为电子分析天平的结构图。

（2）称量方法 根据试样的不同性质和分析工作的不同要求，可分别采用直接称样法

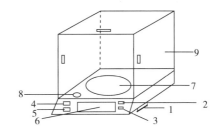

1—水平调节螺丝 2—"ON"键 3—"OFF"键
4—"CAL"校正键 5—"TAR"清零键 6—显示屏
7—称量盘 8—气泡式水平仪 9—侧门

图3-1 电子分析天平的结构图

（简称直接法）、指定质量（固定样）称样法和减量称样法（也称减量法）进行称量。

①直接称样法：此法用于称量一物体的质量，例如小烧杯的质量、容量器皿校正称量容量瓶的质量、重量分析实验中称量坩埚的质量等。对于某些在空气中不易潮解或升华的固体试样也可用直接称样法。

②指定质量称样法：又称增量法。此法用于称量某一固定质量的试剂（如基准物质）或试样。此法操作的速度很慢，适宜称量不易潮解、在空气中能稳定存在的粉末状或固体小颗粒样品。

③减量称样法：此法适用于称量在空气中易吸水、易氧化或易与CO_2反应的试样。称量时需把试样放在称量瓶内，倒出一份试样前后两次称量之差，即为该份试样的质量。

2. 实施方案

检查天平水平 → 使用天平称样（直接称样法、指定质量称样法、减量称样法）。

三、任务准备

1. 药品及试剂

NaCl基准物质、NaCl固体样品。

2. 设备及器皿

（1）称量设备　分析天平。

（2）玻璃器皿　称量瓶（内装氯化钠基准物质）、试剂瓶（内装氯化钠固体样品）、锥形瓶、烧杯。

3. 耗材及其他

牛角匙、称量纸、称量手套等。

四、任务实施

1. 实施步骤

（1）称量前的准备

①检查水平：观察天平的水平仪，如水平仪水泡偏移，需调整水平调节脚使水泡位于水平仪中心。

【实操微课】
增量法称量氯化钠

【实操微课】
液体样品的称量-
过氧化氢

②清理天平：用小毛刷刷去天平上的灰尘。

③天平预热：接通电源，预热30min后，再开始称量。

（2）直接称样法训练　按TAR键，显示 0.0000g后，从干燥器中取出盛有NaCl粉末的称量瓶，放置在电子天平的称量盘上，待显示屏上的数字显示稳定后，记录被称物的质量。重复两次。

注意：不得用手直接取被称量物，可采用戴汗布手套、垫纸条、用镊子或钳子等适宜的方法。

（3）指定质量称样法（增量法）训练　在分析天平的称量盘上放置一洁净干燥的表面皿或称量纸（按要求折叠），按TAR键，显示0.0000g后，用牛角匙将试样慢慢地敲入到表面皿或称量纸的中央（图3-2），直至天平读数正好显示所需质量为止，记录称量数据。重复两次。

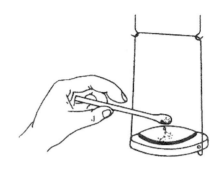

图3-2　指定质量称样法

注意：若不慎加入试样量超过指定质量，应用牛角匙取出多余试样，严格要求时，取出的多余试样应弃去，不要放回原试样瓶中。操作时不能将试样散落于称量盘上表面皿或称量纸以外的地方，称好的试样必须定量地转入接受器。

（4）减量称样法（减量法）训练　从干燥器中取出装有NaCl试样的称量瓶（注意操作过程中，不能用手直接接触及称量瓶和瓶盖），将称量瓶放置在电子天平称量盘的中央，显示稳定后，按一下TAR键，使显示为零。取出称量瓶，在接受器的上方，倾斜瓶身，用称量瓶盖轻敲瓶口上部，使试样慢慢落入接受器中（图3-3），当倾出的试样接近所需量时，一边用瓶盖继续轻敲瓶口，一边将瓶身竖直，使黏附在瓶口上的试样落下，然后盖好瓶盖，把称量瓶放回天平托盘，如果显示质量（不管"-"号）达到要求范围，即可记录称量结果。有时一次很难得到合乎质量范围的试样，可重复多次进行相同的操作。若需连续称取第二份试样，则再按一下TRA键，显示零后，向第二个容器中敲出试样。

（1）称量瓶　　　（2）称量瓶的拿法　　　（3）敲出试样的操作

图3-3　称量瓶及减量法操作

【实操微课】
减量法称量碳酸钠

注意：上述称量方法适用于电子分析天平读数稳定的情况，如果电子分析天平读数不能保证稳定时，上述称量方法会带来称量误差。

（5）称量结束后的工作　称量完毕，应随时将天平复原，关闭电源，并检查天平周围是否清洁。

2. 出具报告

完成"物质的称量"的任务工单。

物质的称量
任务工单

五、任务小结

操作注意事项如下。

（1）分析天平应放在专用的水泥或大理石台面上，台面要求水平而光滑。

（2）天平箱内保持清洁干燥，天平箱内如落入杂物或试剂，应及时用毛刷扫除，干燥剂（变色硅胶）应及时更换。

（3）不要将热的或冷的物体放在天平上称量，应使物体和天平室温度一致后再进行称量。

（4）不能将化学药品直接放在称量盘上称量，以免污染腐蚀称量盘。

（5）读数时应关好两个侧门，上方的门也不要随便打开，以免受呼出的热量、水蒸气和二氧化碳气流影响。

（6）绝不能使天平载重超过最大负载。

（7）整个操作过程，动作要轻缓。

（8）如果发现天平不正常，应及时报告指导教师或实验室工作人员，不要自行处理。

（9）称量完毕，应随时将天平复原，关闭电源，并检查天平周围是否清洁。

六、任务拓展与思考

1. 用分析天平称量的方法有哪些？增量法和减量法各适合在什么情况下采用？

2. 在减量法称样过程中，若样品吸湿，对称量会造成什么影响？若样品倾入烧杯后再吸湿，对称量结果是否有影响？

3. 天平称量时，为何通常只开天平的左右边门？读数时，如果没有关好天平门，会引起什么后果？

任务二　一定浓度溶液的准确配制

一、承接任务

1. 任务说明

分析工作中常常需要用容量瓶配制或稀释一定体积的准确浓度的溶液，因此，容量瓶的使用是必备核心技能之一。本任务源于真实工作场景的溶液配制环节，用 100mL 容量瓶将氯化钠固体配制成一定浓度氯化钠溶液。

2. 任务要求

（1）掌握容量瓶的正确使用方法。

（2）能够判断是否需要使用容量瓶配制溶液。

【实操微课】
容量瓶的使用1
（固体试剂）

【实操微课】
容量瓶的使用2
（液体试剂）

二、方案设计

1. 相关知识

（1）容量瓶使用前的准备　使用前要检查是否漏水。向容量瓶中注入自来水至标线附近，盖好瓶塞，瓶外水珠用干净抹布擦拭干净。左手按住瓶塞，右手拿住瓶底，将瓶倒立 2min，观察瓶塞周围是否有水渗出。如果不漏，将瓶直立，把瓶塞转动约 180° 后，再倒立检查 1 次，以保证瓶塞与瓶口的任何位置都密合。

（2）容量瓶操作方法　配制溶液前先将容量瓶洗净。如果是用固体物质配制标准滴定溶液，先将准确称取的固体物质置于小烧杯中溶解，再将溶液转入容量瓶中。转移时，要使玻璃棒的下端靠近瓶颈内壁，使溶液沿玻璃棒及瓶颈内壁流下（图3-4），溶液全部流完后将烧杯沿玻璃棒上移，同时直立，使附着在玻璃棒与烧杯嘴之间的溶液流回烧杯中。用蒸馏水洗涤烧杯 3 次，洗涤液一并转入容量瓶，这一过程称作溶液的定量转移。随后，用蒸馏水稀释至容积 2/3 处，摇动容量瓶，使溶液混合均匀，继续加蒸馏水，加至近标线时，要慢慢滴加，直至溶液的弯月面与标线相切为止（这一过程称作定容）。无论溶液有无颜色，加水位置都应使弯月面的最低点与标线相切。随即盖紧瓶塞，使容量瓶倒转，并振荡数次，使溶液充分混合均匀（图3-5）。

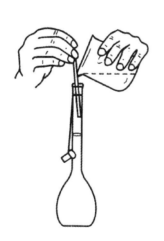

图3-4　转移溶液的操作

图3-5　检查漏水及混匀溶液操作

如果把浓溶液定量稀释，则用移液管吸取一定体积的浓溶液移入容量瓶中，按上述方法稀释至标线，摇匀。

需避光的溶液应使用棕色容量瓶配制。容量瓶不能长期存放溶液，不可将容量瓶当作试剂瓶使用，尤其是碱性溶液会侵蚀瓶塞，使之无法打开。如需将溶液长期保存，应转移到试剂瓶中备用。

容量瓶不能用火直接加热或在烘箱中烘烤。如急需使用干燥的容量瓶时，可将容量瓶洗净后，用乙醇等有机溶剂润洗后晾干或用电吹风的冷风吹干。

2. 实施方案

试漏容量瓶→洗涤容量瓶→转移溶液、稀释、调液面、摇匀。

三、任务准备

1. 药品及试剂

氯化钠固体。

2. 设备及器皿

100mL容量瓶、100mL烧杯、玻璃棒等。

3. 耗材及其他

胶头滴管、聚乙烯塑料瓶等。

四、任务实施

（1）将容量瓶试漏、洗净，将烧杯、玻璃棒等洗涤干净，使之达到洗涤标准。

（2）取氯化钠固体少许，置于100mL小烧杯中，加水约20mL，搅拌使溶解后，按要求定量转移到100mL容量瓶中，稀释至刻度线，摇匀。

五、任务小结

操作注意事项如下。

（1）溶液的定量转移过程中，用于洗涤烧杯的溶剂总量不能超过容量瓶的标线，一旦超过，必须重新进行配制。

（2）冷、热溶液应放至室温后才能注入容量瓶中，否则可能造成体积误差。

（3）振荡容量瓶时，不能用手掌握住瓶身。

六、任务拓展与思考

1. 容量瓶使用前应如何处理？为什么？

2. 用容量瓶定容时应如何操作？

3. 配制溶液时，在用容量瓶定容前，能否盖紧瓶塞并倒转摇匀？为什么？

任务三 液体物质的准确量取

一、承接任务

1. 任务说明

分析工作中常常需要用移液管（吸量管）准确移取一定体积的液体，因此，移液管（吸量管）的使用是必备核心技能之一。本任务源于真实工作场景的液体移取环节，通过移取指定体积的氯化钠溶液，完成对移液管和吸量管的操作练习。

2. 任务要求

（1）掌握移液管（吸量管）的正确使用方法。

（2）能够判断是否需要使用移液管（吸量管）取用液体。

二、方案设计

1. 相关知识

【实操微课】
移液管的使用

（1）移液管使用前准备 当第一次用洗净的移液管吸取溶液时，应先用滤纸将尖端内外的水吸净，否则会因水滴引入改变溶液的浓度。用小烧杯装少量所要移取的溶液，将移液管和小烧杯共同润洗 2~3 次，以保证移取的溶液浓度不变。

（2）移液管操作方法 移取溶液时，一般用右手的大拇指和中指拿住颈标线上方的玻璃管，将下端插入烧杯溶液中 1~2cm。左手拿洗耳球，先把球内空气压出，然后把洗耳球的尖端接在移液管顶口，慢慢松开洗耳球使溶液吸入管内（图 3-6）。当液面升高到刻度以上时移去洗耳球，立即用右手的食指按住管口，将移液管提离液面，并用滤纸擦干移液管下端，以除去管壁上沾附的溶液。用另一烧杯内壁紧贴移液管管尖，移液管竖直向下，然后稍松食指，使液面下降，直到溶液的弯月面与标线相切，立刻用食指压紧管口。取出移液管，把准备承接溶液的容器稍倾斜，将移液管移入容器中，使管竖直，管尖靠着容器内壁，松开食指，让管内溶液自然地沿器壁流下（图 3-7），流完后再等待 15s，取出移液管。切勿把残留在管尖内的溶液吹出，因为在校正移液管时，已考虑了所保留的溶液体积，并未将这部分液体体积计算在内。吸量管的操作方法与移液管相同，但应注意，凡吸量管上刻有"吹"字的，使用时必须将管尖内的溶液吹出，不允许保留。

移液管使用后，应洗净放在移液管架上。移液管和吸量管都不能放在烘箱中烘烤，以免引起容积变化而影响测量的准确度。

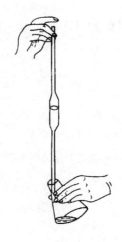

图3-6　吸取溶液操作　　　　图3-7　放出溶液操作

2. 实施方案

洗涤移液管（吸量管）→ 使用移液管或吸量管（润洗、吸液、调液面、放出溶液）。

三、任务准备

1. 药品及试剂

配制好的氯化钠溶液。

2. 设备及器皿

100mL烧杯、25mL移液管、10mL吸量管、锥形瓶。

3. 耗材及其他

洗瓶、洗耳球、滤纸片等。

四、任务实施

（1）将移液管、吸量管、烧杯、锥形瓶等按要求洗涤干净，达到洗涤标准。

（2）用试剂瓶中氯化钠溶液润洗移液管或吸量管。

（3）吸取氯化钠溶液，调节液面。

（4）将移液管（吸量管）中的溶液放至锥形瓶中。

五、任务小结

操作注意事项如下。

（1）移液管或吸量管应插入液面以下 1~2cm，插入太深会使管外沾附溶液过多，影响量取的溶液体积的准确性，太浅往往会产生空吸。

（2）移液管或吸量管提出液面后，应用滤纸将沾在移液管外壁的液体擦掉。

（3）观察刻度时，应将移液管的刻度与眼睛平行，以最下面的弯月面为准。

六、任务拓展与思考

1. 移液管使用前应如何处理？为什么？

2. 用移液管量取溶液时，遗留在管尖内的少量溶液应如何处理？为什么？

3. 用移液管量取溶液时，应如何记录体积？

任务四　物质浓度的滴定分析

一、承接任务

1. 任务说明

滴定分析多用于物质中常量组分的定量分析，滴定管的使用是必备核心技能之一。本任务源于真实工作场景的滴定操作环节，用氢氧化钠及盐酸溶液分别作为滴定剂和待测溶液，对酸碱通用滴定管的正确使用及滴定操作进行练习。

2. 任务要求

（1）掌握滴定管的正确使用方法。

（2）培养准确、简明地记录实验原始数据的习惯。

二、方案设计

1. 相关知识

（1）滴定管使用前的准备　滴定管使用前应检查活塞转动是否灵活，然后检查是否漏水。试漏的方法是先将活塞关闭，在滴定管内装满水，放置 2min，观察管口及活塞两端是否有水渗出。然后将活塞转动 180°，再放置 2min，看是否有水渗出，若无渗水现象，活塞转动也灵活，即可使用。否则应将活塞取出，用滤纸擦干活塞及活塞套，在活塞粗端和活塞套细端分别涂一薄层凡士林，亦可在活塞孔的两端涂上一薄层凡士林，小心不要涂在孔边以防堵塞孔眼。然后将活塞放入活塞套内，沿一个方向旋转，直

【实操微课】
滴定管的使用

【实操微课】
滴定特写

至透明为止，最后应在活塞末端套一橡皮圈以防使用时将活塞顶出。滴定管活塞涂抹凡士林操作见图3-8。

（1）用小布卷擦干净活塞槽

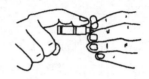

（2）活塞用布擦干净后，在粗端涂少量凡士林，细端不要涂，以免玷污活塞槽上、下孔

（3）活塞涂好凡士林，再将滴定管的活塞槽的细端涂上凡士林

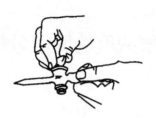

（4）活塞平行插入活塞槽后，向一个方向转动，直至凡士林均匀

图3-8　滴定管活塞涂抹凡士林操作

若活塞孔或玻璃尖嘴被凡士林堵塞时，可将滴定管充满水后，将活塞打开，用洗耳球在滴定管上部挤压、鼓气，一般可将凡士林排出。若还不能把凡士林排除，可将滴定管尖端插入热水中温热片刻，然后打开旋塞，使管内的水突然流下，将软化的凡士林冲出，并重新涂油、试漏。

碱式滴定管使用前应检查玻璃珠和乳胶管是否完好，并检查滴定管是否漏水。若胶管已老化，玻璃珠过大（不易操作）或过小和不圆滑（漏水），应予更换。

酸式滴定管用于盛放酸性和氧化性溶液，但不能盛放碱性溶液，因其磨口玻璃塞会被碱性溶液腐蚀，放置久了，活塞将打不开。碱式滴定管用于盛放碱性溶液，但不能盛放会与乳胶管起反应的氧化性溶液，如$KMnO_4$、I_2和$AgNO_3$等。

滴定管除无色的外，还有棕色的，用以盛放见光易分解或有色的溶液，如$AgNO_3$、$Na_2S_2O_3$、$KMnO_4$等溶液。

（2）标准滴定溶液的装入　为了避免装入后的标准滴定溶液被稀释，应用该标准滴定溶液润洗滴定管2~3次（每次5~10mL）。操作时两手平端滴定管，慢慢转动，使标准滴定溶液流遍全管，然后使溶液从滴定管下端放出，以除去管内残留水分。在装入标准滴定溶液时，应直接倒入，不得借助其他容器（如烧杯、漏斗等），以免标准滴定溶液浓度改变或造成污染。装好标准滴定溶液后，应检查滴定管尖嘴内有无气泡，否则在滴定过程中，气泡逸出，影响溶液体积的准确测量。可迅速转动活塞，使溶液很快冲出，将气泡带走。排除气泡后，调节液面在0.00mL刻度，或在0.00mL刻度以下处，并记下初读数。

（3）滴定管的读数 滴定管读数不准确引起的误差，常常是滴定分析误差的主要来源之一，因此在滴定前要进行读数练习。读数时应将滴定管从滴定管架上拿下来，用右手大拇指和食指捏住滴定管液面以上处，使滴定管垂直，然后再读数。由于表面张力作用，滴定管内液面呈弯月形，无色溶液的弯月面比较清晰，读数时，眼睛视线与溶液弯月面下缘最低点应在同一水平面上，读出与弯月面相切的刻度，眼睛的位置不同会得出不同的读数[图3-9（1）]。对于有色溶液，如$KMnO_4$溶液，弯月面不够清晰，可以观察液面的上缘[图3-9（2）]，读出与之相切的刻度。使用"蓝线"滴定管时（图3-10），溶液体积的读数与上述方法不同，在这种滴定管中，液面呈现三角交叉点，读取交叉点与刻度相切之处读数。

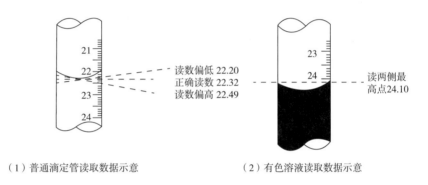

（1）普通滴定管读取数据示意　　　　　　（2）有色溶液读取数据示意

图3-9　读数视线的位置

为了使读数准确，应遵守以下原则。

①在装满或放出溶液后，必须静置1~2min，使附在内壁上的溶液流下来以后才能读数。如果放出液体较慢（如接近计量点时），也可以静置0.5~1min再读数。

②每次滴定前将液面调节在0.00mL刻度或稍下的位置，由于滴定管的刻度不可能绝对均匀，所以在同一实验中，溶液的体积应控制在滴定管刻度的相同部位，这样由于刻度不准引起的误差可以抵消。

③读数时，必须读至小数点后第二位，即要求估计到0.01mL。滴定管上相邻两个刻度之间为0.1mL，当液面在相邻刻度之间即为0.05mL；若液面在此刻度间的1/3或2/3处，即为0.03或0.07mL；当液面在此刻度间的1/5时，即为0.02mL。

④在使用非"蓝线"滴定管时，为了使读数清晰，可在滴定管后面衬一张"读数卡"（即一张半黑半白的小纸片）（图3-11）。读数时，将读数卡放在滴定管背面，使黑色部分在弯月面下约0.1mL处，此时即可看到弯月面的反射层全部成为黑色，读取此黑色弯月面下缘的最低点。对有色溶液须读其两侧最高点时，须用白色卡片作为背景。

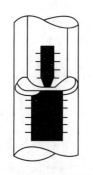

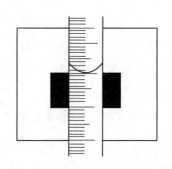

图3-10 "蓝线"滴定管读数图　　　　图3-11 借"读数卡"读数

（4）滴定操作　使用滴定管滴定时，左手控制活塞，大拇指在前，食指和中指在后，手指略微弯曲，轻轻向内扣住活塞（图3-12），注意手心不要顶住活塞，以免将活塞顶出，造成漏液。右手持锥形瓶，边滴边摇（图3-13），使瓶内溶液混合均匀，反应进行完全。刚开始滴定时，滴定液滴出速度可稍快，但不能使滴出液呈线状。临近终点时，滴定速度应十分缓慢，应一滴或半滴地加入，滴一滴，摇几下，并用洗瓶吹入少量蒸馏水洗锥形瓶内壁，使溅起附着在锥形瓶内壁的溶液洗下，以使反应完全，然后再加半滴，直至终点为止。半滴的滴法是将滴定管活塞稍稍转动，使半滴溶液悬于滴定管口，将锥形瓶内壁与管口接触，使溶液靠入锥形瓶中并用蒸馏水冲下。

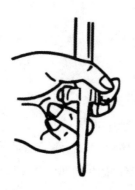

图3-12 滴定管的操作　　　　图3-13 滴定操作

2. 实施方案

试漏、洗涤滴定管 → 使用滴定管（润洗、装液、调液面、滴定、读数）。

三、任务准备

1. 药品及试剂

0.1mol/L HCl标准溶液、酚酞指示剂、0.1mol/L NaOH标准溶液、甲基橙指示剂。

2. 设备及器皿

（1）滴定装置　滴定台、滴定管夹、酸碱通用滴定管、锥形瓶、洗瓶。

（2）玻璃器皿　100mL烧杯、25mL移液管、量筒等。

3. 耗材及其他

滤纸片、洗耳球等。

四、任务实施

1. 实施步骤

（1）洗净移液管、锥形瓶，试漏并洗涤滴定管。

（2）取洗净的滴定管一支，并用少量NaOH标准滴定溶液（0.1mol/L）润洗三次，装入NaOH标准滴定溶液（0.1mol/L）排除气泡，调整至0.00刻度。

（3）从滴定管放下20滴液体，记录读数，重复三次。

（4）取洗净的25mL移液管一支，用少量HCl溶液（0.1mol/L）润洗三次，移取25.00mL HCl溶液（0.1mol/L）置250mL锥形瓶中，加入蒸馏水25mL，酚酞指示剂2滴，用NaOH标准滴定溶液（0.1mol/L）滴定。操作过程中，注意半滴加入的操作技术。至溶液显微红色保持30s内不褪色即为终点，记下NaOH的体积，重复三次。

（5）改用另一支滴定管装HCl溶液滴定NaOH溶液，以甲基橙为指示剂。重复上述操作，溶液颜色由黄变为橙色时即为终点。操作过程中，注意半滴加入的操作技术，记下HCl的体积，重复三次。

2. 结果记录及处理

记录数据并计算，详见"物质浓度的滴定分析"任务工单部分。

3. 出具报告

完成"物质浓度的滴定分析"的任务工单。

物质浓度的滴定
分析任务工单

五、任务小结

1. 操作注意事项

（1）洗净的滴定管在加入标准滴定溶液前，需要用待装溶液润洗三次。

（2）滴定操作成串不成线，先快后慢，临近终点需要进行半滴操作。

（3）NaOH标准溶液滴定盐酸溶液时，酚酞作指示剂，溶液颜色由无色变成淡粉色，30s不褪色为终点。

2. 安全注意事项

NaOH具有强碱性，腐蚀性极强，使用时需穿戴实训服、手套、护目镜等安全防护装置。

3. 应急预案（针对NaOH的意外情况）

（1）皮肤接触　应立即用大量水冲洗，再涂上3%~5%的硼酸溶液。

（2）眼睛接触　立即提起眼睑，用流动清水或生理盐水冲洗至少15min，或用3%硼酸溶液冲洗，就医。

（3）吸入　迅速脱离现场至空气新鲜处，必要时进行人工呼吸，就医。

（4）食入　应尽快用蛋白质之类的东西清洗干净口中毒物，如牛奶、酸奶等奶质品。患者清醒时立即漱口，口服稀释的醋或柠檬汁，就医。

（5）灭火方法　雾状水、砂土。

六、任务拓展与思考

1. 滴定管的活塞应怎样涂凡士林？

2. 怎样检查滴定管是否洗净？使用未洗净的滴定管滴定，对测定结果有什么影响？

3. 滴定管尖端存在气泡对滴定有什么影响？应如何排除？

4. 滴定管读数时，应该注意什么？应如何记录体积？

任务五　容量器皿的校准

一、承接任务

1.任务说明

实际分析工作中，为了得到准确的测定数据和分析结果，对所使用的容量器皿的允许误差有严格要求，达不到标准的禁止使用。本任务选取常用的容量瓶、移液管、滴定管等容量器皿进行校准。

2. 任务要求

了解容量仪器校准的意义，掌握容量器皿校准的方法。

二、方案设计

（一）相关知识

在实际应用中，由于温度的变化、试剂的浸蚀等原因，容量器皿的实际容积有时与它标示的体积不完全一致，甚至其误差可能超过分析所允许的误差范围。因此，在准确度要求很高的分析中，必须对容量仪器进行校准。

1. 滴定分析器皿的误差范围

容量器皿按其误差的大小分为一级（A级）和二级（B级），各种常用容量器皿各个级别允许误差数值如表3-2~表3-5所示。

表3-2　常用滴定管的允许误差

标称容量 /mL		1	2	5	10	25	50	100
分度值/mL		0.01	0.02	0.05		0.1	0.1	0.2
容量允差/mL	A	±0.010	±0.010	±0.025		±0.04	±0.05	±0.10
	B	±0.020	±0.020	±0.050		±0.08	±0.10	±0.20
流出时间/s	A	20~35		30~45		45~70	60~90	70~100
	B	15~35		20~45		35~70	50~90	60~100
等待时间/s		30						
分度线宽度/mm		≤0.3						

表3-3　常用容量瓶的允许误差

标称容量 /mL		1	2	5	10	25	50	100	200	250	500	1000	2000
容量允差/mL	A	±0.010	±0.015	±0.020	±0.020	±0.03	±0.05	±0.10	±0.15	±0.15	±0.25	±0.40	±0.60
	B	±0.020	±0.030	±0.040	±0.040	±0.06	±0.10	±0.20	±0.30	±0.30	±0.50	±0.80	±1.20
分度线宽度/mm		≤0.4											

表3-4　常用单标移液管的允许误差

标称容量 /mL		1	2	3	5	10	15	20	25	50	100
容量允差/mL	A	±0.007	±0.010		±0.015	±0.020	±0.025	±0.030		±0.05	±0.08
	B	±0.015	±0.020		±0.030	±0.040	±0.050	±0.060		±0.10	±0.16
流出时间/s	A	7~12		15~25		20~30		25~35		30~40	35~45
	B	5~12		10~25		15~30		20~35		25~40	30~45
分度线宽度/mm		≤0.4									

表3-5　常用分度吸量管的允许误差

标称容量 /mL	分度值 / mL	容量允差 /mL				流出时间 /s				分度线宽度 /mm
		流出式		吹出式		流出式		吹出式		
		A	B	A	B	A	B	A	B	
0.1	0.001 0.005	—	—	± 0.002	± 0.004					
0.2	0.002 0.01	—	—	± 0.003	± 0.006	3 ~ 7		2 ~ 5		
0.25	0.002 0.01	—	—	± 0.004	± 0.008					A级： ≤ 0.3 B级： ≤ 0.4
0.5	0.005 0.01 0.02	—	—	± 0.005	± 0.010	4 ~ 8				
1	0.01	± 0.008	± 0.015	± 0.008	± 0.015	4 ~ 10		3 ~ 6		
2	0.02	± 0.012	± 0.025	± 0.012	± 0.025	4 ~ 12				
5	0.05	± 0.025	± 0.050	± 0.025	± 0.050	6 ~ 14		5 ~ 10		
10	0.1	± 0.05	± 0.10	± 0.05	± 0.10	7 ~ 17				
25	0.2	± 0.10	± 0.20	—		11 ~ 21		—		
50	0.2	± 0.10	± 0.20	—		15 ~ 25				

　　一级品用于要求较高的分析工作，二级品用于工业分析。一般容量器皿的准确度可达到0.1%，不必再校准。只有当分析工作要求很高时，才需校准。

2. 校准容量器皿的方法

校准容量器皿的方法通常有绝对校准和相对校准两种。

（1）绝对校准　即测定容量器皿的实际容积，常采用称量法。即在分析天平上称量容器容纳或放出纯水的质量m。查得该温度时纯水的相对密度d_t（表3-6），根据公式$V=m/d_t$，将纯水的质量换算成纯水的体积，由计算的纯水体积和由仪器读出的体积，即可求出校准值。

由于称量是在空气中进行的，换算时必须考虑下列三种因素的影响：

①水的密度随温度变化而变化；

②在空气中称量时，空气浮力对称量水重的影响；

③温度对玻璃器皿热胀冷缩的影响。

把上述三种因素考虑在内，得出水的密度的校准值d'_t。现将不同温度下水的d_t和d'_t的值列于表3-6。表中d'_t的数字表示在不同温度下，用水充满20℃时容积为1L的玻璃器皿在空气中用黄铜砝码称取的水质量。

表3-6 不同温度下水的d_t和d'_t值

温度/℃	d_t/（g/cm³）	d'_t/（g/cm³）	温度/℃	d_t/（g/cm³）	d'_t/（g/cm³）
5	0.99996	0.99853	18	0.99860	0.99749
6	0.99994	0.99853	19	0.99841	0.99733
7	0.99990	0.99852	20	0.99821	0.99715
8	0.99985	0.99849	21	0.99799	0.99695
9	0.99978	0.99845	22	0.99777	0.99676
10	0.99970	0.99837	23	0.99754	0.99655
11	0.99961	0.99833	24	0.99736	0.99634
12	0.99950	0.99824	25	0.99705	0.99612
13	0.99938	0.99815	26	0.99679	0.99588
14	0.99925	0.99804	27	0.99652	0.99566
15	0.99910	0.99792	28	0.99624	0.99539
16	0.99894	0.99778	29	0.99595	0.99512
17	0.99878	0.99764	30	0.99565	0.99485

表3-6中，玻璃容器是以20℃为标准而校准的，但使用时不一定也在20℃。因此，器皿的容量以及溶液的体积都将发生变化。器皿容量的改变是由于玻璃的胀缩而引起的，但玻璃的膨胀系数极小，在温度相差不太大时可以忽略不计。溶液体积的改变是由于溶液密度的改变所致，稀溶液的密度一般可以用相应的水密度来代替。为了便于校准在其他温度下所测量的体积，本书附录三列出了在不同温度下1000mL水或稀溶液换算到20℃时，其体积应增减的毫升数（ΔmL）。

例如：如果在10℃时滴定用去25.00mL 0.1mol/L标准滴定溶液，在20℃时应相当于25.00+（1.45×25.00）/1000＝25.04，即25.04mL。

（2）相对校准 实际工作中，有时不需要知道容量器皿的准确容积，只需知道配套使用的容量器皿之间的相互关系。例如：以25mL移液管吸取蒸馏水10次，置于250mL容量瓶中，观察弧形下缘是否恰在标线刻度处，这种校准方法称为相对校准法。

（二）实施方案

试漏、洗涤容量器皿→移液管和容量瓶的相对校准→校准滴定管。

三、任务准备

1. 设备及器皿

（1）电子天平（准确至0.01g）。

（2）50mL酸式滴定管。

（3）洁净、干燥的50mL具塞锥形瓶。

（4）25mL移液管。

（5）洁净、干燥的250mL容量瓶。

（6）温度计。

2. 耗材及其他

洗瓶、洗耳球、滤纸、标签纸等。

四、任务实施

（一）实施步骤

【实操微课】
容量瓶的校准

【实操微课】
滴定管的校准

1. 容量器皿的准备

试漏，洗涤容量瓶、滴定管和移液管。

2. 容量瓶和移液管的相对校准

用洗净的25mL移液管吸取蒸馏水10次，置于已洁净、干燥的250mL容量瓶中，观察弯月面的最低点是否恰在标线刻度处，如果不是，可用一窄纸条做一开口纸圈与弯月面的最低点相切贴上，以此作为校准后的标记刻度。这一对容量瓶和移液管配套使用。

3. 校准滴定管（绝对校准法）

（1）将已测温度的水装入洗净的50mL滴定管中。

（2）取洁净、干燥的50mL磨口锥形瓶，在分析天平上称其质量，称准至小数点后两位数字。

（3）将滴定管的液面调节至0.00刻度处。按滴定时常用速度（如每秒钟3滴）将水放入已称重的锥形瓶中，使其体积至10mL左右（需确定记录至小数后第几位）即盖紧瓶塞称重。用上述方法继续校正，直至放出50mL水。

（4）每前后两次质量之差，即为放出的水重，根据在实验温度下1mL的水重（查表3-6），计算它们的实际容积。

（5）以滴定管读数为横坐标，相应的校准值为纵坐标，绘出校准曲线。

（二）结果记录及处理

1. 滴定管校准数据表

记录数据并处理，详见"容量器皿的校准"任务工单。

2. 数据处理

例：表3-7为参考实验数据，根据该实验数据计算出表格中其他栏目的数据。

表3-7 校正50mL滴定管的参考实验数据

水的温度：25℃   1mL水重：0.99612g

滴定管读数 /mL	读数容积 /mL	瓶与水总质量 /g	水的质量 /g	实际容积 /mL	校准值 /mL	总校准值 /mL
0.03	—	29.20	—	—	—	—
10.13	10.10	39.28	10.08	10.12	+0.02	+0.02
20.10	9.97	49.18	9.90	9.94	−0.03	−0.01
30.17	10.07	59.26	10.08	10.12	+0.05	+0.04
40.20	10.03	69.24	9.98	10.02	−0.01	+0.03
49.99	9.79	79.05	9.81	9.85	+0.06	+0.09

解：

（1）查出实验温度下水的密度d'_t=0.99612g/mL；

（2）用第一列数据计算第二列的数据：

读数的容积 = 前后两次滴定管的读数之差

如：10.13−0.03 = 10.10（mL）

（3）用第三列数据计算第四列的数据：

水的质量 = 前后两次瓶与水的质量之差

如：39.28−29.20 = 10.08（g）

（4）计算第五列数据：

实际容积 = 水的质量 ÷ 实验温度下水的密度

如：10.08 ÷ 0.99612 = 10.12（mL）

（5）用第二列和第五列数据计算第六列校准值：

校准值 = 实际容积–读数的容积

如：10.12 – 10.10 = +0.02（mL）

（6）用第六列数据计算第七列的总校准值：

总校准值 = 各次校准值之和

如：第三次总校准值 = 0.02 +（-0.03）+0.05 = 0.04（mL）

表 3-7 中最后一项总校准值，0mL 与 10mL 之间为+0.02mL，而 10mL 与 20mL 之间为-0.03mL，则 0mL 与 20mL 之间总校准值为-0.01mL，由此即可校正滴定时所用去的溶液的实际量（毫升数）。

例如：如果在 25℃时滴定用去 23.00mL 0.1mol/L 标准滴定溶液，则实际体积为 23.00+0.04=23.04（mL），换算到20℃时应相当于（查附录一，ΔV=-1.1mL）：

23.04+［（-1.1）×23.05］/1000 = 25.01，即 25.01mL。

3. 出具报告

完成"容量器皿的校准"的任务工单。

容量器皿的校准
任务工单

五、任务小结

1. 操作注意事项

（1）天平使用前要先用标准砝码进行校准。

（2）容量器皿校准前要洗涤干净并干燥。

2. 安全注意事项

（1）玻璃器皿轻拿轻放，避免打烂或划伤。

（2）不要使用带有缺口或裂缝的玻璃器皿。

（3）损坏的玻璃器皿，要收集到专用废物桶中。

3. 应急预案

若被玻璃划伤，应迅速处理伤口，止血并包扎，情节严重的送医治疗。

六、任务拓展与思考

1. 容量器皿为什么要校准？

2. 校准滴定管时，为何要用具塞锥形瓶？

3. 称量水的质量时，应称准至小数点后第几位数字？为什么？

4. 滴定管每次放出的溶液是否一定要整数？

【思政内容】
模块三　阅读与拓展

模块四
酸碱滴定分析法

学习目标

知识目标

1. 掌握酸碱滴定分析法的基本原理。

2. 理解酸碱指示剂的作用原理和选择酸碱指示剂的原则与方法。

3. 理解各种酸碱滴定过程的滴定曲线特征。

4. 掌握准确滴定一元弱酸和分步滴定多元酸的条件。

能力目标

1. 能正确配制和标定盐酸、氢氧化钠标准溶液。

2. 能应用酸碱滴定法正确测定样品中的酸性物质或碱性物质的含量。

3. 正确进行滴定分析操作并能够正确计算滴定分析结果。

职业素养目标

1. 能理解滴定曲线中蕴含的量质互变规律。

2. 能理解厚积薄发、不积跬步无以至千里的人生哲理。

3. 树立行稳致远的坚定信念。

【理论微课】
认识酸碱滴定

【动画】
酸碱滴定法原理

模块导学（知识点思维导图）

酸碱滴定法（acid base titration）是以酸碱反应为基础的滴定分析方法。一般酸碱以及能与酸碱直接或间接反应的物质，几乎可以用酸碱滴定法进行测定。因此，酸碱滴定法是一种应用范围广泛的基本滴定分析方法。

知识一　酸碱概述

一、酸碱的概念

丹麦化学家布朗斯特（Brönsted）和英国化学家劳莱（Lowry）在 1923 年提出的质子理论

认为，凡是给出质子（H^+）的任何物质（分子或离子）都是酸，凡是接受质子（H^+）的任何物质都是碱。简单地说，酸是质子的给予体，而碱是质子的接受体。酸和碱之间的关系表示如下：

$$酸 = 质子（H^+）+ 碱$$

按照酸碱质子理论，属于酸的有：HCl、HAc、NH_4^+、$[Al(H_2O)_6]^{3+}$、$H_2PO_4^-$、HPO_4^{2-}等。属于碱的有：NH_3、$[Al(H_2O)_5OH]^{2+}$、Cl^-、Ac^-、HPO_4^{2-}、PO_4^{3-}等。同时还可以看出，酸和碱在质子得失时是可以相互转换的：酸放出质子后变成了碱，而碱接受质子后就变成了酸。为了表示它们之间的联系，常把酸碱之间的这种相差一个质子的关系称作共轭酸碱对。酸放出质子后形成的碱，称作该酸的共轭碱；碱接受质子后形成的酸，称作该碱的共轭酸。

二、酸碱强弱

根据酸碱的质子理论，容易放出质子（H^+）的物质是强酸，而该物质放出质子后就不容易形成碱，同质子结合能力弱，因而是弱的碱。换言之，酸越强，它的共轭碱就越弱；反之，碱越强，它的共轭酸就越弱。

根据酸碱质子理论，酸碱在溶液中所表现出来的强度，不仅与酸碱的本性有关，也与溶剂的本性有关。我们所能测定的是酸碱在一定溶剂中表现出来的相对强度。同一种酸或碱，如果溶于不同的溶剂，它们所表现的相对强度就不同。例如HAc在水中表现为弱酸，但在液氨中表现为强酸，这是因为液氨夺取质子的能力（即碱性）比水要强得多。这种现象进一步说明了酸碱强度的相对性。

三、酸碱反应

1. 酸、碱半反应

酸给出质子形成共轭碱，或碱接受质子形成共轭酸的反应，就是酸、碱半反应，或共轭酸碱对的质子得失反应叫酸、碱半反应。

2. 酸碱反应的实质

（1）酸碱的离解　在水溶液中酸碱的离解是质子的转移反应。酸离解时，酸给出质子，这是一个半反应；同时溶剂水接受质子，这是另一个半反应，从而形成完整的离解反应。同理，碱离解时，溶剂水作为酸给出质子，碱接受质子，从而发生碱的离解反应过程。

根据酸或碱在水中离解程度的不同，可分为强电解质（强酸、强碱）和弱电解质（弱酸、弱碱），其中强电解质完全离解，弱电解质部分离解，最终达到离解平衡，可用离解平衡常数K_a、K_b表示。K_a越大，表明该酸越强；K_b越大，表明该碱越强。

（2）水的质子自递反应　溶剂水既能给出质子起酸的作用，又能接受质子起碱的作用，这种既能给出质子又能接受质子的物质叫两性物质。我们把发生在水分子之间的质子的传递作用，称为水的质子自递反应。这个反应的平衡常数称为水的质子自递常数或水的离子积常数，用K_w表示。

$$K_w=[H^+][OH^-]=1.00 \times 10^{-14}（25℃）$$

$$pK_w = pH + pOH =14.00$$

（3）酸碱中和反应　是一种酸和碱发生化学反应的过程，在化学方程式中，酸通常以H^+的形式分离出来，碱以OH^-的形式存在。酸与碱反应时，酸的H^+与碱的OH^-结合形成水，这个过程中，H^+和OH^-的浓度将逐渐减少，直到反应达到平衡。而质子理论认为，电离理论中的酸碱中和反应也可以看成是质子在不同物质之间的转移，酸给出质子生成共轭碱，碱接受质子生成共轭酸。

酸碱中和反应存在以下特点。

①pH的改变：酸和碱之间的中和反应可以改变溶液的pH。酸性溶液的pH小于7，碱性溶液的pH大于7，中性溶液的pH等于7。通过酸碱中和反应，可以将酸性溶液转变为中性或碱性溶液，或者把碱性溶液转变成中性或酸性溶液。

②热能的释放：酸碱中和反应属于放热反应，反应过程中释放出大量的热能，使溶液温度升高。这是因为在反应过程中，酸和碱之间的化学键断裂释放出能量，产生新的化学键释放出的能量大于吸收的能量。

根据酸碱中和反应的原理，选择合适的酸或碱作为滴定剂，监测溶液中pH的变化，就可以通过酸碱滴定法测定未知碱或酸的浓度。

知识二　酸碱指示剂

酸碱滴定法中，滴定终点的确定方法有仪器法和酸碱指示剂法两种。

仪器法确定滴定终点主要是利用滴定体系或滴定产物的电化学性质的改变，用仪器（例如 pH计）检测终点的到来。常见的方法有电位滴定法、电导滴定法等。

酸碱指示剂法是借助加入的酸碱指示剂在化学计量点附近颜色的变化来确定滴定终点。这种方法简单、方便，是确定滴定终点的基本方法。

【理论微课】
酸碱指示剂
变色原理

一、酸碱指示剂的变色原理

酸碱指示剂（acid-base indicator）是指在某一特定pH区间随介质酸度条件的改变，颜色明显变化的物质。常用的酸碱指示剂一般是一些有机弱酸或弱碱，其酸式与共轭碱式具有不同的颜色。当溶液pH改变时，酸碱指示剂获得质子转化为酸式，或失去质子转化为碱式，由于指示剂的酸式与碱式具有不同的结构，因而呈现不同的颜色。下面以最常用的甲基橙、酚酞为例来说明。

甲基橙（methyl orange，缩写MO）是一种有机弱碱，也是一种双色指示剂，它在溶液中的离解平衡可用下式表示：

$$(CH_3)_2N\!-\!\!\!\diagdown\!\!\!-\!N\!=\!N\!-\!\!\!\diagdown\!\!\!-\!SO_3^- \underset{OH^-}{\overset{H^+}{\rightleftharpoons}} (CH_3)_2\overset{+}{N}\!=\!\!\!\diagdown\!\!\!=\!N\!-\!NH\!-\!\!\!\diagdown\!\!\!-\!SO_3^-$$

黄色（偶氮式）   红色（醌式）

由平衡关系式可以看出：当溶液中[H^+]增大时，反应向右进行，此时甲基橙主要以醌式存在，溶液呈红色；当溶液中[H^+]降低而[OH^-]增大时，反应向左进行，甲基橙主要以偶氮式存在，溶液呈黄色。

酚酞是一种有机弱酸，它在溶液中的电离平衡如下所示：

$$\text{（结构式）} \underset{H^+}{\overset{OH^-}{\rightleftharpoons}} \text{（结构式）}$$

无色（羟式）   红色（醌式）

在酸性溶液中，平衡向左移动，酚酞主要以羟式存在，溶液呈无色；在碱性溶液中，平衡向右移动，酚酞主要以醌式存在，因此溶液呈红色。

由此可见，当溶液的pH发生变化时，由于指示剂结构的变化，颜色也随之发生变化，因而可通过酸碱指示剂颜色的变化确定酸碱滴定的终点。

【理论微课】
酸碱指示剂
变色范围

二、酸碱指示剂的变色范围

若以HIn代表酸碱指示剂的酸式（其颜色称为指示剂的酸式色），其离解产物In⁻就代表酸碱指示剂的碱式（其颜色称为指示剂的碱式色），则离解平衡可表示为：

$$HIn \rightleftharpoons H^+ + In^-$$

当达到平衡时，

$$K_{HIn} = \frac{[H^+][In^-]}{[HIn]}$$

从上式可推出：
$$pH = pK_{HIn} + lg\frac{[In^-]}{[HIn]} \tag{4-1}$$

由式（4-1）可以看出，在指定条件下，pK_{HIn}是常数，$\frac{[In^-]}{[HIn]}$的值只决定于溶液的pH。pH不同时，$\frac{[In^-]}{[HIn]}$的数值不同，溶液就表现出不同的颜色。

一般说来，当一种形式的浓度大于另一种形式的浓度10倍时，人眼通常只看到较浓形式物质的颜色。当$\frac{[In^-]}{[HIn]} \leqslant \frac{1}{10}$时，看到的是HIn的颜色即酸式色，此时$pH \leqslant pK_{HIn} + lg\frac{1}{10} = pK_{HIn} - 1$。

反之当$\frac{[In^-]}{[HIn]} \geqslant 10$时，则$pH \geqslant pK_{HIn} + lg\frac{10}{1} = pK_{HIn} + 1$，看到的是指示剂的碱式色即$In^-$的颜色。

若$\frac{[In^-]}{[HIn]}$在$\frac{1}{10}$~10，我们看到的将是酸式色和碱式色复合后的颜色。

因此，当溶液的pH由$pK_{HIn}-1$向$pK_{HIn}+1$逐渐改变时，理论上人眼可以看到指示剂由酸式色逐渐过渡到碱式色。这种理论上可以看到的引起指示剂颜色变化的pH间隔称为指示剂的理论变色范围。

当指示剂中酸式的浓度与碱式的浓度相同时（即[HIn] = [In$^-$]），溶液便显示指示剂酸式与碱式的混合色。由式（4-1）可知，此时溶液的pH = pK_{HIn}，这一点称为指示剂的理论变色点。例如，甲基红的pK_{HIn}为5.0，所以甲基红的理论变色范围为pH = 4.0~6.0，理论变色点的pH为5.0。

理论上，指示剂的变色范围都是2个pH单位，但指示剂的实际变色范围（指从一种色调变化至另一种色调）不是根据pK_{HIn}计算出来的，而是依据人眼观察出来的。由于人眼对各种颜色的敏感程度不同，加上两种颜色之间的相互影响，因此实际观察到的各种指示剂的变色范围（表4-1）并不都是2个pH单位，而是略有上下。例如甲基红指示剂，它的理论变色点pH = 5.0，其酸式色为红色，碱式色为黄色。由于人眼对红色更为敏感，当指示剂酸式的浓度比碱式大5倍时，即可看到指示剂的酸式色（红色）；由于黄色没有红色那么明显，只有当指示剂碱式的浓度比酸式至少大12.5倍时，才能看到指示剂的碱式色（黄色）。所以甲基红指示剂的变色范围不是理论上的pH = 4.0~6.0，而是实际上的pH = 4.4~6.2，称为指示剂的实际变色范围。表4-1列出了几种常用酸碱指示剂在室温下水溶液中的变化范围。

表4-1　几种常用酸碱指示剂在室温下水溶液中的变化范围

指示剂	变色范围（pH）	颜色变化	pK_{HIn}	质量浓度/（g/L）	用量/（滴/10mL 试液）
百里酚蓝	1.2～2.8	红～黄	1.7	1g/L的20%乙醇溶液	1～2
甲基黄	2.9～4.0	红～黄	3.3	1g/L的90%乙醇溶液	1
甲基橙	3.1～4.4	红～黄	3.4	0.5g/L的水溶液	1
溴酚蓝	3.0～4.6	黄～紫	4.1	1g/L的20%乙醇溶液或其钠盐水溶液	1
溴甲酚绿	4.0～5.6	黄～蓝	4.9	1g/L的20%乙醇溶液或其钠盐水溶液	1～3
甲基红	4.4～6.2	红～黄	5.0	1g/L的60%乙醇溶液或其钠盐水溶液	1
溴百里酚蓝	6.2～7.6	黄～蓝	7.3	1g/L的20%乙醇溶液或其钠盐水溶液	1
中性红	6.8～8.0	红～黄橙	7.4	1g/L的60%乙醇溶液	1
苯酚红	6.8～8.4	黄～红	8.0	1g/L的60%乙醇溶液或其钠盐水溶液	1
酚酞	8.0～10.0	无色～红	9.1	5g/L的90%乙醇溶液	1～3
百里酚蓝	8.0～9.6	黄～蓝	8.9	1g/L的20%乙醇溶液	1～4
百里酚酞	9.4～10.6	无色～蓝	10.0	1g/L的90%乙醇溶液	1～2

三、混合指示剂

【理论微课】
酸碱混合指示剂

　　由于指示剂具有一定的变色范围，只有当溶液pH的改变超过一定数值，也就是说只有在酸碱滴定的化学计量点附近pH发生突跃时，指示剂才能从一种颜色突然变为另一种颜色。但在某些酸碱滴定中，由于化学计量点附近pH突跃小，使用单一指示剂确定终点无法达到所需要的准确度，这时可考虑采用混合指示剂。

　　混合指示剂是利用颜色之间的互补作用，使变色范围变窄，从而使终点时颜色变化敏锐。它的配制方法一般有两种。

　　一种是由两种或多种指示剂混合而成。例如溴甲酚绿（pK_{HIn} = 4.9）与甲基红（pK_{HIn} = 5.0）指示剂，前者当pH<4.0时呈黄色（酸式色）、pH>5.6时呈蓝色（碱式色），后者当pH<4.4时呈红色（酸式色）、pH>6.2时呈浅黄色（碱式色），当它们按一定比例混合后，两种颜色混合在一起，酸式色便成为酒红色（即红稍带黄），碱式色便成为绿色。当pH = 5.1 时，也就是溶液中酸式与碱式的浓度大致相同时，溴甲酚绿呈绿色，而甲基红呈橙色，两种颜色互为互补色，从而使得溶液呈现浅灰色，因此变色十分敏锐。

另一种混合指示剂是在某种指示剂中加入一种惰性染料（其颜色不随溶液pH的变化而变化），由于颜色互补使变色敏锐，但变色范围不变。常用的混合指示剂见表4-2。

表4-2　常用的混合指示剂

指示剂溶液的组成	变色时 pH	颜色		备注
		酸式色	碱式色	
1份0.1%甲基黄乙醇溶液；1份0.1%次甲基蓝乙醇溶液	3.25	蓝紫	绿	pH=3.2，蓝紫色；pH=3.4，绿色
1份0.1%甲基橙水溶液；1份0.25%靛蓝二磺酸水溶液	4.1	紫	黄绿	—
1份0.1%溴甲酚绿钠盐水溶液；1份0.2%甲基橙水溶液	4.3	橙	蓝绿	pH=3.5，黄色；pH=4.05，绿色；pH=4.3，浅绿
3份0.1%溴甲酚绿乙醇溶液；1份0.2%甲基红乙醇溶液	5.1	酒红	绿	—
1份0.1%溴甲酚绿钠盐水溶液；1份0.1%氯酚红钠盐水溶液	6.1	黄绿	蓝绿	pH=5.4，蓝绿色；pH=5.8，蓝色；pH=6.0，蓝带紫；pH=6.2，蓝紫
1份0.1%中性红乙醇溶液；1份0.1%次甲基蓝乙醇溶液	7.0	紫蓝	绿	pH=7.0，紫蓝
1份0.1%甲酚红钠盐水溶液；3份0.1%百里酚蓝钠盐水溶液	8.3	黄	紫	pH=8.2，玫瑰红；pH=8.4，清晰的紫色
1份0.1%百里酚蓝50%乙醇溶液；3份0.1%酚酞50%乙醇溶液	9.0	黄	紫	从黄到绿，再到紫
1份0.1%酚酞乙醇溶液；1份0.1%百里酚酞乙醇溶液	9.9	无色	紫	pH=9.6，玫瑰红；pH=10，紫色
2份0.1%百里酚酞乙醇溶液；1份0.1%茜素黄R乙醇溶液	10.2	黄	紫	—

练一练4-1：选择正确答案。

1. 对于酸碱指示剂，全面而正确的说法是（　　　）。

A. 指示剂为有色物质

B. 指示剂为弱酸或弱碱

C. 指示剂为弱酸或弱碱，其酸式或碱式结构具有不同颜色

D. 指示剂在酸碱溶液中呈现不同颜色

2. 酚酞的变色范围是（　　　）。

A. 3.1~4.4　　　　B. 3.0~4.6　　　　C. 4.0~6.2　　　　D. 8.0~10.0

3. 甲基橙的变色范围是（　　　）。

A. 3.1~4.4　　　　B. 3.0~4.6　　　　C. 4.0~6.2　　　　D. 8.0~10.0

4. 配制酚酞指示剂选用的溶剂是（　　　）。

A. 甲醇–水　　　　B. 乙醇–水　　　　C. 水　　　　D. 丙酮–水

知识三　酸碱滴定曲线

酸碱滴定法的滴定终点可借助指示剂颜色的变化显现出来，而指示剂颜色的变化完全取决于溶液 pH 的大小。因此，为了给某一特定酸碱滴定反应选择一合适的指示剂，就必须了解其滴定过程中溶液 pH 的变化，特别是化学计量点附近 pH 的变化。

在滴定过程中用来描述加入不同量标准滴定溶液（或不同中和分数）时溶液 pH 变化的曲线称为酸碱滴定曲线（titration curve）。各种不同类型的酸碱滴定过程中 H^+ 浓度的变化规律是各不相同的，下面分别予以讨论。

【理论微课】
酸碱滴定曲线的绘制

【理论微课】酸碱
滴定曲线的影响因素

【动画】酸碱滴定
曲线的绘制动画

一、一元强碱（酸）滴定一元强酸（碱）

这种类型的酸碱滴定，其反应程度是最高的，也最容易得到准确的滴定结果。下面以 0.1000mol/L NaOH 标准滴定溶液滴定 20.00mL 0.1000mol/L HCl 为例来说明强碱滴定强酸过程中 pH 的变化与滴定曲线的形状。

反应式：$NaOH + HCl \stackrel{}{=\!=} NaCl + H_2O$

该滴定过程可分为以下四个阶段。

（1）滴定开始前　溶液的pH由此时HCl溶液的酸度决定。即：

$$[H^+] = 0.1000 mol/L$$

$$pH = 1.00$$

（2）滴定开始至化学计量点前　溶液的pH由剩余HCl溶液的酸度决定。例如，当滴入NaOH溶液 18.00mL时，溶液中剩余 HCl溶液 2.00mL，则：

$$[H^+] = \frac{0.1000 \times 2.00}{20.00 + 18.00} = 5.26 \times 10^{-3}（mol/L）$$

$$pH = 2.28$$

当滴入 NaOH溶液 19.80mL时，溶液中剩余 HCl溶液 0.20mL，则：

$$[H^+] = \frac{0.1000 \times 0.20}{20.00 + 19.80} = 5.03 \times 10^{-4}（mol/L）$$

$$pH = 3.30$$

当滴入 NaOH溶液 19.98mL时，溶液中剩余 HCl溶液 0.02mL，则：

$$[H^+] = \frac{0.1000 \times 0.02}{20.00 + 19.98} = 5.00 \times 10^{-5}（mol/L）$$

$$pH = 4.30$$

（3）化学计量点时　溶液的pH由体系产物的离解决定。此时溶液中的HCl全部被NaOH中和，其产物为NaCl与H_2O，因此溶液呈中性，即：

$$[H^+] = [OH^-] = 1.00 \times 10^{-7}（mol/L）$$

$$pH = 7.00$$

（4）化学计量点后　溶液的pH由过量的NaOH浓度决定。例如，加入NaOH 20.02mL时，NaOH过量0.02mL，此时溶液中[OH⁻]为：

$$[OH^-] = \frac{0.1000 \times 0.02}{20.00 + 20.02} = 5.00 \times 10^{-5}（mol/L）$$

$$pOH = 4.30；\quad pH = 9.70$$

用完全类似的方法可以计算出整个滴定过程中加入任意体积NaOH溶液时溶液的pH，其结果如表4-3所示。

以溶液的pH为纵坐标，以NaOH溶液的加入量（或滴定百分数）为横坐标，可绘制出一元强碱滴定一元强酸的滴定曲线，如图4-1所示。

表4-3　用0.1000mol/L NaOH溶液滴定20.00mL 0.1000mol/L HCl时pH的变化

加入NaOH溶液/mL	HCl被滴定百分数/%	剩余HCl溶液/mL	过量NaOH溶液/mL	[H⁺]	pH	
0	0	20.00		1.00×10^{-1}	1.00	
18.00	90.00	2.00		5.26×10^{-3}	2.28	
19.80	99.00	0.20		5.02×10^{-4}	3.30	
19.98	99.90	0.02		5.00×10^{-5}	4.30	突跃范围
20.00	100.00	0		1.00×10^{-7}	7.00	
20.02	100.1		0.02	2.00×10^{-10}	9.70	
20.20	101.0		0.20	2.01×10^{-11}	10.70	
22.00	110.0		2.00	2.10×10^{-12}	11.68	
40.00	200.0		20.00	5.00×10^{-13}	12.52	

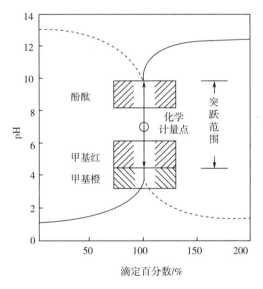

图4-1　0.1000mol/L NaOH溶液与0.1000mol/L HCl溶液的滴定曲线

【动画】酸碱滴定
过程中pH的变化

　　由表4-3与图4-1可以看出，从滴定开始到加入19.98mL NaOH标准滴定溶液，溶液的pH仅改变了3.30个pH单位，曲线比较平坦。而在化学计量点附近，加入1滴NaOH溶液（相当于0.04mL，即从溶液中剩余0.02mL HCl溶液到过量0.02mL NaOH溶液）就使溶液的酸度发生了巨大的变化，其pH由4.30急增至9.70，pH增幅达5.4个单位，相当于[H⁺]降低到1/250000，溶液也由酸性突变到碱性。

从图 4-1 也可看到，在化学计量点前后 0.1%，曲线呈现近似垂直的一段，表明溶液的pH发生了突然的改变，这种pH的突然改变便称为滴定突跃，而突跃所在的pH范围称为滴定突跃范围。此后，再继续滴加 NaOH 溶液，溶液的pH变化越来越小，曲线又趋平坦。如果用 0.1000mol/L HCl标准滴定溶液滴定 20.00mL 0.1000mol/L NaOH溶液，其滴定曲线如图 4-1 中的虚线所示。显然，滴定曲线形状与NaOH标准滴定溶液滴定HCl溶液的相似，只是pH不是随着标准滴定溶液的加入逐渐增大，而是逐渐减小。

值得注意的是，从滴定过程pH的计算可以知道，滴定的突跃大小还必然与被滴定物质以及标准滴定溶液的浓度有关。一般说来，酸碱浓度增大到 10 倍，则滴定突跃范围就增加 2 个pH单位；反之，若酸碱浓度减小到1/10，则滴定突跃范围就减少 2 个pH单位。如用 1.000mol/L NaOH标准滴定溶液滴定 1.000mol/L HCl溶液时，其滴定突跃范围就增大为 3.30~10.70；若NaOH标准滴定溶液改为 0.01000mol/L，滴定 0.01000mol/L HCl溶液时，滴定突跃范围就减小到 5.30~8.70。不同浓度的强碱滴定强酸的滴定曲线如图4-2所示。

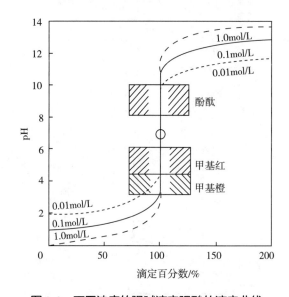

图4-2 不同浓度的强碱滴定强酸的滴定曲线

滴定突跃具有非常重要的意义，它是选择指示剂的依据。选择指示剂的原则：一是指示剂的变色范围全部或部分地落入滴定突跃范围内；二是指示剂的变色点尽量靠近化学计量点。例如用 0.1000mol/L NaOH标准滴定溶液滴定 0.1000mol/L HCl溶液，其突跃范围为4.30~9.70，可选择甲基红、甲基橙与酚酞作指示剂。如果选择甲基橙作指示剂，当溶液颜色由橙色变为黄色时，溶液的pH为4.4，滴定误差小于 ± 0.1%。实际分析时，为了更好地判断终点，通常选用酚酞作指示剂，因其终点颜色由无色变成浅红色，非常容易辨别。如果用 0.1000mol/L HCl标准滴定溶液滴定 0.1000mol/L NaOH溶液，可选择酚酞或甲基红作为指示剂。倘若仍然选择甲基橙作指示剂，则当溶液颜色由黄色转变成橙色时其pH为4.0，滴定误差将有 ± 0.2%。实际分析时，为了进一步提高滴定终点的准确性以及更好地判断终点（如用甲基红，终点颜色由黄变橙，人眼不易把握；若用酚酞，则由红色褪至无色，人眼也不易判断），通常选用混合指示剂溴甲酚绿-甲基红，终点时颜色由绿色变为暗红色，容易观察。

二、一元强碱滴定一元弱酸

这类滴定反应的完全程度较强酸强碱类差。下面以 0.1000mol/L NaOH标准滴定溶液滴定20.00mL 0.1000mol/L HAc溶液为例，说明这一类滴定过程中 pH的变化与滴定曲线。

反应式：$NaOH + HAc \rightleftharpoons NaAc + H_2O$

与讨论强酸强碱滴定曲线方法相似，也分四个阶段讨论这一类滴定曲线。

（1）滴定开始前溶液的pH　此时溶液的 pH由 0.1000mol/L HAc溶液的酸度决定。根据弱酸pH计算的最简式：

$$[H^+] = \sqrt{cK_a} = \sqrt{0.1000 \times (1.76 \times 10^{-5})} = 1.33 \times 10^{-3}（mol/L）$$
$$pH = 2.88$$

（2）滴定开始至化学计量点前溶液的pH　这一阶段的溶液是由未反应的HAc与反应产物NaAc组成的，其pH由HAc-NaAc缓冲体系决定，即

$$[H^+] = K_{a（HAc）} \frac{[HAc]}{[Ac^-]}$$

当滴入 NaOH溶液19.98mL时，溶液中剩余 HAc溶液 0.02mL，

$$[HAc] = \frac{0.1000 \times 0.02}{20.00 + 19.98} = 5.0 \times 10^{-5}（mol/L）$$

$$[Ac^-] = \frac{0.1000 \times 19.98}{20.00 + 19.98} = 5.0 \times 10^{-2}（mol/L）$$

则　　　　$$[H^+] = 1.76 \times 10^{-5} \times \frac{5.0 \times 10^{-5}}{5.0 \times 10^{-2}} = 1.76 \times 10^{-8}（mol/L）$$

$$pH = 7.76$$

（3）化学计量点时溶液的pH　此时溶液的pH由体系产物的离解决定。化学计量点时体系产物是NaAc与H_2O，Ac^- 是一种弱碱。因此

$$[OH^-] = \sqrt{cK_{b(Ac^-)}}$$

$$K_{b（Ac^-）} = \frac{K_w}{K_{a(HAc)}} = \frac{1.0 \times 10^{-14}}{1.76 \times 10^{-5}} = 5.68 \times 10^{-10}$$

$$[Ac^-] = \frac{20.00}{20.00 + 20.00} \times 0.1000 = 5.0 \times 10^{-2} \ (\text{mol/L})$$

则

$$[OH^-] = \sqrt{5.0 \times 10^{-2} \times 5.68 \times 10^{-10}} = 5.33 \times 10^{-5} \ (\text{mol/L})$$

$$pOH = 5.27 \qquad pH = 8.73$$

（4）化学计量点后溶液的pH　此时溶液的组成是过量NaOH和滴定产物NaAc。由于过量NaOH的存在抑制了Ac⁻的水解，溶液的pH仅由过量NaOH的浓度决定。例如，滴入 20.02mL NaOH标准滴定溶液（过量的 NaOH溶液为 0.02mL），则

$$[OH^-] = \frac{0.02 \times 0.1000}{20.00 + 20.02} = 5.0 \times 10^{-5} \ (\text{mol/L})$$

$$pOH = 4.30 \qquad pH = 9.70$$

按上述方法，依次计算出滴定过程中溶液的pH，其计算结果如表4-4所示。

表4-4　用0.1000mol/L NaOH溶液滴定20.00mL 0.1000mol/L HAc时pH的变化

加入 NaOH/mL	HAc 被滴定百分数 /%	计算式	pH
0	0	$[H^+] = \sqrt{[HAc]K_{a(HAc)}}$	2.88
10. 00	50.0		4.76
18. 00	90. 0		5.71
19. 80	99. 0		6.76
19.96	99.8	$[H^+] = K_a \dfrac{[HAc]}{[Ac^-]}$	7.46
19. 98	99.9		7.76
20.00	100. 0		8.73
20. 02	100.1		9.70
20.04	100.2		10.00
20.20	101.0	$[OH^-] = \sqrt{\dfrac{K_w}{K_{a(HAc)}}[Ac^-]}$	10.70
22.00	110. 0		11.70
		$[OH^-] = [NaOH]_{过量}$	

（19.98～20.02 区间为滴定突跃）

同样，以溶液的pH为纵坐标，以NaOH溶液的加入量（或滴定百分数）为横坐标，可绘制出一元强碱滴定一元弱酸的滴定曲线，如图4-3所示。

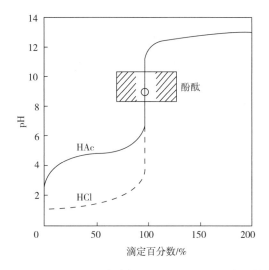

图4-3　0.1000mol/L NaOH溶液与0.1000mol/L HAc溶液的滴定曲线

比较图4-3和图4-1可以看出，在浓度相同的前提下，强碱滴定弱酸的突跃范围比强碱滴定强酸的突跃范围要小得多，且主要集中在弱碱性区域，在化学计量点溶液也不是呈中性，而呈弱碱性（pH > 7）。

三、一元强酸滴定一元弱碱

这类滴定反应的完全程度也较强酸强碱类差。下面以 0.1000mol/L HCl标准滴定溶液滴定 20.00mL 0.1000mol/L NH_3 溶液为例，说明这一类滴定过程中 pH 的变化与滴定曲线。

用同样的方法可以计算出强酸滴定弱碱时溶液 pH 的变化情况。表 4-5 列出了用 0.1000mol/L HCl标准滴定溶液滴定 20.00mL 0.1000mol/L NH_3 溶液时溶液 pH 的变化情况，同时也列出了在不同滴定阶段溶液pH的计算式。

表4-5　用0.1000mol/L HCl溶液滴定20.00mL 0.1000mol/L NH_3溶液时pH的变化

加入 HCl/mL	NH_3 被滴定百分数 /%	计算式	pH
0	0	$[OH^-] = \sqrt{[NH_3]K_{b(NH_3)}}$	11.12
10. 00	50.0		9.25
18. 00	90. 0		8.30
19. 80	99. 0		7.25

续表

加入 HCl/mL	NH₃ 被滴定 百分数 /%	计算式	pH	
		$[OH^-] = K_b\sqrt{\dfrac{NH_3}{[NH_4^+]}}$	6.25	滴定突跃
19.98	99.9	$[H^+] = \sqrt{\dfrac{K_w}{K_{b(NH_3)}}[NH_4^+]}$	5.28	
20.00	100.0	$[H^+]=[HCl]_{过量}$	4.30	
20.02	100.1		3.30	
			2.32	
20.20	101.0			
22.00	110.0			

以溶液的pH为纵坐标，以HCl溶液的加入量（或滴定百分数）为横坐标，绘制出滴定曲线，如图4-4所示。

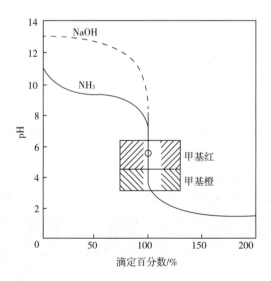

图4-4　0.1000mol/L HCl溶液与0.1000mol/L NH₃溶液的滴定曲线

比较图4-4与图4-1也可以看出，在浓度相同的前提下，强酸滴定弱碱的突跃范围比强酸滴定强碱的突跃范围也要小得多，且主要集中在弱酸性区域，在化学计量点溶液呈弱酸性。

在一元强碱（酸）滴定一元弱酸（碱）中，由于滴定突跃范围变小，指示剂的选择受到一定的限制，但其选择原则还是与强碱（酸）滴定强酸（碱）时一样。对于用 0.1000mol/L NaOH标准滴定溶液滴定 0.1000mol/L HAc溶液而言，其突跃范围为 7.76~9.70（化学计量点时 pH=8.73），因此，在酸性区域变色的指示剂如甲基红、甲基橙等均不能使用，而只能选择酚酞、百里酚蓝等在碱性区域变色的指示剂。在这一滴定分析中，由于酚酞指示剂的理论变色点（pH=9.0）正好落在滴定突跃范围之内，滴定误差为 ±0.01%，所以选择酚酞作为指示剂可以获得比较准确的结果。若用 0.1000mol/L HCl标准滴定溶液滴定 0.1000mol/L NH_3 溶液，由于其突跃范围为 6.25~4.30（化学计量点时pH=5.28），必须选择在酸性区域变色的指示剂，如甲基红、溴甲酚绿等。若选择甲基橙作指示剂，当滴定到溶液由黄色变至橙色（pH=4.0）时，滴定误差为 ±0.20%。

由上述的计算过程可知：一元强碱（酸）滴定一元弱酸（碱）突跃范围与弱酸（碱）的浓度及其离解常数有关。酸的离解常数越小（即酸的酸性越弱）、酸的浓度越低，则滴定突跃范围也就越小。考虑到借助指示剂观察终点有 0.3 个pH单位的不确定性，如果要求滴定误差 $\leq \pm 0.2\%$，那么滴定突跃就必须保证在 0.6 个pH单位以上。因此，只有当酸的浓度c与其离解常数K_a的乘积$cK_a \geq 10^{-8}$时，该弱酸溶液才可被强碱直接准确滴定。同理，只有当碱的浓度c与其离解常数K_b的乘积$cK_b \geq 10^{-8}$时，该弱碱溶液才可被强酸直接准确滴定。

✐ 练一练4-2：选择正确答案。

1. 0.1000mol/L NaOH 标准溶液滴定 20.00mL 0.1000mol/L HAc，滴定突跃为 7.74~9.70，可用于这类滴定的指示剂是（　　　　）。

　　A. 甲基橙（3.1~4.4）　　　　　　　　　B. 溴酚蓝（3.0~4.6）

　　C. 甲基红（4.0~6.2）　　　　　　　　　D. 酚酞（8.0~9.6）

2. 浓度为 0.1mol/L 的下列各物质，不能用NaOH标准溶液直接滴定的是（　　　　）。

　　A. HCOH（K_a=1.8×10^{-4}）　　　　　　B. NH_4Cl（$NH_3 \cdot H_2O$的K_b= 1.8×10^{-5}）

　　C. 邻苯二甲酸氢钾（K_{a_2}=2.9×10^{-6}）　　D. 盐酸苯胺（K_a=4.6×10^{-10}）

3. 以下四种滴定反应，突跃范围最大的是（　　　　）。

　　A. 0.1mol/L NaOH滴定 0.1mol/L HCl　　　　B. 1.0mol/L NaOH 滴定 1.0mol/L HCl

　　C. 0.1mol/L NaOH 滴定 0.1mol/L HAc　　　D. 0.1mol/L NaOH滴定 0.1mol/L HCOOH

四、多元酸的滴定

大量的实验证明，强碱对多元酸的滴定可按下述原则判断其可行性和滴定突跃。

（1）当$cK_{a1} \geq 10^{-8}$时，这一级离解的H^+可以被直接滴定。

（2）当相邻的两个K_a的比值等于或大于10^5时，较强的那一级离解的H^+先被滴定，出现第一个滴定突跃，较弱的那一级离解的H^+后被滴定。但能否出现第二个滴定突跃，则取决于酸的第二级离解常数值是否满足$cK_{a2} \geq 10^{-8}$。

（3）如果相邻的两个K_a的比值小于10^5时，滴定时两个滴定突跃将混在一起，这时只出现一个滴定突跃。

例如，H_3PO_4是三元酸，在水溶液中分步离解：

$$H_3PO_4 \rightleftharpoons H^+ + H_2PO_4^- \quad pK_{a1} = 2.16$$

$$H_2PO_4^- \rightleftharpoons H^+ + HPO_4^{2-} \quad pK_{a2} = 7.12$$

$$HPO_4^{2-} \rightleftharpoons H^+ + PO_4^{3-} \quad pK_{a3} = 12.32$$

当用0.1000mol/L NaOH滴定0.1mol/L H_3PO_4时，从H_3PO_4的第一、二步离解常数可以看出$cK_{a1} \geq 10^{-8}$，第一、二步离解常数的比值大于10^5，因此用碱中和第一步离解的H^+可以得到第一个滴定突跃。从H_3PO_4第二步离解常数可以看出$cK_{a2} \approx 10^{-8}$，第二、三步离解常数的比值大于10^5，因此用碱中和第二步离解的H^+可以得到第二个滴定突跃。最后由于H_3PO_4的第三步离解$cK_{a3} < 10^{-8}$，因此得不到第三个滴定突跃，说明不能用碱继续滴定。

多元酸滴定曲线的计算比较复杂，可用电位滴定法绘制滴定曲线。在实际工作中，通常计算化学计量点时的pH，然后在该值附近选择指示剂。

上例中，第一化学计量点时产物$H_2PO_4^-$为两性物质，一般不要求较高的准确度，可按最简式计算$H^+ = \sqrt{K_{a1}K_{a2}} = 2.19 \times 10^{-5}$mol/L，则pH=4.66，可选用溴甲酚绿或甲基红作指示剂。

第二化学计量点时产物HPO_4^{2-}为两性物质，也可按最简式计算$H^+ = \sqrt{K_{a2}K_{a3}} = 1.66 \times 10^{-10}$mol/L，则pH= 9.78，可选用百里酚酞作指示剂。

五、多元碱的滴定

多元碱的滴定与多元酸的滴定类似，因此，有关多元酸滴定的结论也适合多元碱的情况。即滴定可行性判断和滴定突跃与多元酸类似，多元碱的滴定可按下述原则判断。

（1）当$cK_{b1} \geq 10^{-8}$时，这一级离解的OH^-可以被直接滴定。

（2）当相邻的两个K_b值等于或大于10^5时，较强的那一级离解的OH^-先被滴定，出现第一个滴定突跃，较弱的那一级离解的OH^-后被滴定。但能否出现第二个滴定突跃，则取决于碱的第二级离解常数值是否满足$cK_{b2} \geq 10^{-8}$。

（3）如果相邻的K_b值小于10^5时，滴定时两个滴定突跃将混在一起，这时只出现一个滴定突跃。

例如，Na_2CO_3是二元碱，在水溶液中存在如下离解平衡：

$$CO_3^{2-} + H_2O \rightleftharpoons HCO_3^- + OH^- \qquad pK_{b1} = 3.75$$

$$HCO_3^- + H_2O \rightleftharpoons H_2CO_3 + OH^- \qquad pK_{b2} = 7.62$$

在满足一般分析的要求下，Na_2CO_3还是能够进行分步滴定的，只是滴定突跃较小。如果用HCl滴定，则第一步生成$NaHCO_3$，反应式为：

$$HCl + Na_2CO_3 \longrightarrow NaHCO_3 + NaCl$$

继续用HCl滴定，则生成的$NaHCO_3$进一步反应生成碱性更弱的H_2CO_3。H_2CO_3本身不稳定，很容易分解生成CO_2与H_2O。反应式为：

$$HCl + Na_2CO_3 \longrightarrow H_2CO_3 + NaCl$$
$$\longrightarrow CO_2 + H_2O$$

HCl滴定Na_2CO_3的滴定曲线一般也采用仪器法（电位滴定法）绘制。

图4-5所示的是0.1000mol/L HCl标准滴定溶液滴定 20.00mL 0.1000mol/L Na_2CO_3溶液的滴定曲线。第一化学计量点时，HCl与Na_2CO_3反应生成$NaHCO_3$。$NaHCO_3$为两性物质，其浓度为0.050mol/L，根据H^+浓度计算的最简式：

$$[H^+]_1 = \sqrt{K_{a1}K_{a2}} = \sqrt{10^{-6.38} \times 10^{-10.25}} = 10^{-8.32}\,(\mathrm{mol/L})$$
$$pH_1 = 8.32$$
$$H_2CO_3\text{的}pK_{a1} = 6.38,\ pK_{a2} = 10.25$$

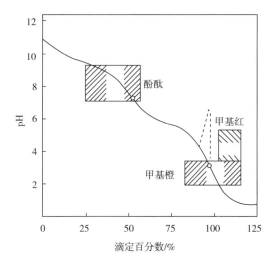

图4-5　HCl标准滴定溶液滴定Na_2CO_3溶液的滴定曲线

此时选用酚酞为指示剂，终点误差为 ±1%，滴定准确度不高。若采用甲酚红与百里酚蓝混合指示剂，并用同浓度$NaHCO_3$溶液作参比时，终点误差约为 ±0.5%。

第二化学计量点时，HCl进一步与$NaHCO_3$反应，生成H_2CO_3（CO_2+H_2O），其在水溶液中的饱和浓度约为0.040mol/L，用计算二元弱酸pH的最简公式计算，则

$$[H^+]_2 = \sqrt{cK_{a1}} = \sqrt{0.040 \times 10^{-6.38}} = 1.3 \times 10^{-4} \text{（mol/L）}$$
$$pH_2 = 3.89$$

若选择甲基橙（pH=4.0）为指示剂，在室温下滴定时，终点变化不明显。为提高滴定的准确度，可采用为CO_2所饱和并含有相同浓度NaCl和指示剂的溶液作对比。也有选择甲基红（pH=5.0）为指示剂的，不过滴定时需加热除去CO_2。实际操作是：当滴到溶液变红（pH<4.4）时，暂时中断滴定，加热除去CO_2，则溶液又变回黄色（pH>6.2），继续滴定到红色（溶液pH变化如图4-5虚线所示）。重复此操作 2~3 次，至加热驱赶 CO_2 并将溶液冷却至室温后溶液颜色不发生变化为止。此种方式滴定终点明显，准确度高。

💡 思考与练习题

1. 指示剂能指示酸碱滴定终点的原理是什么？

2. 判断在下列pH溶液中，指示剂显什么颜色？

（1）pH=3.5溶液中滴入甲基红指示液。

（2）pH=7.0溶液中滴入溴甲酚绿指示液。

（3）pH=4.0溶液中滴入甲基橙指示液。

（4）pH=10.0溶液中滴入甲基橙指示液。

（5）pH=6.0溶液中滴入甲基红和溴甲酚绿指示液。

3. 影响酸碱指示剂变色范围的因素是什么？

4. 溶液滴入酚酞为无色，滴入甲基橙为黄色，指出该溶液的pH范围。

5. 什么是混合指示剂？举例说明使用混合指示剂有什么优点。

6. 在什么条件下能用强酸（碱）直接进行滴定一元弱碱（酸）？

7. 满足什么条件时就能用强酸（碱）对多元碱（酸）进行分步滴定？

8. 选择指示剂的原则是什么？

9. 用c=0.1mol/L NaOH标准滴定溶液滴定下列各种酸，分别能出现几个滴定突跃？各选何种指示剂？

（1）CH_3COOH　（2）$H_2C_2O_4 \cdot 2H_2O$　（3）H_3PO_4　（4）HF+HAc

10. 用 0.1mol/L HCl滴定 0.1mol/L NaOH时的pH突跃范围是 4.3~9.7，则用 0.01mol/L HCl滴定 0.01mol/L NaOH的突跃范围是多少？

11. 将甲基橙指示剂加到无色水溶液中，溶液呈黄色，该溶液的pH的范围是多少？

12. 将酚酞指示剂加到无色水溶液中，溶液呈无色，该溶液呈酸性还是碱性？

13. 试判断浓度为0.1mol/L的下列酸中，哪些能用NaOH直接滴定？哪些不能？

（1）HCOOH（pK_a=3.45）　　（2）H_3BO_3（pK_a=9.22）

（3）NH_4NO_2（pK_b=4.74）　　（4）H_2O_2（pK_a=12）

14. 测定（NH_4）$_2SO_4$中的氮时，能否用NaOH直接滴定？为什么？

15. 标定HCl溶液常用的基准物质有哪些？

16. 标定NaOH溶液常用的基准物质是什么？

17. 已知邻苯二甲酸氢钾的摩尔质量为204.2g/mol，用它来标定0.1mol/L的NaOH溶液，宜称取邻苯二甲酸氢钾的质量大约是多少？

18. 某试样含有Na_2CO_3、$NaHCO_3$及其他惰性物质。称取试样0.3010g，用酚酞作指示剂滴定，用去0.1060mol/L的HCl溶液20.10mL，继续用甲基橙作指示剂滴定，共用去HCl 47.70mL，计算试样中Na_2CO_3与$NaHCO_3$的质量分数。

19. 某一元弱酸HA试样1.250g，加水50mL使其溶解，然后用0.09000mol/L NaOH溶液标准滴定溶液滴定至化学计量点，用去41.20mL。若该HA的摩尔质量为61.83g/mol，计算试样中HA的质量分数。

任务一　氢氧化钠标准溶液的配制与标定

一、承接任务

1. 任务说明

【实操微课】
氢氧化钠配制与
标定完整流程

氢氧化钠是酸碱滴定中常用的碱性标准试剂，常用于测定样品的酸度或酸值。本任务依据GB/T 601—2016《化学试剂　标准滴定溶液的制备》等相关标准，用市售分析纯氢氧化钠固体，配制0.1mol/L氢氧化钠标准溶液，并标定其准确浓度。

2. 任务要求

（1）掌握NaOH标准滴定溶液的配制和标定方法。

（2）掌握滴定管的使用方法，掌握酚酞指示剂判断滴定终点的方法。

二、方案设计

1. 相关知识

（1）NaOH的性质　NaOH有很强的吸水性且容易吸收空气中的CO_2，因而，市售NaOH中常含有Na_2CO_3。

反应方程式：$2NaOH + CO_2 = Na_2CO_3 + H_2O$

由于Na_2CO_3的存在，对指示剂的使用影响较大，应设法除去。

除去Na_2CO_3最通常的方法是将NaOH先配成饱和溶液（质量分数约为52%）。由于Na_2CO_3在饱和NaOH溶液中几乎不溶解，会慢慢沉淀出来，因此可用饱和NaOH溶液配制不含Na_2CO_3的NaOH溶液。待Na_2CO_3沉淀后，可吸取一定量的上清液，稀释至所需浓度即可。此外，用来配制NaOH溶液的蒸馏水，也应加热煮沸放冷，除去其中的CO_2。

（2）NaOH标准溶液的标定　标定碱溶液的基准物质很多，常用的有草酸（$H_2C_2O_4 \cdot 2H_2O$）、苯甲酸（C_6H_5COOH）和邻苯二甲酸氢钾（$C_6H_4COOHCOOK$）等。最常用的是邻苯二甲酸氢钾，滴定反应如下：

$$C_6H_4COOHCOOK + NaOH \rightleftharpoons C_6H_4COONaCOOK + H_2O$$

计量点时由于弱酸盐的水解，溶液呈弱碱性，应采用酚酞作为指示剂。

2. 实施方案

0.1mol/L 待标定NaOH标准滴定溶液的配制 → 0.1mol/L NaOH标准滴定溶液的标定 → 结果计算。

三、任务准备

1. 药品及试剂

（1）0.1%酚酞：称取0.1g酚酞，用90%乙醇溶解并稀释至100mL。

（2）邻苯二甲酸氢钾基准试剂：经105~110℃烘干至恒重，置于干燥器内冷却后备用。

（3）NaOH固体（分析纯）。

2. 设备及器皿

（1）设备：分析天平、托盘天平或台秤。

（2）滴定装置：滴定台、滴定管夹、碱式滴定管或酸碱通用滴定管、锥形瓶、洗瓶。

（3）玻璃器皿：量筒、烧杯、玻璃棒等。

3. 耗材及其他

滤纸、标签纸、聚乙烯塑料瓶等。

四、任务实施

1. 样品采集及处理

配制NaOH饱和溶液：用小烧杯在台秤上称取110g固体NaOH，溶于100mL无CO_2的蒸馏水中，摇匀，注入聚乙烯塑料瓶中，密闭，放置数日至溶液清亮后备用。

2. 实施步骤（执行GB/T 601—2016）

（1）0.1mol/L待标定NaOH标准滴定溶液的配制　吸取上述NaOH饱和溶液的上层清液5.4mL至1000mL无二氧化碳的蒸馏水中，摇匀，转移至聚乙烯塑料试剂瓶中，贴上标签。

（2）0.1mol/L NaOH标准滴定溶液的标定　减量法准确称取邻苯二甲酸氢钾基准试剂0.6000g（±10%以内），置于250mL锥形瓶中，加50mL无CO_2蒸馏水，温热使之溶解，冷却，加酚酞指示剂2~3滴，用待标定的0.1mol/L NaOH溶液滴定，直至溶液呈粉红色，30s不褪色。平行测定3~4次，记录实验结果，同时做空白试验。

3. 结果记录及处理

（1）NaOH标准滴定溶液的标定数据表　记录数据并处理，详见"氢氧化钠标准溶液的配制与标定"任务工单。

（2）数据处理

例：准确称取邻苯二甲酸氢钾基准试剂0.5330g，溶于水，以酚酞为指示剂，用待标定氢氧化钠滴定溶液滴定至终点，消耗NaOH溶液25.06mL，空白试验消耗0.05mL，求NaOH标准滴定溶液浓度是多少？

解：反应式 $C_6H_4COOHCOOK + NaOH \Longrightarrow C_6H_4COONaCOOK + H_2O$

根据等物质的量规则，则：

$$c(NaOH) = \frac{m \times 1000}{(V_1 - V_2) \times M}$$

式中　m ——邻苯二甲酸氢钾质量，g；

　　　V_1 ——氢氧化钠溶液体积，mL；

　　　V_2 ——空白试验消耗氢氧化钠溶液体积，mL；

　　　M ——邻苯二甲酸氢钾的摩尔质量，g/mol［$M(KHC_8H_4O_4)$=204.22］。

由此可得NaOH标准滴定溶液浓度为：

$$c(NaOH) = \frac{0.5330 \times 1000}{(25.06 - 0.05) \times 204.22} = 0.1044(mol/L)$$

4. 出具报告

完成"氢氧化钠标准溶液的配制与标定"任务工单。

氢氧化钠标准溶
液的配制与标定
任务工单

五、任务小结

1. 操作注意事项

（1）称量操作　NaOH具有吸水性，易吸潮，称量时可用烧杯，不能用称量纸。

（2）滴定操作　滴定操作成串不成线，先快后慢，临近终点注意半滴操作。

（3）终点判断　溶液颜色由无色变成淡粉色，30s不褪色。

2. 安全注意事项

NaOH溶解或浓溶液稀释时会放出热量，需在通风橱中使用。

3. 应急预案

参见模块三任务四。

六、任务拓展与思考

1. 配制NaOH标准溶液时，为什么先配成饱和溶液，再吸取一定量的上清液稀释至所需浓度？

2. NaOH能否用直接法准确配制？为什么？

3. 能否用称量纸称取固体NaOH？能否用分析天平称取固体NaOH？为什么？

4. 欲溶解基准邻苯二甲酸氢钾时，加水50mL应以量筒量取还是用移液管吸取？为什么？

5. 为什么向滴定管中加入标准滴定溶液前需以该溶液淋洗3次？滴定用的锥形瓶是否也要用标准滴定溶液淋洗？为什么？

任务二　醋酸样品溶液浓度的测定

一、承接任务

1. 任务说明

工作中常常需要进行样品的酸度或酸值测定，如醋酸试剂纯度测定、食醋中醋酸含量测定、油品中酸值测定等。本任务依据相关产品标准，用已知准确浓度的NaOH标准溶液，测定醋酸样品中醋酸含量。

2. 任务要求

（1）掌握滴定管的使用方法，掌握酚酞指示剂判断滴定终点的方法。

（2）掌握氢氧化钠标准滴定溶液测定醋酸溶液浓度的反应原理。

【实操微课】
醋酸浓度测定
完整流程

（3）学习使用容量瓶准确稀释液体样品的方法。

（4）学习使用移液管准确移取液体样品的方法。

二、方案设计

1. 相关知识

【动画】氢氧化钠滴定
醋酸微观演示动画

市售冰醋酸的浓度约为 17mol/L，据此可计算配制一定体积、一定浓度稀醋酸溶液所需冰醋酸的体积。

醋酸为一元弱酸，其离解常数 $K_a = 1.8 \times 10^{-5}$，因此可用标准碱溶液直接滴定。化学计量点时反应产物是 NaAc，在水溶液中显弱碱性，可用酚酞作指示剂。反应如下：

$$HAc + NaOH = NaAc + H_2O$$

2. 实施方案

醋酸样品的稀释 → 稀醋酸溶液浓度的测定 → 结果计算 → 完成报告。

三、任务准备

1. 药品及试剂

（1）0.1%酚酞：称取 0.1g 酚酞，用 90%乙醇溶解并稀释至 100mL。

（2）已知准确浓度的 0.1mol/L NaOH 标准溶液。

（3）冰醋酸（分析纯）。

2. 设备及器皿

（1）设备：分析天平、托盘天平或台秤。

（2）滴定装置：滴定台、滴定管夹、碱式滴定管或酸碱通用滴定管、锥形瓶、洗瓶。

（3）玻璃器皿：量筒、烧杯、玻璃棒等。

3. 耗材及其他

滤纸、标签纸、聚乙烯塑料瓶等。

四、任务实施

1. 样品采集及处理

取 29.4mL 冰醋酸试剂，稀释到 100mL，作为醋酸样品待测液。

2. 实施步骤

（1）醋酸样品的稀释　用清洁移液管或吸量管吸取少许醋酸样品洗涤管内壁，重复 3 次。然后准确吸取 5.00mL 醋酸样品置于 250mL 容量瓶中，用蒸馏水稀释到刻度，塞上瓶塞摇匀，贴上标签纸。

（2）稀醋酸溶液浓度的测定　用清洁的25mL移液管吸取稀释后的试液，淋洗内壁3次，然后准确吸取稀释后的试液置于250mL锥形瓶中，加入酚酞指示剂2~3滴，用NaOH标准滴定溶液滴定，直到加入半滴NaOH标准滴定溶液，所呈现的粉红色在摇匀后30s之内不再褪去即为终点。平行测定3~4次，根据NaOH标准滴定溶液的浓度c_{NaOH}和滴定时消耗的体积V_{NaOH}，可以计算所取醋酸试样的浓度。

3次平行测定的结果与平均值的相对偏差不得大于0.2%，否则应重做。

3. 结果记录及处理

（1）醋酸样品溶液浓度的测定数据表　记录数据并处理，详见"醋酸样品溶液浓度的测定"任务工单。

（2）数据处理

例：准确吸取醋酸样品5.00mL转移至250mL容量瓶中，稀释至刻度。准确吸取25.00mL稀释后的试液置于250mL锥形瓶中，加入酚酞指示剂，用0.1020mol/L的NaOH标准滴定溶液滴定至终点时消耗NaOH标准溶液28.05mL，计算醋酸样品的浓度。

解：反应式　　　　　　　　$HAc + NaOH \rightleftharpoons NaAc + H_2O$

根据等物质的量规则，则：

$$c（稀HAc）= \frac{c（NaOH）\times V（NaOH）}{V（稀HAc）}$$

式中　$c（稀HAc）$——稀释后醋酸试样的浓度，mol/L；

$V（稀HAc）$——吸取稀释后醋酸试样的体积，mL；

$c（NaOH）$——氢氧化钠标准滴定溶液浓度，mol/L；

$V（NaOH）$——氢氧化钠标准滴定溶液用量，mL。

则：原醋酸样品的浓度$c（原HAc）$= 稀释倍数$\times c（稀HAc）$

$$c（原HAc）= \frac{0.1020\times28.05\times250}{25.00\times5.00} = 5.72（mol/L）$$

4. 出具报告

完成"醋酸样品溶液浓度的测定"任务工单。

醋酸样品溶液
浓度的测定
任务工单

五、任务小结

1. 操作注意事项

（1）容量瓶操作　悬摇时不能盖上盖子，不能倒置摇匀；定容时不能超刻度线。

（2）移液管操作　润洗时不能从管口出液；取液、放液时移液管需垂直；调整刻度、放液时，管尖需与内壁接触。

2. 安全注意事项

醋酸是具有挥发性的刺激性气体，需在通风橱中使用。

3. 应急预案（针对醋酸的意外情况）

（1）皮肤接触 立即脱去污染的衣服，用大量流动清水冲洗至少15min，就医。

（2）眼睛接触 立即提起眼睑，用大量流动清水或生理盐水彻底冲洗至少15min，就医。

（3）吸入 迅速脱离现场至空气新鲜处，保持呼吸道通畅。如呼吸困难，给输氧；如呼吸停止，立即进行人工呼吸，就医。

（4）食入 用水漱口，就医。

（5）灭火方法 用水喷射逸出液体，使其稀释成不燃性混合物，并用雾状水保护消防人员。灭火剂的种类有雾状水、抗溶性泡沫、干粉、二氧化碳。

六、任务拓展与思考

1. 为什么向滴定管中加入标准滴定溶液前需以该溶液淋洗3次？滴定用的锥形瓶是否也要用标准滴定溶液淋洗？为什么？

2. 测定醋酸为什么要用酚酞作为指示剂？用甲基橙或中性红是否可以？试说明理由。

3. 应如何正确地使用移液管？若移液管中的溶液放出后，在管的尖端尚残留一滴溶液，应怎样处理？

4. 使用滴定管、移液管和容量瓶量取和配制溶液时，体积的有效数字是多少？

任务三 盐酸标准溶液的配制与标定

【实操微课】
盐酸配制与
标定完整流程

一、承接任务

1. 任务说明

盐酸是酸碱滴定中常用的酸性标准试剂，用于测定样品的碱度。本任务依据GB/T 601—2016《化学试剂 标准滴定溶液的制备》等相关标准，用市售分析纯盐酸试剂，配制0.1mol/L盐酸标准溶液，并标定其准确浓度。

2. 任务要求

（1）掌握减量法准确称取基准物质的方法。

（2）掌握配制和标定盐酸标准滴定溶液的方法。

（3）掌握酸式滴定管的使用方法，掌握溴甲酚绿–甲基红混合指示剂判断滴定终点的方法。

二、方案设计

1. 相关知识

（1）盐酸的性质　由于浓盐酸容易挥发，不能用它们来直接配制具有准确浓度的标准滴定溶液，因此，配制HCl标准滴定溶液时，只能先配制成近似浓度的溶液，然后用基准物质标定它们的准确浓度。

（2）盐酸的标定　标定HCl溶液的基准物质常用的是无水Na_2CO_3，其反应式如下：

$$Na_2CO_3 + 2HCl = 2NaCl + CO_2 \uparrow + H_2O$$

滴定至反应完全时，溶液pH为3.89，通常选用溴甲酚绿–甲基红混合液作指示剂。

$NaCO_3$和HCl溶液反应生成的CO_2会使溶液酸度增大，终点提前出现。为此，在临近终点时应剧烈摇动，促使H_2CO_3分解，最好将溶液煮沸2min除去CO_2。

2. 实施方案

0.1mol/L待标定HCl标准滴定溶液的配制 → 0.1mol/L HCl标准滴定溶液的标定 → 结果计算。

三、任务准备

1. 药品及试剂

（1）溴甲酚绿–甲基红混合指示液：三份0.1%溴甲酚绿乙醇溶液和一份0.2%甲基红乙醇溶液的混合物。

（2）无水$NaCO_3$基准试剂：经270~300℃烘干至恒重，置于干燥器内冷却后备用。

（3）盐酸（分析纯）。

2. 设备及器皿

（1）仪器设备：分析天平、电炉。

（2）滴定装置：滴定台、滴定管夹、酸式滴定管或酸碱通用滴定管、锥形瓶，洗瓶。

（3）玻璃仪器：容量瓶、移液管、量筒、烧杯、玻璃棒、试剂瓶等。

3. 耗材及其他

滤纸、标签纸、洗耳球等。

四、任务实施

1. 实施步骤（执行GB/T 601—2016）

（1）0.1mol/L待标定HCl标准滴定溶液的配制　用量筒量取浓盐酸9mL，注入1000mL水中，摇匀，贴上标签。

（2）0.1mol/L HCl标准滴定溶液的标定　减量法准确称取 0.2g（±10%以内）无水Na$_2$CO$_3$基准试剂，置于250mL锥形瓶中，加 50mL水使之溶解，再加 10 滴溴甲酚绿-甲基红混合液指示剂，用配制好的HCl溶液滴定至溶液由绿色转变为紫红色，煮沸 2min，冷却至室温，继续滴定至溶液由绿色变为暗紫色，15s不褪色。平行测定 3~4 次，由Na$_2$CO$_3$的质量及实际消耗的HCl溶液的体积，计算HCl溶液的准确浓度，同时做空白试验。

2. 结果记录及处理

（1）HCl标准滴定溶液的标定数据表　记录数据并处理，详见"盐酸标准溶液的配制与标定"任务工单。

（2）数据处理

例：准确称取基准试剂无水Na$_2$CO$_3$ 0.1950g，溶于水，以溴甲酚绿-甲基红混合液为指示剂，用待标定HCl溶液滴定至终点，消耗HCl溶液 35.06mL，空白试验消耗HCl溶液 0.02mL，求盐酸标准滴定溶液浓度是多少？

解：反应式　　　　　Na$_2$CO$_3$ + 2HCl $=\!=\!=$ 2NaCl + CO$_2$↑ + H$_2$O

根据等物质的量规则，则：

$$c(HCl) = \frac{m \times 1000}{(V_1 - V_2) \times M}$$

式中　m——无水碳酸钠质量，g；

　　　V_1——盐酸溶液体积，mL；

　　　V_2——空白试验消耗盐酸溶液体积，mL；

　　　M——无水碳酸钠的摩尔质量，g/mol［$M(1/2\ Na_2CO_3)$ =52.994］。

由此可得HCl标准滴定溶液浓度为：

$$c(HCl) = \frac{0.1950 \times 1000}{(35.06 - 0.02) \times 52.994} = 0.1050(mol/L)$$

3. 出具报告

完成"盐酸标准溶液的配制与标定"任务工单。

盐酸标准溶液
的配制与标定
任务工单

五、任务小结

1. 操作注意事项

（1）滴定操作　加热前无需半滴操作，加热后开始半滴操作。

（2）近终点判断　溶液颜色由绿色变成暗紫红色，就可以拿去加热，不能等到鲜红色，那时已经过量了。

（3）加热操作　加热功率开始可稍高，近沸腾时调低，沸腾后关闭，用余热继续加热

2min，拿锥形瓶时注意戴纱布手套。

（4）终点判断　溶液颜色由绿色变成暗紫红色，15s不褪色。

2. 安全注意事项

（1）盐酸具有腐蚀性，使用时需穿戴实训服、手套、护目镜等安全防护装置。

（2）盐酸具有挥发性，需在通风橱中进行操作。

3. 应急预案（针对HCl的意外情况）

（1）皮肤接触、眼睛接触、吸入等情况的处理方式，同本模块任务二。

（2）食入：误服者用水漱口，给饮牛奶或蛋清，就医。

（3）灭火方法：消防人员必须佩戴氧气呼吸器、穿全身防护服，用碱性物质如碳酸氢钠、碳酸钠、氢氧化钙等中和，也可用大量水扑救。

六、任务拓展与思考

1. 基准物质应具备哪些条件？

2. 欲溶解Na_2CO_3基准物质时，加水50mL应以量筒量取还是用移液管吸取？为什么？

3. 本任务中所使用的称量瓶、烧杯、锥形瓶是否必须都烘干？为什么？

4. 标定HCl溶液时为什么要称0.2g左右无水Na_2CO_3基准试剂？称得过多或过少有何不好？

5. 无水Na_2CO_3基准试剂称量前，需做哪些处理？

6. 二氧化碳对酸碱滴定有一定的影响，用什么方法可以减小这种影响？

任务四　混合碱中NaOH、Na_2CO_3含量的测定

一、承接任务

1. 任务说明

本任务基于样品碱度的测定，依据相关产品标准，用已知准确浓度的盐酸标准溶液，测定混合碱中NaOH、Na_2CO_3含量。

【实操微课】
混合碱含量
测定完整流程

2. 任务要求

（1）掌握减量法准确称取待测样品的方法。

（2）掌握酸式滴定管的使用方法。

（3）掌握双指示剂滴定法的原理、操作及计算。

（4）熟练掌握用酚酞、甲基橙作指示剂判断滴定终点方法。

二、方案设计

1. 相关知识

NaOH有很强的吸水性，并能吸收空气中的CO_2，因而，尽量用减量法称取样品。

双指示剂法是用HCl标准滴定溶液滴定混合碱时，用两种指示剂在不同的化学计量点的颜色变化，分别指示两个滴定终点的测定方法。常用的双指示剂是酚酞和甲基橙。先以酚酞为指示剂，用HCl标准滴定溶液滴定至溶液由红色变为无色，这时溶液中NaOH完全被中和，Na_2CO_3也被滴定成$NaHCO_3$，其反应为：

$$NaOH+HCl\!=\!=\!NaCl+H_2O$$

$$Na_2CO_3+HCl\!=\!=\!NaCl+NaHCO_3$$

再加入甲基橙指示剂，继续用HCl标准滴定溶液滴定至溶液由黄色变为橙色，表示溶液中的$NaHCO_3$完全被中和，其反应为：

$$NaHCO_3+HCl\!=\!=\!NaCl+H_2O+CO_2\uparrow$$

根据到达各滴定终点时HCl标准滴定溶液的用量，计算NaOH和Na_2CO_3的含量。

2. 实施方案

待测混合碱样品溶液的配制 → 滴定待测混合碱样品溶液 → 结果计算 → 完成报告。

三、任务准备

1. 药品及试剂

（1）混合样品。

（2）0.1%甲基橙指示剂：0.1g甲基橙溶于100mL水中。

（3）0.1%酚酞：称取0.1g酚酞，用90%乙醇溶解并稀释至100mL。

（4）0.1mol/L HCl标准滴定溶液：配制与标定方法见本模块任务三。

2. 设备及器皿

（1）仪器设备：分析天平、电炉。

（2）滴定装置：滴定台、滴定管夹、酸式滴定管或酸碱通用滴定管、锥形瓶，洗瓶。

（3）玻璃仪器：容量瓶、移液管、量筒、烧杯、玻璃棒、试剂瓶等。

3. 耗材及其他

滤纸、标签纸、洗耳球等。

四、任务实施

1. 实施步骤

（1）待测混合碱样品溶液的配制　准确称取一定量混合碱试样，放入小烧杯中，用少量蒸馏水溶解，必要时可微微加热（如有不溶性残渣可过滤除去）。将溶液移入250mL容量瓶中（如用滤纸过滤，应以少量蒸馏水洗涤2~3次，洗涤液并入容量瓶中），最后用蒸馏水稀释至刻度，摇匀。

（2）待测混合碱样品溶液的测定　用移液管吸取上述制备好的样品溶液25.00mL于250mL锥形瓶中，加酚酞指示剂2~3滴，用0.1mol/L HCl标准滴定溶液滴定至粉红色恰好消失为止，记下HCl标准滴定溶液的用量 V_1。再加入甲基橙指示剂1~2滴，继续用0.1mol/L HCl标准滴定溶液滴定至溶液由黄色变为橙色，记下HCl标准滴定溶液的用量 V_2。若 V_1，V_2 的数值不符合滴定要求，则调整合适的样品溶液移取量，或重新配制样品溶液，重新进行测定。平行测定2次。

2. 结果记录及处理

（1）待测混合碱样品溶液的测定数据表　记录数据并处理，详见"混合碱中NaOH、Na_2CO_3含量的测定"任务工单。

（2）数据处理

例：准确称取2.000g混合碱试样，溶解后将溶液移入250mL容量瓶中定容，用移液管吸取上述溶液25.00mL于250mL锥形瓶中，加酚酞指示剂2~3滴，用0.1000mol/L HCl标准滴定溶液滴定至粉红色恰好消失为止，此时消耗HCl标准滴定溶液25.50mL。再加入甲基橙指示剂1~2滴，继续用该HCl标准滴定溶液滴定至溶液由黄色变为橙色，消耗HCl标准滴定溶液11.50mL。计算试样中NaOH、Na_2CO_3的质量分数。

解：反应式　　　　　　　　$NaOH + HCl \!=\!\!= NaCl + H_2O$

$$Na_2CO_3 + HCl \!=\!\!= NaCl + NaHCO_3$$

$$NaHCO_3 + HCl \!=\!\!= NaCl + H_2O + CO_2 \uparrow$$

根据等物质的量规则，则：

$$w(\text{NaOH}) = \frac{c(\text{HCl}) \times (V_1 - V_2) \times 0.04000}{m(\text{样}) \times \dfrac{25}{250}} \times 100\%$$

$$w(\text{Na}_2\text{CO}_3) = \frac{c(\text{HCl}) \times V_2 \times 0.10599}{m(\text{样}) \times \dfrac{25}{250}} \times 100\%$$

式中　$c(\text{HCl})$——盐酸标准滴定溶液的浓度，mol/L；

V_1——以酚酞为指示剂，滴定至终点时消耗HCl标准滴定溶液的体积，mL；

V_2 ——以甲基橙为指示剂，滴定至终点时消耗HCl标准滴定溶液的体积，mL；

0.04000 ——NaOH的毫摩尔质量，g/mmol；

0.10599 ——Na_2CO_3的毫摩尔质量，g/mmol。

由此可计算试样中NaOH、Na_2CO_3的质量分数分别为：

$$w（NaOH）= \frac{0.1000 \times (25.50 - 11.50) \times 0.04000}{2.000 \times \dfrac{25}{250}} \times 100\% = 28.00\%$$

$$w（Na_2CO_3）= \frac{0.1000 \times 11.50 \times 0.10599}{2.000 \times \dfrac{25}{250}} \times 100\% = 60.94\%$$

3. 出具报告

完成"混合碱中NaOH、Na_2CO_3含量的测定"任务工单。

混合碱中NaOH、
Na_2CO_3含量的测定
任务工单

五、任务小结

1. 操作注意事项

（1）称量操作　混合样品中NaOH具有吸水性，不能用称量纸称量。

（2）滴定操作　酚酞指示到终点后，滴加甲基橙继续滴定，无需重新调整滴定管刻度。

2. 安全注意事项

参考本模块任务三的注意事项。

3. 应急预案

参考模块三任务四。

六、任务拓展与思考

1. 混合碱液中NaOH和Na_2CO_3的含量是怎样测定的？

2. 第一个终点滴定过量时，对NaOH和Na_2CO_3的含量测定各有什么影响？

【思政内容】
模块四　阅读与拓展

模块五
配位滴定分析法

学习目标

知识目标

1. 掌握配位滴定法和金属指示剂的概念。
2. 了解EDTA与金属离子配合的特点。
3. 了解常用指示剂的性质及使用。
4. 了解金属指示剂的封闭现象及僵化现象。
5. 熟悉配位滴定曲线及影响滴定突跃的因素。

【理论微课】
认识配位滴定法

能力目标

1. 能够进行EDTA标准溶液配制与标定。
2. 能够进行配位反应中副反应系数的计算和条件稳定常数的计算。
3. 能够进行实验数据处理与报告的撰写。

职业素养目标

1. 培养根据实际情况分析问题、解决问题的能力。
2. 培养实事求的科学精神。

📖 模块导学（知识点思维导图）

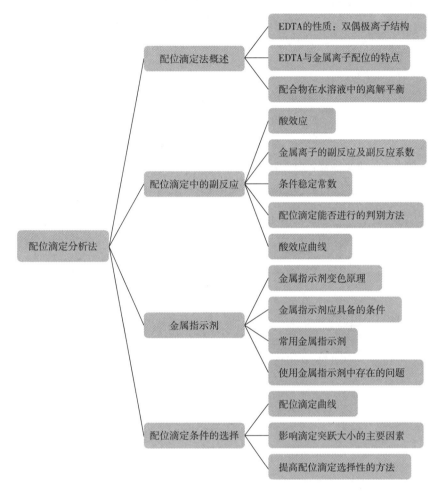

配位滴定法（complextitration）又称络合滴定法，是以生成配合物的反应为基础的滴定分析方法。配位滴定中最常用的配位剂是乙二胺四乙酸（EDTA）。以EDTA为标准滴定溶液的配位滴定法称为EDTA配位滴定法。本模块主要讨论EDTA配位滴定法。

知识一　配位滴定法概述

虽然能够形成无机配合物的反应很多，而能用于滴定分析的并不多，原因是许多无机配合反应常常是分级进行，并且配合物的稳定性较差，因此计量关系不易确定，滴定终点不易观察。能用于配位滴定的反应必须具备一定的条件。

（1）配位反应必须完全，即生成的配合物的稳定常数足够大。

（2）反应应按一定的反应式定量进行，即金属离子与配位剂的比例恒定。

（3）配位反应速率要足够快。

（4）有适当的方法指示终点。

例如，用$AgNO_3$标准滴定溶液测定电镀液中CN^-的含量时，Ag^+与CN^-发生配位反应，生成配离子$[Ag(CN)_2]^-$，其反应如下：

$$Ag^+ + 2CN^- \rightleftharpoons [Ag(CN)_2]^-$$

当滴定到达化学计量点时，稍过量的Ag^+与$[Ag(CN)_2]^-$结合生成$Ag[Ag(CN)_2]$白色沉淀，使溶液变浑浊，指示滴定终点的到达。其反应如下：

$$Ag^+ + [Ag(CN)_2]^- \rightleftharpoons Ag[Ag(CN)_2]\downarrow 白色$$

配位反应具有极大的普遍性，但并不是所有的配位反应及其生成的配合物都能满足上述条件的。目前常用的配位剂是氨羧有机配位剂，其中以EDTA应用最广泛。

一、EDTA的性质

乙二胺四乙酸（ethylene diamine tetraacetic acid）简称EDTA（通常用H_4Y表示），其结构式如下：

乙二胺四乙酸为白色无水结晶粉末，微溶于水（22℃时，每100mL水溶解0.02g），难溶于酸和一般有机溶剂，易溶于碱或氨水中形成相应的盐。乙二胺四乙酸在水中溶解度小，因而不适用作滴定剂。

乙二胺四乙酸二钠盐（$Na_2H_2Y \cdot 2H_2O$）为白色结晶粉末，室温下可吸附水分0.3%，80℃时可烘干除去。在100~140℃时失去结晶水而成为无水的EDTA二钠盐。EDTA二钠盐易溶于水（22℃时，每100mL水溶解11.1g，浓度约0.3mol/L，pH≈4.4），因此，通常使用EDTA二钠盐作滴定剂。

乙二胺四乙酸在水溶液中具有双偶极离子结构：

因此，当EDTA溶解于酸度很高的溶液中时，它的两个羧基可再接受两个H^+形成H_6Y^{2+}，这样，它就相当于一个六元酸，有六级离解常数，即

$$H_6Y^{2+} \rightleftharpoons H^+ + H_5Y^+ \qquad K_{a_1} = 10^{-0.90}$$

$$H_5Y^+ \rightleftharpoons H^+ + H_4Y \qquad K_{a_2} = 10^{-1.60}$$

$$H_4Y \rightleftharpoons H^+ + H_3Y^- \qquad K_{a_3} = 10^{-2.00}$$

$$H_3Y^- \rightleftharpoons H^+ + H_2Y^{2-} \qquad K_{a_4} = 10^{-2.67}$$

$$H_2Y^{2-} \rightleftharpoons H^+ + HY^{3-} \qquad K_{a_5} = 10^{-6.16}$$

$$HY^{3-} \rightleftharpoons H^+ + Y^{4-} \qquad K_{a_6} = 10^{-10.26}$$

在任一水溶液中，EDTA总是以H_6Y^{2+}、H_5Y^+、H_4Y、H_3Y^-、H_2Y^{2-}、HY^{3-}和Y^{4-} 7 种形式存在。它们的分布系数δ与溶液pH的关系如图5-1所示。

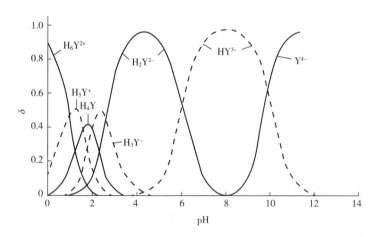

图5-1　EDTA溶液中各种存在形式的分布图

由分布曲线图可以看出，在pH<1 的强酸溶液中，EDTA主要以H_6Y^{2+}形式存在；在pH为2.75~6.24时，主要以H_2Y^{2-}形式存在；仅在pH>10.34时才主要以Y^{4-}形式存在。

值得注意的是，在 7 种形式中只有Y^{4-}（为了方便，以下均用符号Y来表示Y^{4-}）能与金属离子直接配位。Y分布系数越大，EDTA的配位能力越强。而Y分布系数的大小与溶液的pH密切相关，所以溶液的酸度便成为影响EDTA配合物稳定性及滴定终点敏锐性的一个很重要的因素。

二、EDTA与金属离子配位的特点

EDTA 是一种常用的配位滴定剂。在一个EDTA分子中，含有 2 个氨基和 4 个羧基提供了 6

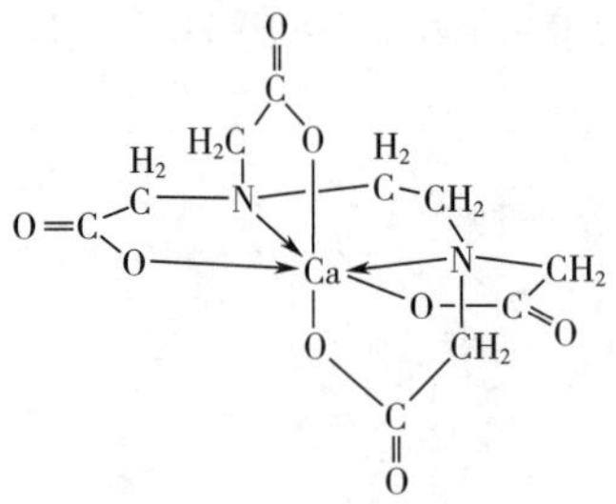

图5-2　EDTA与Ca²⁺形成的螯合物的立方构型

个配位原子，它完全能满足一个金属离子所需要的配位数。在空间位置上EDTA均能与同一金属离子形成环状化合物，即螯合物。图5-2所示的是EDTA与Ca^{2+}形成的螯合物的立方构型。

EDTA与金属离子的配合物具有如下特点。

（1）EDTA具有广泛的配位性能，几乎能与所有金属离子形成配合物，因而配位滴定应用很广泛，但如何提高滴定的选择性便成为配位滴定中的一个重要问题。

（2）EDTA配合物配位比简单，多数情况下都形成1∶1配合物。个别离子如Mo^{5+}与EDTA配合物[（MoO_2）$_2Y^{2-}$]的配位比为2∶1。

（3）EDTA配合物稳定性高，能与金属离子形成具有多个五元环结构的螯合物。

（4）EDTA配合物易溶于水，使配位反应较迅速。

（5）大多数金属-EDTA配合物无色，这有利于指示剂确定终点。但EDTA与有色金属离子配位生成的螯合物颜色则加深。例如：

$$CuY^{2-} \quad NiY^{2-} \quad CoY^{2-} \quad MnY^{2-} \quad CrY^- \quad FeY^-$$

　　深蓝　　　蓝色　　　紫红　　　紫红　　　深紫　　黄

因此，滴定这些离子时要控制其浓度勿过大，否则使用指示剂确定终点将发生困难。

三、配合物在水溶液中的离解平衡

金属离子与EDTA形成配合物的稳定性，可用配合物的稳定常数$K_稳$来表示。对于1∶1型的配合物MY来说，其配位反应式如下（为简便起见，可略去电荷）：

$$M + Y \rightleftharpoons MY$$

反应的平衡常数表达式为：

$$K_{MY} = \frac{[MY]}{[M][Y]} \tag{5-1}$$

K_{MY}称为金属-EDTA配合物的绝对稳定常数，通常称为稳定常数。对于具有相同的配位数的配合物或配位离子，此数值越大，配合物越稳定。K_{MY}稳定常数的倒数即为配合物的不稳定常数。

$$K_{不稳} = \frac{1}{K_稳} \tag{5-2}$$

部分金属离子-EDTA配位化合物的$\lg K_{MY}$见表5-1。需要指出的是：绝对稳定常数是指无副反应情况下的数据，它不能反映实际滴定过程中真实配合物的稳定情况。

金属离子还能与其他配位剂L形成ML_n型配合物。ML_n型配合物是逐级形成的，其逐级形成反应及相应的逐级稳定常数如下（为简化起见，略去所有离子电荷）：

$$M + L \rightleftharpoons ML \qquad K_{稳_1} = \frac{[ML]}{[M][L]}$$

$$ML + L \rightleftharpoons ML_2 \qquad K_{稳_2} = \frac{[ML_2]}{[ML][L]}$$

$$\cdots$$

$$ML_{n-1} + L \rightleftharpoons ML_n \qquad K_{稳_n} = \frac{[ML_n]}{[ML_{n-1}][L]}$$

在许多配位平衡的计算中，经常用到$K_{稳_1} \cdot K_{稳_2}$等数值，这就是逐级累积稳定常数，用β_n表示。

第一级逐级累积稳定常数 $\qquad \beta_1 = K_{稳_1}$

第二级逐级累积稳定常数 $\qquad \beta_2 = K_{稳_1} \cdot K_{稳_2}$

$\cdots\cdots$

第n级逐级累积稳定常数 $\qquad \beta_n = K_{稳_1} \cdot \ldots \cdot K_{稳_n}$

最后一级累积稳定常数β_n又称为稳定常数。

表5-1 部分金属–EDTA配位化合物的$\lg K_{MY}$

阳离子	$\lg K_{MY}$	阳离子	$\lg K_{MY}$	阳离子	$\lg K_{MY}$
Na^+	1.66	Ce^{4+}	15.98	Cu^{2+}	18.80
Li^+	2.79	Al^{3+}	16.30	Ga^{2+}	20.30
Ag^+	7.32	Co^{2+}	16.31	Ti^{3+}	21.30
Ba^{2+}	7.86	Pt^{2+}	16.31	Hg^{2+}	21.80
Mg^{2+}	8.69	Cd^{2+}	16.49	Sn^{2+}	22.10
Sr^{2+}	8.73	Zn^{2+}	16.50	Th^{4+}	23.20
Be^{2+}	9.20	Pb^{2+}	18.04	Cr^{3+}	23.40
Ca^{2+}	10.69	Y^{3+}	18.09	Fe^{3+}	25.10
Mn^{2+}	13.87	VO^+	18.10	U^{4+}	25.80
Fe^{2+}	14.33	Ni^{2+}	18.60	Bi^{3+}	27.94
La^{3+}	15.50	VO^{2+}	18.80	Co^{3+}	36.00

✏ 练一练5-1：选择正确答案。

1. 关于EDTA，下列说法不正确的是（　　　）。

A. EDTA是乙二胺四乙酸的简称

B. 分析工作中一般用乙二胺四乙酸二钠盐

C. EDTA与Ca^{2+}以1∶2的关系配合

D. EDTA与金属离子配合形成螯合物

2. EDTA与大多数金属离子的络合关系是（　　　）。

A. 1∶1　　　　　B. 1∶2　　　　　C. 2∶2　　　　　D. 2∶1

3. EDTA在水中存在的形式有（　　　）种。

A. 5　　　　　　B. 6　　　　　　C. 7　　　　　　D. 4

4. 在一个EDTA分子中，含有（　　　）个配位原子，与金属离子可以形成多个（　　　）元环的螯合物。

A. 5、五　　　　B. 6、五　　　　C. 7、六　　　　　D. 4、六

5. EDTA与Cu^{2+}离子配位生成的螯合物颜色是（　　　）。

A. 无色　　　　　B. 深蓝色　　　　C. Cu^{2+}的颜色（蓝色）　　　　D. 紫红色

知识二　配位滴定中的副反应

在滴定过程中，一般将EDTA（Y）与被测金属离子M的反应称为主反应，溶液中存在的其他反应称为副反应（side reactioon），如下式所示：

【理论微课】
配位滴定中的
副反应

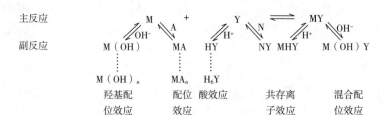

式中，A为辅助配位剂，N为共存离子，副反应影响主反应的现象称为效应。显然，反应物（M，Y）发生副反应不利于主反应的进行，而生成物（MY）的各种副反应则有利于主反应的进行，但所生成的这些混合配合物大多数不稳定，可以忽略不计。

一、酸效应

在所有的副反应中最重要的是H+作用的影响，由于H+的存在使配位体参加主反应能力降低的现象称为酸效应（acidic effect）。酸效应的程度用酸效应系数衡量，EDTA的酸效应系数用符号$\alpha_{Y(H)}$表示。

酸效应系数是指在一定酸度下未与M配位的EDTA的总浓度[Y′]与游离EDTA酸根离子浓度[Y]的比值。即

$$\alpha_{Y(H)} = \frac{[Y']}{[Y]} \qquad (5-3)$$

$$[Y']=[Y]+[HY]+[H_2Y]+[H_3Y]+[H_4Y]+[H_5Y]+[H_6Y]$$

不同酸度下的$\alpha_{Y(H)}$值可按下式计算：

$$\alpha_{Y(H)} = 1 + \frac{[H]}{K_6} + \frac{[H]^2}{K_6K_5} + \frac{[H]^3}{K_6K_5K_4} + \cdots + \frac{[H]^6}{K_6K_5\cdots K_1} \qquad (5-4)$$

式中　　K_6、$K_5\cdots K_1$——H_6Y^{2+}的各级离解常数。

由式（5-4）可知，$\alpha_{Y(H)}$随pH的增大而减少。$\alpha_{Y(H)}$越小则[Y]越大，即EDTA有效浓度[Y]越大，因而酸度对配合物的影响越小。

在EDTA滴定中，$\alpha_{Y(H)}$是最常用的副反应系数。为应用方便，通常用其对数值$\lg\alpha_{Y(H)}$。表5-2列出不同pH的溶液中EDTA酸效应系数$\lg\alpha_{Y(H)}$值。

表5-2　不同pH时的$\lg\alpha_{Y(H)}$

pH	$\lg\alpha_{Y(H)}$	pH	$\lg\alpha_{Y(H)}$	pH	$\lg\alpha_{Y(H)}$
0.0	23.64	3.8	8.85	7.4	2.88
0.4	21.32	4.0	8.44	7.8	2.47
0.8	19.08	4.4	7.64	8.0	2.27
1.0	18.01	4.8	6.84	8.4	1.87
1.4	16.02	5.0	6.45	8.8	1.48
1.8	14.27	5.4	5.69	9.0	1.28
2.0	13.51	5.8	4.98	9.5	0.83
2.4	12.19	6.0	4.65	10.0	0.45

也可将pH与$\lg\alpha_{Y(H)}$的对应值绘成如图5-3所示的$\lg\alpha_{Y(H)}$—pH曲线。由图5-3可看出，仅当pH≥12时，$\lg\alpha_{Y(H)} \to 0$，即此时Y才不与H+发生副反应。

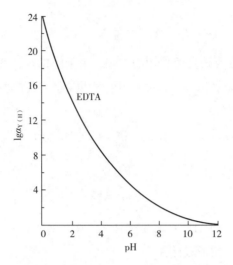

图5-3　EDTA的$\lg\alpha_{Y(H)}$与pH的关系

二、金属离子的副反应及副反应系数

1. 金属离子M的副反应及副反应系数

在EDTA滴定中，由于其他配位剂的存在使金属离子参加主反应的能力降低的现象称为配位效应。这种由于配位剂L引起副反应的副反应系数称为配位效应系数，用$\alpha_{M(L)}$表示，其数值等于：

$$\alpha_{M(L)} = \frac{[M']}{[M]} = 1 + \beta_1[L] + \beta_2[L]^2 + \cdots + \beta_n[L]^n \tag{5-5}$$

$\alpha_{M(L)}$越大，表示副反应越严重。

配位剂L一般是滴定时所加入的缓冲剂或为防止金属离子水解所加入的辅助配位剂，也可能是为消除干扰而加的掩蔽剂。

在酸度较低的溶液中滴定M时，金属离子会生成羟基配合物$[M(OH)_n]$，此时L就代表OH^-，其副反应系数用$\alpha_{M(OH)}$表示。部分金属离子的$\lg\alpha_{M(OH)}$值可查表5-3。

表5-3　部分金属离子的$\lg\alpha_{M(OH)}$值

金属离子	离子强度	$\lg\alpha_{M(OH)}$												
		pH=1	pH=2	pH=3	pH=4	pH=5	pH=6	pH=7	pH=8	pH=9	pH=10	pH=11	pH=12	pH=13	pH=14
Al^{3+}	2					0.4	1.3	5.3	9.3	13.3	17.3	21.3	25.3	29.3	33.3
Bi^{3+}	3	0.1	0.5	1.4	2.4	3.4	4.4	5.4							
Ca^{2+}	0.1													0.3	1.0
Cd^{2+}	3								0.1	0.5	2	4.5	8.1	12.0	

续表

金属离子	离子强度	$\lg\alpha_{M(OH)}$													
		pH=1	pH=2	pH=3	pH=4	pH=5	pH=6	pH=7	pH=8	pH=9	pH=10	pH=11	pH=12	pH=13	pH=14
Co^{2+}	0.1								0.1	0.4	1.1	2.2	4.2	7.2	10.2
Cu^{2+}	0.1								0.2	0.8	1.7	2.7	3.7	4.7	5.7
Fe^{2+}	1									0.1	0.6	1.5	2.5	3.5	4.5
Fe^{3+}	3		0.4	1.8	3.7	5.7	7.7	9.7	11.7	13.7	15.7	17.7	19.7	21.7	
Hg^{2+}	0.1		0.5	1.9	3.9	5.9	7.9	9.9	11.9	13.9	15.9	17.9	19.9	21.9	
La^{3+}	3									0.3	1.0	1.9	2.9	3.9	
Mg^{2+}	0.1											0.1	0.5	1.3	2.3
Mn^{2+}	0.1										0.1	0.5	1.4	2.4	3.4
Ni^{2+}	0.1									0.1	0.7	1.6			
Pb^{2+}	0.1							0.1	0.5	1.4	2.7	4.7	7.4	10.4	13.4
Th^{4+}	1			0.2	0.8	1.7	2.7	3.7	4.7	5.7	6.7	7.7	8.7	9.7	
Zn^{2+}	0.1									0.2	2.4	5.4	8.5	11.8	15.5

若溶液中有两种配位剂L和A同时与金属离子M发生副反应，则其影响可用M的总副反应系数α_M表示。

$$\alpha_M = \alpha_{M(L)} + \alpha_{M(A)} - 1 \tag{5-6}$$

2. 共存离子效应和共存离子效应系数

如果溶液中除了被滴定的金属离子M之外，还有其他金属离子N存在，且N也能与Y形成稳定的配合物，又当如何呢？

当溶液中共存金属离子N的浓度较大，Y与N的副反应就会影响Y与M的配位能力，此时共存离子的影响不能忽略。这种由于共存离子N与EDTA反应降低了Y的平衡浓度的副反应现象称为共存离子效应。副反应进行的程度用副反应系数$\alpha_{Y(N)}$表示，称为共存离子效应系数，其数值等于：

$$\alpha_{Y(N)} = \frac{[Y']}{[Y]} = \frac{[NY] + [Y]}{[Y]} = 1 + K_{NY}[N] \tag{5-7}$$

式中　[N]——游离共存金属离子N的平衡浓度。

由式（5-7）可知，$\alpha_{Y(N)}$的大小只与K_{NY}以及N的浓度有关。

若有几种共存离子存在时，一般只取其中影响最大的，其他可忽略不计。实际上，Y的副

反应系数α_Y应同时包括共存离子和酸效应两部分，因此

$$\alpha_Y = \alpha_{Y(H)} + \alpha_{Y(N)} - 1 \tag{5-8}$$

实际工作中，当$\alpha_{Y(H)} \gg \alpha_{Y(N)}$时，酸效应是主要的；当$\alpha_{Y(N)} \gg \alpha_{Y(H)}$时，共存离子效应是主要的。一般情况下，在滴定剂Y的副反应中酸效应的影响大，因此$\alpha_{Y(H)}$是重要的副反应系数。

3. 配合物MY的副反应

这种副反应在酸度较高或较低下发生。酸度高时，生成酸式配合物[MY(H)]，其副反应系数用$\alpha_{MY(H)}$表示；酸度低时，生成碱式配合物[MY(OH)]，其副反应系数用$\alpha_{MY(OH)}$表示。酸式配合物和碱式配合物一般不太稳定，计算中可忽略不计。

三、条件稳定常数

在溶液中，金属离子M与配位剂EDTA反应生成MY，如果没有副反应发生，当达到平衡时，K_{MY}是衡量此配合反应进行程度的主要标志。如果有副反应发生，将受到M、Y及MY的副反应影响。

通过上述副反应对主反应影响的讨论，用绝对稳定常数描述配合物的稳定性显然是不符合实际情况的，应将副反应的影响一起考虑，由此推导的稳定常数应区别于绝对稳定常数，而称之为条件稳定常数或表观稳定常数，用K'_{MY}表示。

$$K'_{MY} = [(MY)'] / [M'][Y'] \tag{5-9a}$$

从以上副反应系数的讨论中可以看到

$$[M'] = \alpha_M[M]$$

$$[Y'] = \alpha_Y[Y]$$

$$[(MY)'] = \alpha_{MY}[MY]$$

将这些公式代入（5-9a）中，得到条件稳定常数的表达式

$$K'_{MY} = K_{MY} \frac{\alpha_{MY}}{\alpha_M \alpha_Y} \tag{5-9b}$$

当条件恒定时α_Y、α_M、α_{MY}均为定值，故K'_{MY}在一定条件下为常数，称为条件稳定常数。当副反应系数为1时（无副反应），$K'_{MY} = K_{MY}$。

若将式（5-9b）取对数，得

$$\lg K'_{MY} = \lg K_{MY} + \lg\alpha_{MY} - \lg\alpha_M - \lg\alpha_Y \tag{5-10}$$

多数情况下（溶液的酸碱性不是太强时）不形成酸式或碱式配合物，故$\lg\alpha_{MY}$忽略不计，式（5-10）可简化成：

$$\lg K'_{MY} = \lg K_{MY} - \lg\alpha_M - \lg\alpha_Y \tag{5-11}$$

如果只有酸效应，式（5-11）又简化成：

$$\lg K'_{MY}=\lg K_{MY}-\lg\alpha_{Y(H)} \tag{5-12}$$

【例5-1】计算pH=5.00，AlF_6^{3-}的浓度为0.10mol/L，溶液中游离F^-的浓度为0.010mol/L时EDTA与Al^{3+}的配合物的条件稳定常数K'_{AlY}。

解：在金属离子Al^{3+}发生副反应（配合效应）和Y也发生副反应（酸效应）时，K'_{AlY}的条件稳定常数的对数值为：

$$\lg K'_{AlY}=\lg K_{AlY}-\lg\alpha_{Al(F)}-\lg\alpha_{Y(H)}$$

查表5-2得pH=5.00时$\lg\alpha_{Y(H)}=6.45$；查表5-1得$\lg K_{AlY}=16.3$；查附录四得AlF_6^{3-}的累积常数$\beta_1=10^{6.1}$，$\beta_2=10^{11.15}$，$\beta_3=10^{15.9}$，$\beta_4=10^{17.7}$，$\beta_5=10^{19.4}$，$\beta_6=10^{19.7}$。则

$$\begin{aligned}\alpha_{Al(F)}&=1+\beta_1[F^-]+\beta_2[F^-]^2+\beta_3[F^-]^3+\beta_4[F^-]^4+\beta_5[F^-]^5+\beta_6[F^-]^6\\&=1+10^{6.1}\times0.01+10^{11.15}\times0.01^2+10^{15.9}\times0.01^3+10^{17.7}\times0.01^4+10^{19.4}\times0.01^5+10^{19.7}\times0.01^6\\&=10^{9.93}\end{aligned}$$

故
$$\lg K'_{AlY}=16.3-9.93-6.45=-0.08$$

可见，此时条件稳定常数很小，说明AlY^{3-}已被F^-破坏，用EDTA滴定Al^{3+}已不可能。

【例5-2】计算pH=2.00，pH=5.00时的$\lg K'_{ZnY}$。

解：查表5-1得$\lg K_{ZnY}=16.5$。查表5-2得pH=2.00时$\lg\alpha_{Y(H)}=13.51$。按题意，溶液中只存在酸效应，根据式（5-12）可知

$$\lg K'_{ZnY}=\lg K_{ZnY}-\lg\alpha_{Y(H)}=16.5-13.51=2.99$$

同样，查表5-2得pH=5.00时$\lg\alpha_{Y(H)}=6.45$，因此

$$\lg K'_{ZnY}=\lg K_{ZnY}-\lg\alpha_{Y(H)}=16.5-6.45=10.05$$

由上例可看出，尽管$\lg K_{ZnY}=16.5$，但pH=2.00时$\lg K'_{ZnY}=2.99$，此时ZnY^{2-}极不稳定，在此条件下Zn^{2+}不能被准确滴定；而在pH=5.00时$\lg K'_{ZnY}=10.05$，ZnY^{2-}已稳定，配位滴定可以进行。可见配位滴定中控制溶液酸度是十分重要的。

四、配位滴定能否进行的判别方法

在配位滴定中要求配合反应能够定量地完成，这样才能使测定误差在允许范围内，测定结果达到一定的准确度。配合反应能否定量地完成，主要看这个配合物的条件稳定常数K'_{MY}，应用它可以判断滴定金属离子的可行性。

金属离子的准确滴定与允许误差和检测终点方法的准确度有关，还与被测金属离子的原始浓度有关。设金属离子的原始浓度为c_M（对终点体积而言），用等浓度的EDTA滴定，滴定分析的允许误差为E_t，在化学计量点时：

（1）被测定的金属离子几乎全部发生配位反应，即[MY]$=c_M$；

（2）被测定的金属离子的剩余量应符合准确滴定的要求，即$c_{M（余）} \leqslant c_M E_t$；

（3）滴定时过量的EDTA也符合准确度的要求，即$c_{EDTA（余）} \leqslant c_{EDTA} E_t$。

将这些数值代入条件稳定常数的关系式得

$$K'_{MY} = \frac{[MY]}{c_{M（余）} c_{EDTA（余）}}$$

$$K'_{MY} \geqslant \frac{c_M}{c_M E_t \times c_{EDTA} E_t}$$

由于$c_M = c_{（EDTA）}$，不等式两边取对数，整理后得

$$\lg（c_M K'_{MY}）\geqslant -2\lg E_t$$

若允许误差$E_t = 0.1\%$，得

$$\lg（c_M K'_{MY}）\geqslant 6 \tag{5-13}$$

式（5-13）为单一金属离子准确滴定可行性条件。

在金属离子的原始浓度$c_M = 0.010mol/L$的特定条件下，则

$$\lg K'_{MY} \geqslant 8 \tag{5-14}$$

式（5-14）是在上述条件下准确滴定M时$\lg K'_{MY}$的允许低限。

与酸碱滴定相似，若降低分析准确度的要求，或改变检测终点的准确度，则滴定要求的$\lg（c_M K'_{MY}）$也会改变，例如：如果$E_t = \pm 0.5\%$，$\Delta pM = \pm 0.2$，$\lg（c_M K'_{MY}）= 5$时也可以滴定。

【例5-3】在pH=2.00和5.00的介质中（$\alpha_{Cu}=1$），能否用0.010mol/L EDTA标准滴定溶液准确滴定0.010mol/L Cu^{2+}溶液？

解：查表5-1得$\lg K_{CuY}=18.80$，查表5-2得pH=2.00时$\lg \alpha_{Y（H）}=13.51$，依题意

$$\lg K'_{CuY}=18.80-13.51=5.29<8$$

查表5-2得pH=5.00时$\lg \alpha_{Y（H）}=6.45$，则

$$\lg K'_{CuY}=18.80-6.45=12.35>8$$

所以，当pH=2.00时Cu^{2+}是不能被准确滴定的，而pH=5.00时可以被准确滴定。

由此例计算可看出，用EDTA滴定金属离子，若要准确滴定，必须选择适当的pH，因为酸度是金属离子被准确滴定的重要影响因素。

五、酸效应曲线

若滴定反应中除EDTA酸效应外没有其他副反应，则根据单一离子准确滴定的判别式，在被测金属离子的浓度为0.01mol/L时，$\lg K'_{MY} \geqslant 8$，因此

$$\lg K'_{MY} = \lg K_{MY} - \lg \alpha_{Y（H）} \geqslant 8$$

即

$$\lg \alpha_{Y（H）} \leqslant \lg K_{MY} - 8 \tag{5-15}$$

将各种金属离子的$\lg K_{MY}$代入式（5-15），即可求出对应的最大$\lg\alpha_{Y(H)}$值，再从表5-2查得与它对应的最小pH。例如，对于浓度为0.01mol/L的Zn^{2+}溶液的滴定，以$\lg K_{MY}=16.50$代入式（5-15），得$\lg\alpha_{Y(H)}\leqslant 8.5$。

从表5-2可查得pH≥4.0，即滴定Zn^{2+}允许的最小pH为4.0。将金属离子的$\lg K_{MY}$值与最小pH［或对应的$\lg\alpha_{Y(H)}$与最小pH］绘成曲线，称为酸效应曲线（或称Ringboim曲线），如图5-4所示。

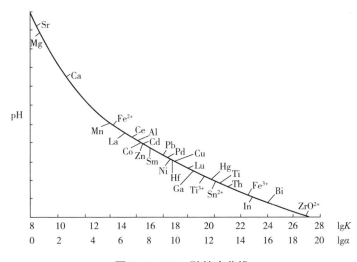

图5-4　EDTA酸效应曲线

实际工作中，利用酸效应曲线可查得单独滴定某种金属离子时所允许的最低pH，还可以看出混合离子中哪些离子在一定pH范围内有干扰。此外，酸效应曲线还可当$\lg\alpha_{Y(H)}$-pH曲线使用。

必须注意，使用酸效应曲线查单独滴定某种金属离子的最低pH的前提是：金属离子浓度为0.01mol/L；允许测定的相对误差为±0.1%；溶液中除EDTA酸效应外金属离子未发生其他副反应。如果前提变化，曲线将发生变化，因此要求的pH也会有所不同。

为了能准确滴定被测金属离子，滴定时酸度一般大于所允许的最小pH。但溶液的酸度不能过低，因为酸度太低，金属离子将会发生水解，形成$M(OH)_n$沉淀，除影响反应速率、使终点难以确定之外，还影响反应的计量关系，因此需要考虑滴定时金属离子不水解的最低酸度（最高pH）。

在没有其他配位剂存在下，金属离子不水解的最低酸度可由$M(OH)_n$的溶度积求得。

例如，为防止开始时形成$Zn(OH)_2$的沉淀必须满足下式：

$$[OH]=\sqrt{\frac{K_{sp,Zn(OH)_2}}{[Zn^{2+}]}}=\sqrt{\frac{10^{-15.3}}{2\times10^{-2}}}=10^{-6.8}$$

即pH=7.2。

因此，EDTA滴定浓度为 0.02mol/L Zn^{2+}溶液pH应为 4.0~6.4，pH越近高限，K'_{MY}就越大。若加入辅助配位剂（如氨水、酒石酸等），则pH还会更高些。例如在氨性缓冲溶液存在下，可在pH=10时滴定Zn^{2+}。

 练一练5-2：选择正确答案。

1. 标定EDTA标准溶液，可用（　　　）作基准物质。

A. 金属锌　　　　　　B. 重铬酸钾　　　　　　C. 高锰酸钾　　　　　　D. 硼酸

2. 水的硬度为 1 度时，则意味着每升水中含氧化钙（　　　）。

A. 1mg　　　　　　B. 10mg　　　　　　C. 100mg　　　　　　D. 0.1mg

知识三　金属指示剂

指示配位滴定终点的方法很多，其中最重要的就是使用金属离子指示剂（metallochromic indicator，简称金属指示剂）指示终点。

【理论微课】
金属指示剂

一、金属指示剂变色原理

金属指示剂大多是一种有机染料，能与某些金属离子反应，生成与其本身颜色显著不同的配合物以指示终点。

在滴定前加入金属指示剂（用 In表示金属指示剂的配位基团），则In与待测金属离子M发生如下反应（省略电荷）：

$$In + M \rightleftharpoons MIn$$
$$\text{A色} \qquad \text{B色（A色与B色不同）}$$

这时呈现MIn（B色）。当加入EDTA溶液后，Y与游离的M结合。至化学计量点附近，Y夺取MIn中的M。

化学计量点时：$MIn + Y \rightleftharpoons MY + In$
$$\text{B色} \qquad\qquad\qquad \text{A色}$$

指示剂In游离出来，溶液由B色变为A色，指示滴定终点的到达。

例如在pH=10 的缓冲溶液中，以EDTA标准滴定溶液滴定 Mg^{2+}，用铬黑T（EBT）为指示剂时：

滴定开始前　$Mg^{2+} + EBT \rightleftharpoons Mg\text{-}EBT$（紫红色）

滴定过程中　$Mg^{2+} + Y \rightleftharpoons MgY$（无色）

计量点时　　$Y + Mg\text{-}EBT \rightleftharpoons MgY + EBT$

　　　　　　　　紫红色　　　　　　蓝色

当溶液由紫红色变为蓝色时，即为滴定终点。

二、金属指示剂应具备的条件

作为金属指示剂必须具备以下条件。

（1）在滴定 pH 范围内，金属指示剂与金属离子形成的配合物的颜色应与金属指示剂本身的颜色有明显的不同，这样才能借助颜色的明显变化来判断终点的到达。

（2）金属指示剂与金属离子形成的配合物MIn要有适当的稳定性。如果MIn稳定性过高，则在化学计量点附近Y不易与MIn中的M结合，终点推迟，甚至不变色，得不到滴定终点，通常要求$K_{MY}/K_{MIn} \geq 10^2$；如果MIn稳定性过低，则未到达化学计量点时MIn就会分解，变色不敏锐，影响滴定的准确度，一般要求$K_{MIn} \geq 10^4$。

（3）金属指示剂与金属离子之间的反应要迅速，变色可逆，这样才便于滴定。

（4）金属指示剂应易溶于水，不易变质，便于使用和保存。但有些金属指示剂本身放置于空气中易被氧化破坏，或发生聚合作用而失效，为避免金属指示剂失效，对稳定性差的金属指示剂可用中性盐配成固体混合物贮存备用；也可在金属指示剂溶液中加入防止其变质的试剂，如在铬黑T中加三乙醇胺等。

三、常用金属指示剂

1. 铬黑T（EBT）

铬黑T属偶氮类染料，其结构式为：

铬黑T为黑色粉末，略带金属光泽，溶于水后结合在磺酸根上的Na^+全部电离，以阴离子形式存在于溶液中。铬黑T在溶液中有如下平衡：

$$pK_{a2}=6.3 \qquad pK_{a3}=11.6$$

$$H_2In \rightleftharpoons HIn \rightleftharpoons In$$

紫红色 　　蓝色 　　　橙色

pH<6.3 　pH= 8~11　pH>11.6

铬黑T与大部分金属离子形成的配合物颜色为红色或紫红色，为使终点敏锐，最好控制pH在8~11时使用，终点由红色变为蓝色，实验表明最适宜的酸度是pH为9~10。

铬黑T固体相当稳定，但其水溶液仅能保存几天，主要是发生聚合反应的缘故。聚合后的铬黑T不能再与金属离子结合显色，pH<6.5的溶液中聚合更为严重，加入三乙醇胺可减慢聚合速度。

铬黑T是在弱碱性溶液中滴定Mg^{2+}、Zn^{2+}、Pb^{2+}等离子的常用指示剂。

2. 钙指示剂（NN）

钙指示剂结构式如下：

钙指示剂为深棕色粉末，溶于水为紫色，在水溶液中不稳定，通常与NaCl固体粉末配成混合物使用。此指示剂的性质和铬黑T很相近，在水溶液中，不同的pH条件下，其颜色变化为：

$$pK_1=7.4 \qquad pK_2=13.5$$

$$H_2In \rightleftharpoons HIn \rightleftharpoons In$$

酒红色 　　蓝色 　　酒红色

pH<7.4　pH=8~13　pH>13.5

钙指示剂能与Ca^{2+}形成红色配合物，在pH=13时，可用于钙镁混合物中钙的测定，滴定终点由酒红色变为蓝色，颜色变化十分敏锐。在此条件下，Mg^{2+}生成$Mg（OH）_2$沉淀，不被滴定。

3. 二甲酚橙（XO）

二甲酚橙结构式如下：

二甲酚橙为多元酸，一般使用的是二甲酚橙的四钠盐，为紫色结晶，易溶于水，pH>6.3时呈红色，pH<6.3（酸性）时呈黄色。它与金属离子形成的配合物为红色，因此只能在pH<6.3的酸性溶液中使用。通常配成 0.5% 水溶液，可保存 2~3 周。许多金属离子可用二甲酚橙作指示剂直接滴定，如 Bi^{3+}、Th^{4+}、Pb^{2+}、Zn^{2+}、Cd^{2+}、Hg^{2+}、Sc^{2+} 等离子都可直接滴定，滴定终点由红色变黄色，十分敏锐。

4. 其他指示剂

除前面所介绍的指示剂外，还有磺基水杨酸、1-（2-吡啶偶氮）-2-萘酚（即PAN）等常用指示剂。磺基水杨酸（无色），在pH=2 时与 Fe^{3+} 形成紫红色配合物，可用作滴定 Fe^{3+} 的指示剂。PAN指示剂本身为黄色，在pH为 4~5 时与 Cu^{2+} 形成紫红色配合物，可用作滴定 Cu^{2+} 的指示剂，或利用Cu-PAN作间接指示剂测定 Ni^{2+}、Pb^{2+}、Zn^{2+}、Ca^{2+}、Co^{2+}、Bi^{3+}等。

常用金属指示剂的离解常数、滴定元素、颜色变化以及配制方法列于表5-4。

表5-4　常用金属指示剂

指示剂	离解常数	滴定元素	颜色变化	配制方法	对指示剂封闭离子
酸性铬蓝K	$pK_{a1}=6.7$ $pK_{a2}=10.2$ $pK_{a3}=14.6$	Mg（pH=10） Ca（pH=12）	红 → 蓝	0.1%乙醇溶液	
钙指示剂	$pK_{a1}=3.8$ $pK_{a2}=9.4$ $pK_{a3}=13~14$	Ca（pH=12~13）	酒红 → 蓝	与NaCl按1∶100的质量比混合	Co^{2+}，Ni^{2+}，Cu^{2+}，Fe^{3+}，Al^{3+}，Ti^{4+}
铬黑T	$pK_{a1}=3.9$ $pK_{a2}=6.4$ $pK_{a3}=11.5$	Ca（pH=10，加入EDTA-Mg） Mg（pH=l0） Pb（pH=10，加入酒石酸钾） Zn（pH=6.8~10）	红 → 蓝 红 → 蓝 红 → 蓝 红 → 蓝	与NaCl按1∶100的质量比混合	Co^{2+}，Ni^{2+}，Cu^{2+}，Fe^{3+}，Al^{3+}，Ti^{4+}
紫脲酸胺	$pK_{a1}=1.6$ $pK_{a2}=8.7$ $pK_{a3}=10.3$ $pK_{a4}=13.5$ $pK_{a5}=14$	Ca（pH>10，$\varphi=25\%$乙醇） Cu（pH=7~8） Ni（pH=8.5~11.5）	红 → 紫 黄 → 紫 黄 → 紫红	与NaCl按1∶100的质量比混合	
PAN	$pK_{a1}=2.9$ $pK_{a2}=11.2$	Cu（pH=6） Zn（pH=5~7）	红 → 黄 粉红 → 黄	1g/L乙醇溶液	
磺基水杨酸	$pK_{a1}=2.6$ $pK_{a2}=11.7$	Fe^{3+}（pH=1.5~3）	红紫 → 黄	10~20g/L水溶液	

四、使用金属指示剂中存在的问题

1. 指示剂的封闭现象（blocking of indicator）

有些指示剂与某些金属离子生成很稳定的配合物（MIn），其稳定性超过了相应的金属离子与EDTA的配合物（MY），即$K_{MIn} > K_{MY}$。例如，铬黑T与Fe^{3+}、Al^{3+}、Cu^{2+}等生成的配合物非常稳定，若用EDTA滴定这些离子，过量的EDTA也无法将铬黑T从M-铬黑T中置换出来。因此滴定这些离子时不用铬黑T作指示剂。如滴定Mg^{2+}时有少量Fe^{3+}、Al^{3+}杂质存在，到化学计量点仍不能变色，这种现象称为指示剂的封闭现象。解决的办法是加入掩蔽剂，使干扰离子生成更稳定的配合物，从而不再与指示剂作用。Fe^{3+}、Al^{3+}对铬黑T的封闭可加三乙醇胺予以消除；Cu^{2+}、Co^{2+}、Ni^{2+}可用KCN掩蔽；Fe^{3+}也可先用抗坏血酸还原为Fe^{2+}，再加KCN掩蔽。若干扰离子的量太大，则需预先分离除去。

2. 指示剂的僵化现象

有些指示剂或金属-指示剂配合物在水中的溶解度太小，使得滴定剂与金属-指示剂配合物（MIn）交换缓慢，终点拖长，这种现象称为指示剂的僵化。解决的办法是加入有机溶剂或加热，以增大其溶解度。例如用PAN作指示剂时，经常加入酒精或在加热下滴定。

3. 指示剂的氧化变质现象

金属指示剂大多为含双键的有色化合物，易被日光、氧化剂、空气所分解，在水溶液中多不稳定，日久会变质。若配成固体混合物则较稳定，保存时间较长。例如铬黑T和钙指示剂，常用固体NaCl或KCl作稀释剂来配制。

✏️ **练一练5-3**：选择正确答案。

1. 配合滴定所用的金属指示剂同时也是一种（　　　）。

A. 掩蔽剂　　　　　B. 显色剂　　　　　C. 配位剂　　　　　D. 弱酸弱碱

2. 配位滴定终点所呈现的颜色是（　　　）。

A. 游离金属指示剂的颜色

B. EDTA与待测金属离子形成配合物的颜色

C. 金属指示剂与待测金属离子形成配合物的颜色

D. 上述A与C的混合色

3. 配位滴定中，使用金属指示剂二甲酚橙，要求溶液的酸度条件是（　　　）。

A. pH=6.3~11.6　　　B. pH=6.0　　　　C. pH>6.0　　　　D. pH<6.0

4. 产生金属指示剂的封闭现象是因为（　　　）。

A. 指示剂不稳定　　　　　　　　　B. MIn溶解度小

C. $K'_{MIn} < K'_{MY}$　　　　　　　　　D. $K'_{MIn} > K'_{MY}$

5. 产生金属指示剂的僵化现象是因为（　　　）。

A. 指示剂不稳定　　　　　　　　　B. MIn溶解度小

C. $K'_{MIn} < K'_{MY}$　　　　　　　　　D. $K'_{MIn} > K'_{MY}$

知识四　配位滴定条件的选择

正确选择滴定条件是所有滴定分析的一个重要方面，特别是配位滴定，因为溶液的酸度和其他配位剂的存在都会影响生成配合物的稳定性。那么如何选择合适的滴定条件使滴定顺利进行呢？

【理论微课】
配位滴定
条件的选择

一、配位滴定曲线

在配位滴定中，随着配位滴定剂的加入，金属离子不断与配位剂反应生成配合物，其浓度不断减少。当滴定达到化学计量点时，金属离子浓度（pM）发生突变。若将滴定过程中各点pM与对应的配位剂的加入体积绘成曲线，即可得到配位滴定曲线。配位滴定曲线反映了滴定过程中配位滴定剂的加入量与待测金属离子浓度之间的关系。

配位滴定曲线可通过计算绘制，也可通过仪器测量绘制。现以在pH=12时，0.01000mol/L EDTA标准滴定溶液滴定20.00mL 0.01000mol/L Ca^{2+}溶液为例，通过计算滴定过程中的pM，说明配位滴定过程中配位滴定剂的加入量与待测金属离子浓度之间的变化关系。

由于Ca^{2+}既不易水解也不与其他配位剂反应，因此在处理此配位平衡时只需考虑EDTA酸效应，在pH=12条件下，CaY^{2-}的条件稳定常数如下计算。

已知：$\lg K_{CaY}$=10.69，pH=12时，$\lg \alpha_{Y(H)}$ = 0

$$\lg K'_{CaY} = \lg K_{CaY} - \lg \alpha_{Y(H)} = 10.69 - 0 = 10.69$$

$$K'_{CaY} = 10^{10.69}$$

（1）滴定前　溶液中只有Ca^{2+}，$[Ca^{2+}]$=0.01000mol/L　pCa=2.00。

（2）滴定开始至计量点前　溶液中有剩余的金属离子Ca^{2+}和滴定产物CaY^{2-}。由于$\lg K'_{CaY} >$ 10，剩余的Ca^{2+}对CaY^{2-}的离解有一定的抑制作用，可忽略CaY^{2-}的离解，因此可按剩余的金属离子$[Ca^{2+}]$浓度计算pCa值。

当滴入EDTA溶液体积为19.98mL时（误差-0.1%）

$$[Ca^{2+}] = \frac{0.02 \times 0.01000}{20.00 + 19.98} = 5 \times 10^{-6}(mol/L)$$

$$pCa = -\lg[Ca^{2+}] = 5.3$$

（3）化学计量点时　Ca^{2+}与EDTA几乎全部配位，生成CaY^{2-}离子，所以

$$[CaY^{2-}] = \frac{20.00 \times 0.01000}{20.00 + 20.00} = 5 \times 10^{-3}(mol/L)$$

因为$pH \geqslant 12$，$\lg\alpha_{Y(H)} = 0$，所以$[Y^{4-}] = [Y]_{总}$，同时$[Ca^{2+}] = [Y^{4-}]$，则

$$K'_{MY} = \frac{[CaY^{2-}]}{[Ca^{2+}]^2}$$

$$10^{10.69} = \frac{5 \times 10^{-3}}{[Ca^{2+}]^2} \qquad [Ca^{2+}] = 3.2 \times 10^{-7}mol/L$$

$$pCa = 6.5$$

（4）化学计量点后　当加入的EDTA溶液体积为20.02mL时（误差+0.1%）

$$[Y]_{总} = \frac{0.02 \times 0.01000}{20.00 + 20.02} = 5.0 \times 10^{-6}(mol/L)$$

$$10^{10.69} = \frac{5 \times 10^{-3}}{[Ca^{2+}] \times 5 \times 10^{-6}}$$

$$[Ca^{2+}] = 10^{-7.69}mol/L$$

$$pCa = 7.69$$

按上述各步同样的方法，可求出不同滴定剂加入体积时的pCa，所得数据列于表5-5。

表5-5　pH=12时用0.01000mol/L EDTA标准滴定溶液滴定
20.00mL 0.01000mol/L Ca^{2+}溶液中pCa的变化

EDTA 加入量		被滴定的百分数 /%	EDTA 过量的百分数 /%	pCa
mL	%			
0	0			2.0
18.00	90.0	90.0		3.3

续表

EDTA 加入量		被滴定的 百分数 /%	EDTA 过量的 百分数 /%	pCa
mL	%			
19.80	99.0	99.0		4.3
19.98	99.9	99.9		5.3 }突跃范围
20.00	100.0	100.0		6.5
20.02	100.1		0.1	7.7
20.20	101.0		1.0	8.7
40.00	200.0		100	10.7

根据表5-5所列数据，以pCa为纵坐标，加入EDTA体积为横坐标作图，得到滴定曲线，如图5-5所示。

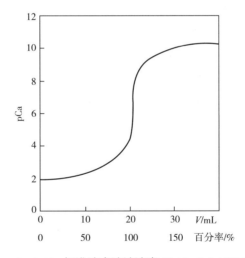

图5-5　pH=12时0.01000mol/L EDTA标准滴定溶液滴定20.00mL 0.01000mol/L Ca^{2+}溶液的滴定曲线

从表5-5或图5-5可以看出，在pH=12时，用0.01000mol/L EDTA标准滴定溶液滴定20.00mL 0.01000mol/L Ca^{2+}溶液，计量点时pCa为6.5，滴定突跃的pCa为5.3~7.7。滴定突跃较大，可以准确滴定。

二、影响滴定突跃大小的主要因素

配位滴定中滴定突跃越大，就越容易准确地指示终点。上述计算结果表明，配合物的条件稳定常数和被滴定金属离子的浓度是影响突跃范围的主要因素。

1. 配合物的条件稳定常数对滴定突跃的影响

图 5-6 是金属离子浓度一定的情况下不同$\lg K'_{MY}$时的滴定曲线。由图 5-6 可以看出，配合物的条件稳定常数$\lg K'_{MY}$越大，滴定突跃（ΔpM）越大。由式（5-10）可知，决定配合物条件稳定常数$\lg K'_{MY}$大小的因素首先就是绝对稳定常数（$\lg K_{MY}$），但对某一指定金属离子而言，绝对稳定常数$\lg K_{MY}$是一常数，此时溶液酸度、配位掩蔽剂及其他辅助配位剂将直接影响条件稳定常数$\lg K'_{MY}$。

（1）酸度　酸度增加，$\lg \alpha_{Y(H)}$变大，$\lg K'_{MY}$变小，因此滴定突跃减小。

（2）其他配位剂的配位作用　滴定过程中加入掩蔽剂、缓冲溶液等辅助配位剂会增大$\lg a_{M(L)}$值，使$\lg K'_{MY}$变小，因此滴定突跃减小。

2. 浓度对滴定突跃的影响

图 5-7 是用 EDTA 滴定不同浓度溶液时的滴定曲线。由图 5-7 可以看出，金属离子浓度（c_M）越大，滴定曲线起点越低，因此滴定突跃越大。

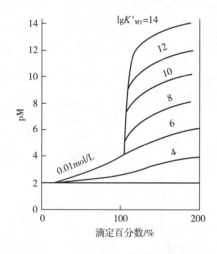

图5-6　不同$\lg K'_{MY}$的滴定曲线

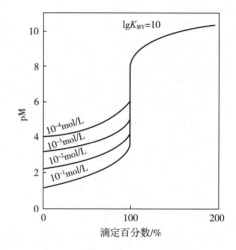

图5-7　EDTA滴定不同浓度溶液的滴定曲线

三、提高配位滴定选择性的方法

由于 EDTA 能与大多数金属离子形成稳定的配合物，而在被滴定的试液中往往同时存在多种金属离子，这样，在滴定时可能彼此干扰。如何提高配位滴定的选择性，是配位滴定要解决的重要问题。为了减少或消除共存离子的干扰，在实际滴定中，常采用下列几种方法。

（一）控制溶液的酸度

不同的金属离子与 EDTA 所形成的配合物稳定常数是不相同的，因此在滴定时所允许的最小 pH 也不同。若溶液中同时有两种或两种以上的金属离子，它们与 EDTA 所形成的配合物稳定常数又相差足够大，则控制溶液的酸度，使其只满足滴定某一种离子允许的最小pH，但又不会使该离子发生水解而析出沉淀，此时就只能有一种离子与EDTA形成稳定的配合物，其他离子与EDTA不发生配位反应，这样就可以避免干扰。

设溶液中含有能与EDTA形成配合物的金属离子M和N，且$K_{MY} > K_{NY}$，则用EDTA滴定时，首先被滴定的是M。如若K_{MY}与K_{NY}相差足够大，此时可准确滴定M离子（存在合适的指示剂），而N离子不干扰。滴定M离子后，若N离子满足单一离子准确滴定的条件，则又可继续滴定N离子，此时称EDTA可分别滴定M和N。问题是K_{MY}与K_{NY}相差多少才能分步滴定？滴定又应在何酸度范围内进行？

用EDTA滴定含有离子M和N的溶液，若M未发生副反应，溶液中的平衡关系如下：

$$M + \underset{\substack{\downarrow \\ HY \\ \vdots \\ H_6Y}}{\overset{H^+}{Y}} \underset{N}{\overset{}{\rightleftharpoons}} MY \quad NY$$

当$K_{MY} > K_{NY}$，且$\alpha_{Y(N)} \gg \alpha_{Y(H)}$情况下，可推导出：

$$\lg(c_M K'_{MY}) = \lg K_{MY} - \lg K_{NY} + \lg \frac{c_M}{c_N} \tag{5-16}$$

式（5-16）可知，两种金属离子配合物的稳定常数相差越大，被测金属离子浓度（c_M）越大，干离子浓度（c_N）越小，则在N离子存在下滴定M离子的可能性越大。至于两种金属离子配合物的稳定常数要相差多大才能准确滴定M离子而N离子不干扰，决定于所要求的分析准确度和两种金属离子的浓度比（c_M/c_N）及终点和化学计量点pM差值（ΔpM）等因素。

由以上讨论可推出，若溶液中只有M、N两种离子，当ΔpM=±0.2（目测终点一般有±（0.2~0.5）个ΔpM的出入），$E_t \leqslant ±0.1\%$时，要准确滴定M离子而N离子不干扰，必须使$\lg(c_M K'_{MY}) \geqslant 6$，即

$$\Delta \lg K + \lg \frac{c_M}{c_N} \geqslant 6 \tag{5-17}$$

式（5-17）是判断能否用控制酸度方法准确滴定M离子而N离子不干扰的判别式。滴定M离子后，若$\lg(c_N K'_{NY}) \geqslant 6$，则可继续准确滴定N离子。

如果ΔpM=±0.2，$E_t \leqslant ±0.3\%$时，则可用下列判别控制酸度分别滴定的可能性：

$$\Delta \lg K + \lg \frac{c_M}{c_N} \geqslant 5 \tag{5-18}$$

【例5-4】溶液中Pb^{2+}和Ca^{2+}浓度均为0.02mol/L。如用相同浓度EDTA标准滴定溶液，要求$E_t \leqslant ±0.3\%$，问：（1）能否用控制酸度分步滴定？（2）求滴定Pb^{2+}的酸度范围。

解：（1）由于两种金属离子浓度相同，且要求$E_t \leqslant \pm 0.3\%$，此时判断能否用控制酸度分步滴定的判别式为：$\Delta \lg K \geqslant 5$。查表得$\lg K_{PbY}=18.0$，$\lg K_{CaY}=10.7$，则

$$\Delta \lg K=18.0-10.7=7.3>5$$

所以可以用控制酸度分步滴定。

（2）由于$c(Pb^{2+})=0.02mol/L$，则$\lg \alpha_{Y(H)} \leqslant \lg K_{MY}-8=18.0-8=10.0$，查表得$pH \geqslant 3.7$，所以滴定$Pb^{2+}$的最高酸度pH=3.7。

考虑到Pb^{2+}的水解

$$[OH]=\sqrt{\frac{K_{sp,Pb(OH)_2}}{[Pb^{2+}]}}=\sqrt{\frac{10^{-15.7}}{2 \times 10^{-2}}}=10^{-7}$$

$$pH \leqslant 7.0$$

所以，滴定Pb^{2+}适宜的酸度范围是pH为3.7~7.0。

【例5-5】溶液中含Ca^{2+}、Mg^{2+}，浓度均为0.01mol/L，用相同浓度EDTA标准滴定溶液滴定Ca^{2+}，使溶液pH调到12，问：若要求$E_t \leqslant \pm 0.1\%$，Mg^{2+}对滴定有无干扰？

解：pH=12时

$$[Mg^{2+}]=\frac{K_{sp,Mg(OH)_2}}{[OH^-]^2}=\frac{1.8 \times 10^{-11}}{10^{-4}}=1.8 \times 10^{-7}(mol/L)$$

查表得$\lg K_{CaY}=10.69$，$\lg K_{MgY}=8.69$。

$$\Delta \lg K+\lg \frac{c_M}{c_N}=10.69-8.69+\lg \frac{10^{-2}}{1.8 \times 10^{-7}}=6.74>6$$

所以Mg^{2+}对Ca^{2+}的滴定无干扰。

（二）掩蔽和解蔽的方法

当$\lg K_{MY}-\lg K_{NY}<5$时，采用控制酸度分别滴定已不可能，这时可加入掩蔽剂（masking agent）降低干扰离子的浓度，以消除干扰。掩蔽方法按掩蔽反应类型的不同分为配位掩蔽法、氧化还原掩蔽法和沉淀掩蔽法，其中配位掩蔽法用得最多。

1. 配位掩蔽法

配位掩蔽法在化学分析中应用最广泛，它是通过加入能与干扰离子形成更稳定配合物的配位剂（通称掩蔽剂）掩蔽干扰离子，从而能够更准确地滴定待测离子。例如测定Al^{3+}和Zn^{2+}共存溶液中的Zn^{2+}时，可加入NH_4F与干扰离子Al^{3+}形成十分稳定的AlF_6^{3-}，因而消除了Al^{3+}的干扰。又如测定水中Ca^{2+}、Mg^{2+}总量（即水的总硬度）时，Fe^{3+}、Al^{3+}的存在干扰测定，在pH=10时加入三乙醇胺，可以掩蔽Fe^{3+}和Al^{3+}，消除其干扰。

采用配位掩蔽法，在选择掩蔽剂时应注意如下几个问题。

（1）掩蔽剂与干扰离子形成的配合物应远比待测离子与EDTA形成的配合物稳定（即$\lg K'_{NY}\gg\lg K'_{MY}$），而且所形成的配合物应为无色或浅色。

（2）掩蔽剂与待测离子不发生配位反应或形成的配合物稳定性远小于待测离子EDTA配合物的稳定性。

（3）掩蔽作用与滴定反应的pH条件大致相同。例如，已经知道在pH=10时测定Ca^{2+}、Mg^{2+}总量，少量Fe^{3+}、Al^{3+}的干扰可使用三乙醇胺来掩蔽，但若在pH=1时测定Bi^{3+}就不能再使用三乙醇胺掩蔽，因为pH=1时三乙醇胺不具有掩蔽作用。实际工作中部分常用的配位掩蔽剂见表5-6。

表5-6　部分常用的配位掩蔽剂

掩蔽剂	被掩蔽的金属离子	pH
三乙醇胺	Al^{3+}，Fe^{3+}，Sn^{4+}，TiO_2^{2}	10
氟化物	Al^{3+}，Sn^{4+}，TiO_2^{2}，Zr^{4+}	>4
乙酰丙酮	Al^{3+}，Fe^{2+}	5~6
邻二氮菲	Cu^{2+}，Co^{2+}，Ni^{2+}，Cd^{2+}，Hg^{2+}	5~6
氯化物	Cu^{2+}，Co^{2+}，Ni^{2+}，Cd^{2+}，Hg^{2+}，Fe^{2+}	10
2,3-二巯基丙醇	Zn^{2+}，Pb^{2+}，Bi^{3+}，Sb^{3+}，Sn^{4+}，Cd^{2+}，Cu^{2+}	10
硫脲	Hg^{2+}，Cu^{2+}	5~6
碘化物	Hg^{2+}	5~6

2. 氧化还原掩蔽法

氧化还原掩蔽法的原理是加入一种氧化剂或还原剂改变干扰离子价态，以消除干扰。例如锆铁矿中锆的滴定，由于Zr^{4+}和Fe^{3+}与EDTA配合物的稳定常数相差较小（$\Delta\lg K$=29.9-25.1=4.8），Fe^{3+}干扰Zr^{4+}的滴定。此时可加入抗坏血酸或盐酸羟胺使Fe^{3+}还原为Fe^{2+}，由于Fe^{2+}与EDTA配合物的稳定性比Fe^{3+}与EDTA配合物的稳定性小（$\lg K_{FeY^{2-}}$=14.3，$\lg K_{FeY^-}$=25.1），因而能掩蔽Fe^{3+}的干扰。

3. 沉淀掩蔽法

沉淀掩蔽法是加入选择性沉淀剂与干扰离子形成沉淀，从而降低干扰离子的浓度，以消除干扰的一种方法。例如在Ca^{2+}、Mg^{2+}共存溶液中加入NaOH，使pH>12，生成$Mg(OH)_2$沉淀，这时EDTA就可直接滴定Ca^{2+}。

沉淀掩蔽法要求所生成的沉淀溶解度小，沉淀的颜色为无色或浅色，沉淀最好是晶形沉淀，吸附作用小。

由于某些沉淀反应进行得不够完全，造成掩蔽效率有时不太高，加上沉淀的吸附现象，既影响滴定准确度又影响终点观察，因此，沉淀掩蔽法不是一种理想的掩蔽方法，在实际工作中应用的不多。配位滴定中部分常用的沉淀掩蔽剂见表5-7。

表5-7 部分常用的沉淀掩蔽剂

掩蔽剂	被掩蔽离子	被测离子	pH	指示剂
氢氧化物	Mg^{2+}	Ca^{2+}	12	钙指示剂
KI	Cu^{2+}	Zn^{2+}	5~6	PAN
氟化物	Ba^{2+}，Sr^{2+}，Ca^{2+}，Mg^{2+}，	Zn^{2+}，Cd^{2+}，Mn^{2+}	10	EBT
硫酸盐	Ba^{2+}，Sr^{2+}	Ca^{2+}，Mg^{2+}	10	EBT
铜试剂	Bi^{3+}，Cu^{2+}，Cd^{2+}	Ca^{2+}，Mg^{2+}	10	EBT

4. 解蔽方法

在金属离子配合物的溶液中，加入一种试剂（解蔽剂），将已被EDTA或掩蔽剂配位的金属离子释放出来，再进行滴定，这种方法称解蔽。例如，用配位滴定法测定铜合金中的Zn^{2+}和Pb^{2+}，试液调至碱性后，加KCN掩蔽Cu^{2+}、Zn^{2+}（KCN是剧毒物，只允许在碱性溶液中使用），此时Pb^{2+}不被KCN掩蔽，故可在pH=10以铬黑T为指示剂，用EDTA标准滴定溶液进行滴定，在滴定Pb^{2+}后的溶液中，加入甲醛破坏$[Zn（CN）_4]^{2-}$：

$$4HCHO+[Zn（CN）_4]^{2-}+4H_2O \longrightarrow Zn^{2+}+4H_2C（OH）（CN）+4OH^-$$

原来被CN^-配位了的Zn^{2+}又释放出来，再用EDTA继续滴定。

在实际分析中，用一种掩蔽剂常不能得到令人满意的结果，当有许多离子共存时，常将几种掩蔽剂或沉淀剂联合使用，这样才能获得较好的选择性。但须注意，共存干扰离子的量不能太多，否则得不到满意的结果。

（三）选用其他配位滴定剂

随着配位滴定法的发展，除EDTA外又研制了一些新型的氨羧配合剂作为滴定剂，如乙二醇双（2-氨基乙基醚）四乙酸（EGTA）、四羟丙基乙二胺（EDTP），它们与金属离子形成配合物的稳定性各有特点，可以用来提高配位滴定法的选择性。

例如，EDTA与Ca^{2+}、Mg^{2+}形成的配合物稳定性相差不大，而EGTA与Ca^{2+}、Mg^{2+}形成的配合物稳定性相差较大，故可以在Ca^{2+}、Mg^{2+}共存时，用EGTA选择性滴定Ca^{2+}。此外，EDTP与Cu^{2+}形成的配合物稳定性高，可以在Zn^{2+}、Cd^{2+}、Mn^{2+}、Mg^{2+}共存的溶液中选择性滴定Cu^{2+}。

当利用控制酸度或掩蔽等方法避免干扰都有困难时，也可用化学分离法把被测离子从其他组分中分离出来。

思考与练习题

1. EDTA与金属离子形成的配合物有哪些特点？

2. 配位滴定中什么是主反应？有哪些副反应？怎样衡量副反应的严重情况？

3. 配合物的绝对稳定常数和条件稳定常数有什么不同？为什么要引入条件稳定常数？

4. 配位滴定的酸度条件如何选择？主要从哪些方面考虑？

5. 酸效应曲线是怎样绘制的？它在配位滴定中有什么用途？

6. 金属离子指示剂应具备哪些条件？为什么金属离子指示剂使用时要求一定的pH范围？

7. 金属离子指示剂为什么会发生封闭现象？如何避免？

8. 什么是配位滴定的选择性？提高配位滴定选择性的方法有哪些？

9. 分别含有 0.02mol/L Zn^{2+}、Cu^{2+}、Cd^{2+}、Sn^{2+}、Ca^{2+}的五种溶液，在pH=3.5时，哪些可以用EDTA准确滴定？哪些不能被EDTA准确滴定？为什么？

10. pH=5.0时，Zn^{2+}和EDTA配合物的条件稳定常数是多少？假设Zn^{2+}和EDTA的浓度皆为 0.02mol/L（不考虑羟基配位等副反应），在pH=5.0时，能否用EDTA标准滴定溶液滴定Zn^{2+}？

11. 在Bi^{3+}和Ni^{2+}均为 0.02mol/L的混合溶液中，试求以等浓度EDTA溶液滴定时所允许的最小pH。能否采取控制溶液酸度的方法实现二者的分别滴定？

12. 计算用EDTA标准滴定溶液滴定下列浓度各为 0.01mol/L的金属离子时所允许的最低pH。

（1）Ca^{2+}；（2）Al^{3+}；（3）Cu^{2+}；（4）Hg^{2+}。

13. 某一含有Fe^{3+}、Al^{3+}、Mg^{2+}的溶液，各离子浓度均为 0.02mol/L，判断能否用同样浓度的EDTA准确滴定？若可以滴定，说明滴定各种离子适宜的pH范围。

14. 用下列基准物质标定 0.02mol/L的EDTA标准滴定溶液，若使EDTA标准滴定溶液的体积消耗在30mL左右，分别计算下列基准物质的称量范围。

（1）纯Zn粒；（2）纯$CaCO_3$；（3）纯Mg粉。

15. 用纯锌标定EDTA溶液，若称取的纯锌粒为 0.6542g，用HCl溶液溶解后转入500mL容量瓶中，稀释至标线。吸取该锌标准滴定溶液 25.00mL，用EDTA溶液滴定，消耗24.85mL，计算EDTA溶液的准确浓度。

16. 称取含钙试样 0.2000g，溶解后转入 100mL容量瓶中，稀释至标线。吸取此溶液25.00mL，以钙指示剂为指示剂，在pH=12.0时用 0.02000mol/L的EDTA标准滴定溶液滴定，消耗EDTA溶液 19.86mL，求试样中$CaCO_3$的质量分数。

17. 取水样 50mL，调pH=10.0，以铬黑T为指示剂，用 0.02000mol/L的EDTA标准

滴定溶液滴定，消耗15.00mL；另取水样50mL，调pH=12.0，以钙指示剂为指示剂，用0.02000mol/L的EDTA标准滴定溶液滴定，消耗10.00mL。计算：

（1）水样中钙、镁总量（以mmol/L表示）；

（2）钙、镁各自含量（以mg/L表示）。

18. 测定合金钢中镍的含量。称取0.500g试样，处理后制成250.0mL试液。准确移取50.00mL试液，用丁二酮肟将其中的沉淀分离。所得的沉淀溶于热盐酸中，得到Ni^{2+}试液。在所得试液中加入浓度为0.05000mol/L的EDTA标准滴定溶液30.00mL，反应完全后，多余的EDTA用0.02500mol/L Zn^{2+}标准滴定溶液返滴定，消耗14.56mL。计算合金钢中镍的质量分数。

19. 用纯$CaCO_3$标定EDTA溶液。称取0.1005g纯$CaCO_3$，溶解后用容量瓶配成1000mL溶液，吸取25.00mL，在pH=12时，用钙指示剂指示终点，用待标定的EDTA溶液滴定，用去24.50mL。

（1）计算EDTA溶液的物质的量浓度；

（2）计算该EDTA溶液对ZnO和Fe_2O_3的滴定度。

20. 用配位滴定法测定氯化锌（$ZnCl_2$）的含量。称取0.2500g试样，溶于水后稀释到250.0mL，吸取25.00mL，在pH=5~6时，用二甲酚橙作指示剂，用0.01024mol/L EDTA标准滴定溶液滴定，用去17.61mL。计算试样中$ZnCl_2$的质量分数。

21. 称取含Fe_2O_3和Al_2O_3的试样0.2015g，溶解后，在pH=2时以磺基水杨酸作指示剂，以0.02008mol/L EDTA标准滴定溶液滴定至终点，消耗15.20mL。然后再加入上述EDTA溶液25.00mL，加热煮沸使EDTA与Al^{3+}反应完全，调节pH=4.5，以PAN作指示剂，趁热用0.02112mol/L Cu^{2+}标准滴定溶液返滴，用去8.16mL，计算试样中Fe_2O_3和Al_2O_3的质量分数。

22. 欲测定某试液中Fe^{3+}、Fe^{2+}的含量。吸取25.00mL该试液，在pH=2时用浓度为0.01500mol/L EDTA滴定，耗用15.40mL，调节pH=6，继续滴定，又消耗14.10mL，计算其中Fe^{3+}、Fe^{2+}的浓度（以mg/mL表示）。

任务一　EDTA标准滴定溶液的配制与标定

一、承接任务

1. 任务说明

由于EDTA具有氧和氮两种配位能力很强的配位原子，它能与许多金属离子形成稳定的配位化合物，是常用的配位滴定剂。本任务依据GB/T 601—2016

【实操微课】
EDTA配制与
标定完整流程

《化学试剂　标准滴定溶液的制备》等相关标准，用市售分析纯EDTA固体试剂，配制 0.02mol/L EDTA标准溶液，并标定其准确浓度。

2. 任务要求

（1）掌握EDTA标准滴定溶液的配制与标定方法。

（2）掌握用铬黑T指示剂判断滴定终点的方法。

二、方案设计

1. 相关知识

用于标定EDTA溶液的基准试剂很多，常用的基准试剂有ZnO、$CaCO_3$、MgO以及纯金属Zn、Bi、Cu、Mg、Ni、Pb等。实验室中常用金属锌或氧化锌作为基准物质，以铬黑T（EBT）为指示剂，用pH=10 的氨-氯化铵缓冲溶液控制滴定时的酸度，终点时，溶液由紫红色转变为纯蓝色。滴定反应如下所示。

滴定前：Zn + EBT → ZnEBT（紫红色）（省去了所带电荷，下同）

滴定开始到终点前：Zn + Y → ZnY（无色）

滴定终点时：ZnEBT + Y → ZnY + EBT（纯蓝色）

2. 实施方案

待标定EDTA标准滴定溶液的配制 → 0.02mol/L EDTA滴定溶液的标定 → 结果计算 → 完成任务工单。

三、任务准备

1. 药品及试剂

（1）5g/L铬黑T指示液配制：称取 0.5g铬黑T（$C_{20}H_{12}O_7N_3SNa$），溶于 25mL三乙醇胺与75mL无水乙醇的混合溶液中，低温保存，有效期约100d。

固体铬黑T指示剂配制：称取 0.5g铬黑T，加入 100g氯化钠，研磨均匀，贮存于棕色瓶中，密塞备用，可较长期保存。

（2）10%氨水配制：量取40mL浓氨水（28%），加水稀释至100mL。

（3）盐酸溶液（1+1）配制：1体积市售浓盐酸与1体积蒸馏水混合。

（4）20%盐酸溶液配制：近似于（1+1）盐酸溶液，通常默认这两种溶液相同。

（5）氨-氯化铵缓冲溶液（pH=10）配制：称取27g氯化铵（NH_4Cl），溶于适量水中，加147mL浓氨水（28%），稀释至 500mL，摇匀，密封保存。（氨-氯化铵缓冲溶液应贮存于聚乙烯塑料瓶或硬质玻璃瓶中，防止使用中因反复开盖，使氨水浓度降低而影响pH。）

（6）ZnO基准试剂：ZnO基准试剂经（800±50）℃灼烧至恒重，置于干燥器内冷却后备用。

（7）乙二胺四乙酸二钠（$C_{10}H_{14}N_2O_8Na_2 \cdot 2H_2O$）固体（分析纯）。

2. 设备及器皿

（1）天平：分析天平、托盘天平或台秤。

（2）滴定装置：滴定台、滴定管夹、酸式滴定管或酸碱通用滴定管、锥形瓶、洗瓶。

（3）玻璃仪器：容量瓶、移液管、吸量管、量筒、烧杯、玻璃棒、试剂瓶等。

3. 耗材及其他

滤纸、标签纸、称量纸、药匙等。

四、任务实施

1. 实施步骤（执行GB/T 601—2016）

（1）0.02mol/L待标定EDTA标准滴定溶液的配制　称取 8g乙二胺四乙酸二钠（$C_{10}H_{14}N_2O_8Na_2 \cdot 2H_2O$），加 1000mL水，加热溶解，冷却。置于聚乙烯塑料瓶或硬质玻璃瓶中，摇匀，贴上标签，待标定。避免溶液与橡皮塞、橡皮管接触。

其他浓度EDTA标准滴定溶液的配制按下表规定称取乙二胺四乙酸二钠，加 1000mL水，加热溶解，冷却，摇匀。

乙二胺四乙酸二钠标准滴定溶液的浓度 /（mol/L）	乙二胺四乙酸二钠质量 /g
0.1	40
0.05	20
0.02	8

（2）0.02mol/L EDTA溶液的标定

①方法1：准确称取约0.42g已干燥的氧化锌基准试剂，置于小烧杯中，用少量水润湿，加 3mL 20%盐酸溶液溶解，移入250mL容量瓶中，稀释至刻度，摇匀，贴上标签。

取 35.00~40.00mL 锌标准溶液于锥形瓶中，加 70mL水，用 10%氨水溶液调节溶液pH为 7~8，再加 10mL氨-氯化铵缓冲溶液（pH=10）及 5 滴铬黑T指示剂（5g/L），用配制好的EDTA溶液滴定至溶液由紫红色变为纯蓝色即为终点，记录消耗EDTA溶液的体积，平行测定 3~4 次，同时做空白试验。

②方法2：准确称取约0.42g已干燥的氧化锌基准试剂，置于小烧杯中，用少量水润湿，逐滴加入盐酸溶液（1+1），边加边搅直至样品完全溶解，定量转移至 250mL容量瓶中，稀释至刻度，摇匀，贴上标签。

用移液管吸取 25.00mL 锌标准溶液于锥形瓶中，加 70mL水，逐滴加入 10%氨水溶液至开始出现白色絮状沉淀（pH=7~8），再加 10mL氨-氯化铵缓冲溶液（pH=10）及 5 滴铬黑T指示剂（5g/L），用配制好的EDTA溶液滴定至溶液由紫红色变为纯蓝色即为终点，记录消耗EDTA溶液的体积，平行测定3~4次，同时做空白试验。

2. 结果记录及处理

（1）EDTA标准滴定溶液的标定数据表　记录数据并处理，详见"EDTA标准溶液的配制与标定"任务工单。

（2）数据处理

例：称取0.2028g已干燥的氧化锌基准试剂，加酸溶解，移入250mL容量瓶中，定容，摇匀。取35.58mL锌标准溶液于锥形瓶中，用10%氨水溶液调pH7~8，加入氨-氯化铵缓冲溶液（pH=10）控制溶液酸度，以铬黑T为指示剂，用待标定的EDTA溶液滴定至终点，消耗35.46mL，试剂空白试验消耗0.05mL，求EDTA溶液浓度。

解：

①锌标准溶液浓度计算：

$$c(\text{Zn}) = \frac{m(\text{ZnO})}{M(\text{ZnO}) \times 250.0 \times 10^{-3}}$$

式中　$c(\text{Zn})$——锌标准溶液浓度，mol/L；

$m(\text{ZnO})$——氧化锌基准试剂质量，g；

$M(\text{ZnO})$——氧化锌摩尔质量，81.38g/mol；

250.0——锌标准溶液定容体积，mL。

由此可计算锌标准溶液浓度为：

$$c(\text{Zn}) = \frac{0.2028}{81.38 \times 250.0 \times 10^{-3}} = 0.00968(\text{mol}/\text{L})$$

②EDTA溶液浓度计算：

反应式　　　　　　　　　　　　　Zn + Y = ZnY

根据等物质的量规则，则：

$$c(\text{EDTA}) = \frac{c(\text{Zn}) \times V(\text{Zn})}{V(\text{EDTA}) - V_0}$$

式中　$c(\text{EDTA})$——EDTA溶液浓度，mol/L；

$c(\text{Zn})$——锌标准溶液浓度，mol/L；

$V(\text{Zn})$——锌标准溶液体积，mL；

$V(\text{EDTA})$——滴定消耗EDTA溶液体积，mL；

V_0——空白试验消耗EDTA溶液体积，mL。

由此可计算EDTA溶液浓度为：

$$c\,(\text{EDTA}) = \frac{0.009968 \times 35.58}{35.46 - 0.05} = 0.01002\,(\text{mol/L})$$

EDTA标准溶液
的配制与标定
任务工单

3. 出具报告

完成"EDTA标准溶液的配制与标定"任务工单。

五、任务小结

1. 操作注意事项

（1）称好的氧化锌先用少量水润湿，加盐酸后，需等到溶解完成，再加水稀释、转移、定容，过早加入水会影响溶解。

（2）加氨水调节pH时，需逐滴加入，边加边摇匀，直到溶液出现浑浊即可。切忌加入多滴后才摇匀，因为氨水过量时，会与生成的氢氧化锌沉淀反应，生成可溶于水的氢氧化四氨合锌配合物，不会再出现浑浊现象。

（3）铬黑T加量要适量，一般为绿豆粒大小，溶液颜色为淡紫红色即可。过多或过少都会影响终点颜色判断。

（4）临近终点时注意半滴操作，切忌多滴同时加入。因为到达终点后，溶液颜色不会再发生变化，无法判断是否过量。

2. 安全注意事项

（1）实训过程应做好防护，穿戴实训服、手套、护目镜等安全防护装置。

（2）盐酸、氨水、氨-氯化铵缓冲溶液均有刺激性气味产生，要在通风橱中进行滴加或添加。

（3）实验产物含有锌等重金属物质，需要回收处理。

3. 应急预案（针对EDTA的意外情况）

（1）皮肤接触　脱去污染的衣服，用大量流动清水冲洗。

（2）眼睛接触　提起眼睑，用流动清水或生理盐水冲洗，就医。

（3）吸入　脱离现场至空气新鲜处。如呼吸困难，给输氧，就医。

（4）食入　饮足量温水，催吐，就医。

（5）灭火剂　雾状水、泡沫、干粉、二氧化碳、砂土。

六、任务拓展与思考

1. EDTA标准滴定溶液和锌标准滴定溶液的配制方法不同，为什么？

2. 标定EDTA标准滴定溶液时，已用10%氨水试液将溶液调为弱碱性（pH=7~8），为什么还要加入氨水-氯化铵缓冲溶液？

3. 配位滴定法与酸碱滴定法相比，有哪些不同？操作中应注意哪些问题？

【实操微课】
水的总硬度
测定完整流程

任务二　水总硬度的测定

一、承接任务

1. 任务说明

水是生命之源，水中可溶性钙、镁离子等总浓度（即水总硬度）是水质监测的重要指标之一。本任务依据GB 8538—2022《食品安全国家标准　饮用天然矿泉水检验方法》、DZ/T 0064.15—2021《地下水质分析方法　第 15 部分：总硬度的测定　乙二胺四乙酸二钠滴定法》等相关标准，用已知准确浓度的EDTA标准溶液，测定水样中的总硬度。

2. 任务要求

（1）了解水硬度的表示方法。

（2）掌握配位滴定法测定水总硬度的原理和方法。

（3）了解铬黑T指示剂的使用条件。

二、方案设计

1. 相关知识

水硬度主要指水中含有可溶性钙盐和镁盐的多少。天然水中，雨水属于低硬度水，普通地面水硬度不高，但地下水的硬度较高。水硬度的测定是衡量水质的一项重要指标。

水硬度分为水的总硬度和钙、镁硬度两种。水的总硬度指水中钙、镁离子的总浓度，其中包括碳酸盐硬度（即通过加热能以碳酸盐形式沉淀下来的钙、镁离子，故又称暂时硬度）和非碳酸盐硬度（即加热后不能沉淀下来的那部分钙、镁离子，又称永久硬度）。碳酸盐硬度和非碳酸盐硬度之和称为总硬度；水中Ca^{2+}的含量称为钙硬度；水中Mg^{2+}的含量称为镁硬度。

水硬度分类如下：

$$水硬度\begin{cases} 暂时硬度（碳酸盐硬度）\begin{cases} Ca(HCO_3)_2 \\ Mg(HCO_3)_2 \end{cases} \\ 永久硬度（非碳酸盐硬度）\begin{cases} CaSO_4,\ CaCl_2,\ Ca(NO_3)_2 \\ MgSO_4,\ MgCl_2,\ Mg(NO_3)_2 \end{cases} \end{cases}$$

碳酸氢盐硬度经加热后分解成沉淀物从水中除去，反应式如下：

$$Ca(HCO_3)_2 \longrightarrow CaCO_3 \downarrow + CO_2 \uparrow + H_2O$$

$$Mg(HCO_3)_2 \longrightarrow MgCO_3 \downarrow + CO_2 \uparrow + H_2O$$

硬度大的水不宜于工业上使用，因为它易使锅炉及换热器结垢，影响热效率；饮用硬度过高的水，会影响肠胃消化功能；使用硬度大的水洗衣服，会浪费大量的洗涤剂。

用EDTA配位滴定法测定水总硬度时，可在pH=10的氨性缓冲溶液中，以铬黑T（EBT）为指示剂，用EDTA标准溶液直接测定水中Ca^{2+}和Mg^{2+}的总量。

滴定过程会发生如下化学反应

滴定前：Ca + EBT → CaEBT（紫红色）（省去所带电荷，下同）

滴定中：Ca + Y → CaEDTA（无色）

滴定计量点时：Y + CaEBT → CaY + EBT（纯蓝色）

滴定时用三乙醇胺掩蔽Fe^{3+}、Al^{3+}、Ti^{4+}；以Na_2S掩蔽Cu^{2+}、Pb^{2+}、Zn^{2+}、Cd^{2+}、Mn^{2+}等干扰离子，消除对铬黑T指示剂的封闭作用。

水硬度的表示方法很多，世界各国表示水硬度的方法不尽相同，主要表示方法如下。

（1）德国硬度　1德国硬度（°d）相当于1L水中含有10mg CaO。

（2）英国硬度　1英国硬度（°e）相当于1L水中含有14.3mg $CaCO_3$。

（3）法国硬度　1法国硬度（°f）相当于1L水中含有10mg $CaCO_3$。

（4）美国硬度　1美国硬度相当于1L水中含有1mg $CaCO_3$，日本硬度与美国硬度相同。

我国通常以德国度或1L水中含有$CaCO_3$的质量（mg）表示水的硬度。例如GB 5749—2022《生活饮用水卫生标准》中规定，饮用水总硬度（以$CaCO_3$计）不得超过450mg/L。

2. 实施方案

试剂准备与配制 → 水总硬度的测定 → 结果计算 → 完成任务工单。

三、任务准备

1. 药品及试剂

（1）0.01mol/L EDTA标准溶液：配制与标定见本模块任务一。

（2）5g/L铬黑T指示液配制：见本模块任务一。

（3）盐酸溶液（1+1）配制：见本模块任务一。

（4）氨-氯化铵缓冲液配制：见本模块任务一。

（5）20g/L硫化钠溶液：称取2.0g硫化钠，溶于水中，稀释至100mL。

（6）200g/L三乙醇胺溶液：称取20g三乙醇胺，溶于水中，稀释至100mL。

（7）待测样品：自来水。

2. 设备及器皿

（1）天平：分析天平、托盘天平或台秤。

（2）滴定装置：滴定台、滴定管夹、酸式滴定管或酸碱通用滴定管、锥形瓶、洗瓶。

（3）玻璃仪器：容量瓶、移液管、吸量管、量筒、烧杯、玻璃棒、试剂瓶等。

3. 耗材及其他

滤纸、标签纸、称量纸、药匙等。

四、任务实施

1. 实施步骤

吸取 50.00mL 水样（若硬度过大，可少取水样用水稀释至 50mL；若硬度过小，改取 100mL）于锥形瓶中，加 1~2 滴 HCl（1+1）酸化，煮沸数分钟以除去 CO_2，冷却后，加入 3mL 三乙醇胺溶液、5mL 氨-氯化铵缓冲液、1mL Na_2S 溶液，再加入 3 滴铬黑T指示液（或一小勺固体铬黑T指示剂），立即用 0.01mol/L EDTA标准溶液滴定至溶液由紫红色变为纯蓝色，15s不褪色即表示到达终点。记录消耗EDTA标准溶液的体积，平行测定3~4次。

2. 结果记录及处理

（1）水总硬度测定数据表　记录数据并处理，详见"水总硬度的测定"任务工单。

（2）数据处理

例：吸取 50.00mL 水样，置于 250mL 锥形瓶中。加入缓冲溶液及铬黑T指示剂，立即用 0.01006mol/L EDTA标准溶液滴定至终点，消耗EDTA标准溶液5.46mL，求水总硬度是多少？

解：反应式　　　　　　　　　　$Ca + Y = CaY$

根据等物质的量规则，则：

$$c = \frac{c(\text{EDTA}) \times [V_1(\text{EDTA}) - V_0]}{V(\text{水样})}$$

式中　　c ——水样中钙、镁离子浓度，mol/L；

$c(\text{EDTA})$ ——EDTA标准滴定溶液浓度，mol/L；

$V_1(\text{EDTA})$ ——水样消耗EDTA标准滴定溶液用量，mL；

$V_0(\text{EDTA})$ ——空白消耗EDTA标准滴定溶液用量，mL；

$V(\text{水})$ ——吸取水样体积，mL。

由此可推导水总硬度（德国度）计算公式：

$$水总硬度 = \frac{c(\text{EDTA}) \times [V_1(\text{EDTA}) - V_0]}{V(\text{水样})} \times 5608$$

$$X = \frac{0.01006 \times (5.46 - 0) \times 5608}{50.00} = 6.16 (°d)$$

3. 出具报告

完成"水总硬度的测定"任务工单。

水总硬度的测
定任务工单

五、任务小结

1. 操作注意事项

（1）为防止碳酸钙及氢氧化镁在碱性溶液中沉淀，滴定时水样中的钙、镁离子含量不能过多，若取50mL水样，所消耗的0.01mol/L EDTA标准滴定溶液体积应少于15mL。

（2）水样中含有$Ca(HCO_3)_2$，当溶液调至碱性时应防止形成$CaCO_3$沉淀而使结果偏低，故需先酸化，煮沸使$Ca(HCO_3)_2$完全分解。

（3）控制滴定时间，从加入缓冲溶液起，整个滴定过程不超过5min，在临近终点前，两滴之间应间隔3~5s，或半滴半滴地加入，并用洗瓶吹入少量蒸馏水冲洗锥形瓶内壁。

2. 安全注意事项

（1）实训过程应做好防护，穿戴实训服、手套、护目镜等安全防护装置。

（2）盐酸、氨–氯化铵缓冲溶液、硫化钠均有刺激性气味产生，要在通风橱中进行。

六、任务拓展与思考

1. 水硬度表示方法有哪些？我国通常表示水硬度的方法是什么？

2. 在测定水硬度实验中，若先于三个锥形瓶中加水样，再加缓冲溶液、铬黑T指示液等，然后再一份一份地滴定，这样做好不好？为什么？

3. 滴定过程中加入缓冲溶液的作用是什么？

4. 水样中若含有Fe^{3+}、Al^{3+}，对测定结果是否有干扰？若干扰应如何消除？

任务三　试样中镍含量的测定（大赛真题）

一、承接任务

1. 任务说明

镍属于亲铁元素，是一种硬而有延展性并具有铁磁性的金属，在自然界中广泛存在，常用于制造不锈钢、合金、电池和电镀材料。镍及其化合物在特定条件下具有潜在的致癌性，因此镍的定量分析非常重要。本任务来源于全国职业技能大赛工业分析与检验赛项真题，依据GB/T 601—2016《化学试剂　标准滴定溶液的制备》、GB/T 30072—2013《镍铁　镍含量的测定　EDTA滴定法》等相关标准，配制0.05mol/L EDTA标准溶液，并标定其准确浓度，然后用该标准溶液测定试样中镍含量。

2. 任务要求

（1）掌握氧化锌标定EDTA标准溶液的操作。

（2）熟悉配位滴定法测定试样中镍含量的原理，掌握其测定方法。

（3）了解配位滴定的返滴定法测定含金属离子物质含量。

二、方案设计

1. 相关知识

EDTA能与镍生产较稳定的络合物（$\lg K$=18.6），可在pH3~10内，应用不同的指示剂，采用直接滴定、回滴或取代滴定来进行测定。

在碱性条件下，以紫脲酸铵为指示剂，用乙二胺四乙酸二钠标准滴定溶液对样品中的镍进行定量测定。

2. 实施方案

0.05mol/L待标定EDTA标准溶液的配制与标定 → 测试样品中镍含量的测定 → 结果计算 → 完成任务工单。

三、任务准备

1. 药品及试剂

（1）5g/L铬黑T指示液配制：见本模块任务一。

（2）20%盐酸溶液配制：见本模块任务一。

（3）10%氨水溶液配制：取浓氨水400mL，加水稀释至1000mL。

（4）氨-氯化铵缓冲液（pH=10.0）配制：见本模块任务一。

（5）ZnO基准试剂：ZnO基准试剂经（800±50）℃灼烧至恒重，置于干燥器内冷却。

（6）乙二胺四乙酸二钠（$C_{10}H_{14}N_2O_8Na_2 \cdot 2H_2O$）固体（分析纯）。

（7）紫脲酸铵指示剂：称取紫脲酸铵指示剂1g、干燥后的优级纯NaCl 200g，研磨均匀。

（8）待测样品：镍溶液样品。

2. 设备及器皿

（1）天平：分析天平、托盘天平或台秤。

（2）滴定装置：滴定台、滴定管夹、酸式滴定管或酸碱通用滴定管、锥形瓶、洗瓶。

（3）玻璃仪器：容量瓶、移液管、吸量管、量筒、烧杯、玻璃棒、试剂瓶等。

3. 耗材及其他

滤纸、标签纸、称量纸、药匙等。

四、任务实施

1. 实施步骤（GB/T 601—2016）

（1）0.05mol/L EDTA溶液的配制　称取乙二胺四乙酸二钠（$Na_2H_2Y \cdot 2H_2O$）20g，加1000mL水溶解，摇匀，待标定，置玻璃塞瓶中，避免溶液与橡皮塞、橡皮管接触。

【实操微课】
未知试样中镍含量
的测定-EDTA标定

（2）标定 EDTA标准滴定溶液　减量法称取所需质量的基准试剂氧化锌，并用少量蒸馏水润湿，加入2~3mL的20%盐酸溶液，搅拌，直到氧化锌完全溶解，然后定量转移至100mL容量瓶中，用水稀释至刻度，摇匀，记为锌标准溶液。

取25.00mL的锌标准溶液于锥形瓶中，加入一定体积的去离子水，用1∶1氨水溶液将溶液pH调为适当后，加入10mL的氨-氯化铵缓冲溶液及适量铬黑T指示剂，用待标定的EDTA溶液滴定至溶液由紫色变为纯蓝色。平行测定3次，同时做空白试验。

【实操微课】
未知试样中镍含量
的测定-样品测定

（3）样品中镍组分含量的测定　准确称取一定质量的镍溶液样品，加入适量蒸馏水，用盐酸溶液或氨水溶液调溶液pH为适当后，加入10mL氨-氯化铵缓冲溶液及0.20g紫脲酸铵指示剂，再用EDTA标准滴定溶液滴定，至溶液呈蓝紫色。平行测定3次。

2. 结果记录及处理

（1）标定及测定数据表　记录数据并处理，详见"试样中镍含量的测定"任务工单。

（2）数据处理　使用以下公式计算乙二胺四乙酸二钠标准滴定溶液的浓度c（EDTA），单位mol/L。取3次测定结果的算术平均值作为最终结果，结果保留4位有效数字。

$$c(\text{EDTA}) = \frac{m \times \left(\dfrac{V_1}{V}\right) \times 1000}{(V_2 - V_3) \times M}$$

式中　m——氧化锌质量，g；

V——氧化锌定容后的体积，mL；

V_1——移取的氧化锌溶液体积，mL；

V_2——氧化锌消耗的乙二胺四乙酸二钠溶液体积，mL；

V_3——空白试验消耗的乙二胺四乙酸二钠溶液体积，mL；

M——氧化锌的摩尔质量，g/mol，M（ZnO）=81.408g/mol。

按下式计算出溶液样品中组分的含量，计为浓度w，单位g/kg。取3次测定结果的算术平均值作为最终结果，结果保留4位有效数字。

$$w = \frac{cVM}{m}$$

式中　c——乙二胺四乙酸二钠标准滴定溶液浓度的准确数值，mol/L；

　　　V——乙二胺四乙酸二钠标准滴定溶液浓度体积的数值，mL；

　　　m——称取的样品质量，g；

　　　M——Ni的摩尔质量，g/mol，M（Ni）=58.69g/mol。

（3）误差分析　对结果的精密度进行分析，以相对极差 A（%）表示，结果精确至小数点后2位。计算公式如下：

$$A = \frac{(X_1 - X_2)}{\bar{X}} \times 100$$

式中　X_1——平行测定的最大值；

　　　X_2——平行测定的最小值；

　　　$\bar{X}$——平行测定的平均值。

3. 出具报告

完成"试样中镍含量的测定"任务工单。

试样中镍含量的
测定任务工单

五、任务小结

操作注意事项、安全注意事项及应急预案等，同本模块任务一。

六、任务拓展与思考

1. 为什么要加10mL NH_3-NH_4Cl缓冲溶液（pH=10）？

2. 为什么要加紫脲酸铵混合指示剂？

3. 为什么要用减重称量法，而不用直接称量法？

【思政内容】
模块五　阅读与拓展

模块六
氧化还原滴定分析法

学习目标

知识目标

1. 理解和掌握氧化还原滴定法的基本原理和步骤。
2. 了解和熟悉常见的氧化还原滴定法及其应用。
3. 掌握各种氧化还原滴定法的优缺点及其应用范围。
4. 了解氧化还原滴定法与其他分析方法的关系及其应用。

能力目标

1. 能够根据不同的实验要求选择合适的氧化还原滴定法。
2. 能够独立完成氧化还原滴定实验，并正确记录和处理实验数据。
3. 能够利用氧化还原滴定法对复杂样品进行分析，解决实际生产和科研中的问题。
4. 能够与其他相关领域的研究人员合作，共同解决实际问题。

职业素养目标

1. 培养科学思维和实验操作能力。
2. 培养规范的科研行为和良好的实验室工作习惯。
3. 培养分析和解决问题的能力，以及创新精神。
4. 了解化学实验安全知识和实验废弃物的处理方法，培养环保意识。

模块导学（知识点思维导图）

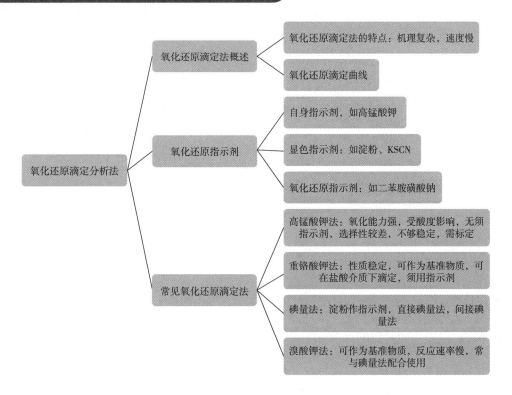

氧化还原滴定法（redox titration）是以氧化还原反应为基础的滴定分析方法。通常根据所用标准滴定溶液不同将氧化还原法分为以下几类：以$KMnO_4$为标准滴定溶液的高锰酸钾法、以$K_2Cr_2O_7$为标准滴定溶液的重铬酸钾法、以I_2和$Na_2S_2O_3$为标准滴定溶液的碘量法和以$KBrO_3$-KBr为标准滴定溶液的溴酸钾法。

知识一 氧化还原滴定法概述

一、氧化还原滴定法的特点

氧化还原滴定法和酸碱滴定法在测量物质含量步骤上是相似的，但在方法原理上有本质的不同。酸碱反应是离子交换反应，反应历程简单快速。

氧化还原反应是基于电子转移的反应，反应机理比较复杂；有的反应除了主反应外，还伴随有副反应，因而没有确定的计量关系；有的反应从平衡

【理论微课】
氧化还原滴定概述

的观点判断可以进行，但反应速率较慢；有的氧化还原反应中常有诱导反应发生，它对滴定分析往往是不利的，应设法避免。但是如果严格控制实验条件，也可以利用诱导反应对混合物进行选择性滴定或分别滴定。基于上述原因，氧化还原滴定法有以下特点。

（1）氧化还原反应的机理复杂，副反应较多，因此与化学计量有关的问题更复杂。

（2）氧化还原反应较其他类型的反应速度慢。

因此，在氧化还原滴定法中要严格控制反应条件，以使其符合滴定分析的要求，即反应完全、反应速度快、无副反应等。氧化剂和还原剂均可以作为滴定剂，分别可以测定还原性或氧化性物质的含量。

二、氧化还原滴定曲线

在氧化还原滴定的过程中，反应物和生成物的浓度不断改变，使有关电对的电位也发生变化，这种电位改变的情况可以用滴定曲线表示。滴定过程中各点的电位可用仪器方法测量，也可根据能斯特公式计算，尤其是化学计量点的电位以及滴定突跃电位，这是选择指示剂的依据。

（一）滴定过程中电极电位的计算

氧化还原电对常粗略地分为可逆的与不可逆的两大类。在氧化还原反应的任一瞬间，可逆电对（如Fe^{3+}/Fe^{2+}、I_2/I^-等）都能迅速建立起氧化还原平衡，其电势基本符合能斯特公式计算出的理论电势。不可逆电对（如MnO_4^-/Mn^{2+}、$Cr_2O_7^{2-}/Cr^{3+}$、$S_4O_6^{2-}/S_2O_3^{2-}$等）则不能在氧化还原反应的任一瞬间立即建立起符合能斯特公式的平衡，实际电势与理论电势相差较大。以能斯特公式计算，所得的结果仅能做初步判断。

在处理氧化还原平衡时，还应注意到电对有对称和不对称的区别。在对称电对中，氧化态与还原态的系数相同，如$Fe^{3+} + e^- = Fe^{2+}$。在不对称电对中，氧化态与还原态的系数不同。如$I_2 + 2e^- = 2I^-$。当涉及有不对称电对的有关计算时，情况比较复杂，本模块暂不讨论。

1. 化学计量点时电位φ_{sp}的计算

对于$n_1 \neq n_2$对称电对的氧化还原反应：

$$n_2 Ox_1 + n_1 Red_2 = n_1 Ox_2 + n_2 Red_1$$

两个半反应及对应的电位值为：

$$Ox_1 + n_1 e^- = Red_1 \qquad \varphi_1 = \varphi_1^\ominus + \frac{0.0592}{n_1} \lg \frac{[Ox_1]}{[Red_1]}$$

$$Ox_2 + n_2 e^- = Red_2 \qquad \varphi_2 = \varphi_2^\ominus + \frac{0.0592}{n_2} \lg \frac{[Ox_2]}{[Red_2]}$$

达到化学计量点时，$\varphi_{sp} = \varphi_1 = \varphi_2$，将以上两式通分后相加，整理后得

$$(n_1 + n_2)\varphi_{sp} = n_1\varphi_1^{\ominus} + n_2\varphi_2^{\ominus} + 0.0592\lg\frac{[Ox_1][Ox_2]}{[Red_1][Red_2]}$$

因为化学计量点时：
$$\frac{[Ox_1]}{[Red_2]} = \frac{n_2}{n_1} \qquad \frac{[Ox_2]}{[Red_1]} = \frac{n_1}{n_2}$$

则
$$\lg\frac{[Ox_1][Ox_2]}{[Red_1][Red_2]} = 0$$

所以
$$\varphi_{sp} = \frac{n_1\varphi_1^{\ominus} + n_2\varphi_2^{\ominus}}{n_1 + n_2} \qquad (6-1)$$

式（6-1）是 $n_1 \neq n_2$ 对称电对的氧化还原滴定化学计量点时电对电位的计算公式。若 $n_1 = n_2$，则

$$\varphi_{sp} = \frac{\varphi_1^{\ominus} + \varphi_2^{\ominus}}{2} \qquad (6-2)$$

2. 滴定突跃的计算

对于 $n_1 \neq n_2$ 对称电对的氧化还原反应，化学计量点前后的电位突跃可用能斯特方程式计算。

（1）化学计量点前的电位　可用被测物电对的电位计算。若被测物为 Red_2，则

$$\varphi_{Ox_2/Red_2} = \varphi^{\ominus}_{Ox_2/Red_2} + \frac{0.0592}{n_2}\lg\frac{[Ox_2]}{[Red_2]} \qquad (6-3)$$

（2）化学计量点后的电位　可用滴定剂电对的电位计算。若滴定剂为 Ox_1，则

$$\varphi_{Ox_1/Red_1} = \varphi^{\ominus}_{Ox_1/Red_1} + \frac{0.0592}{n_1}\lg\frac{[Ox_1]}{[Red_1]} \qquad (6-4)$$

3. 滴定过程中电极电位的计算实例

现以用 0.1000mol/L Ce（SO_4）$_2$ 溶液，在 1mol/L H_2SO_4 溶液中滴定 20.00mL 0.1000mol/L $FeSO_4$ 溶液为例，说明滴定过程中溶液的电极电位的变化。

（1）滴定前　溶液的组成为 0.1000mol/L Fe^{2+} 溶液。

（2）滴定开始至化学计量点前　在化学计量点前，溶液中存在有 Fe^{3+}/Fe^{2+} 和 Ce^{4+}/Ce^{3+} 两个电对。达平衡时，加入的 Ce^{4+} 几乎完全反应生成 Ce^{3+}，此时溶液中的 φ 可利用电对 Fe^{3+}/Fe^{2+} 计算。为简便计算，对于一般氧化还原反应（对称电对参与），可采用百分比代替浓度比。当加入 19.98mL 0.1000mol/L Ce^{4+} 标准滴定溶液时：

Fe^{3+}：$\frac{19.98}{20.00}\times100\% = 99.9\%$，$Fe^{2+}$：0.1%

$$\varphi = \varphi_{Fe^{3+}/Fe^{2+}} = \varphi^{\ominus}_{Fe^{3+}/Fe^{2+}} + 0.0592\lg\frac{[Fe^{3+}]}{[Fe^{2+}]}$$

$$= 0.68 + 0.0592\lg\frac{99.9}{0.1} = 0.86\,(V)$$

（3）化学计量点时　Ce^{4+} 和 Fe^{2+} 浓度都很小，且不易直接求得，但由反应式可知计量点时 $[Ce^{4+}] = [Fe^{2+}]$，$[Ce^{3+}] = [Fe^{3+}]$：

$$\varphi^{\ominus}_{Ce^{4+}/Ce^{3+}} = \varphi^{\ominus}_{Fe^{3+}/Fe^{2+}} = \varphi_{sp}$$

又达平衡时：$\varphi^{\ominus}_{Ce^{4+}/Ce^{3+}} + 0.0592\lg\dfrac{[Ce^{4+}]}{[Ce^{3+}]} = \varphi_{sp} = \varphi^{\ominus}_{Fe^{3+}/Fe^{2+}} + 0.0592\lg\dfrac{[Fe^{3+}]}{[Fe^{2+}]}$

即
$$1.44 + 0.0592\lg\frac{[Ce^{4+}]}{[Ce^{3+}]} = \varphi_{sp} = 0.68 + 0.0592\lg\frac{[Fe^{3+}]}{[Fe^{2+}]}$$

$$2\varphi_{sp} = 1.44 + 0.68 + 0.0592\lg\frac{[Ce^{4+}][Fe^{3+}]}{[Ce^{3+}][Fe^{2+}]} = 1.44 + 0.68 = 2.12\,(V)$$

$$\varphi_{sp} = \frac{1.44 + 0.68}{2} = 1.06\,(V)$$

对于一般氧化还原反应：$n_2Ox_1 + n_1Red_2 = n_2Red_1 + n_1Ox_2$

$$\varphi_{sp} = \frac{n_1\varphi_1^{\ominus} + n_2\varphi_2^{\ominus}}{n_1 + n_2}$$

（4）化学计量点后　此时 $Ce(SO_4)_2$ 过量，Ce^{4+}、Ce^{3+} 浓度均容易求得，而 Fe^{2+} 不易求得，故此时按 Ce^{4+}/Ce^{3+} 电对计算 φ。当加入 20.02mL 0.1000mol/L Ce^{4+} 标准滴定溶液时，即 Ce^{4+} 过量 0.1%时：

$$\varphi = \varphi^{\ominus}_{Ce^{4+}/Ce^{3+}} + 0.0592\lg\frac{[Ce^{4+}]}{[Ce^{3+}]} = 1.44 + 0.0592\frac{0.1}{100} = 1.26\,(V)$$

如此计算滴入不同百分数（或体积）Ce^{4+} 时溶液对应的 φ 值，计算结果显示在表6-1中。

表6-1　滴定过程中溶液的电极电位的变化

加入 Ce^{4+} 溶液体积 V/ mL	滴定百分数 /%	电位 φ/V
1.00	5.0	0.60
2.00	10.0	0.62
4.00	20.0	0.64
8.00	40.0	0.67

续表

加入 Ce^{4+} 溶液体积 V/ mL	滴定百分数 /%	电位 φ/V
10.00	50.0	0.68
12.00	60.0	0.69
18.00	90.0	0.74
19.80	99.0	0.80
19.98	99.9	0.86 ⎫
20.00	100.0	1.06 ⎬ 滴定突跃
20.02	100.1	1.26 ⎭
22.00	110.0	1.38
30.00	150.0	1.42
40.00	200.0	1.44

（二）滴定曲线

以电对的电位 φ 值为纵坐标，以 Ce^{4+} 滴入的百分数为横坐标作图，即得滴定曲线（图6-1）。

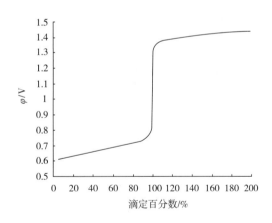

图6-1　0.1000mol/L Ce（SO_4）₂标准滴定溶液滴定20.00mL 0.1000mol/L FeSO₄溶液的滴定曲线

1. 滴定突跃

由前面的计算可以看出，化学计量点附近电位突跃的大小取决于两个电对的电子转移数和电位差。那么当 $\Delta\varphi^{\ominus}$ 多大时，滴定曲线才有明显的突跃呢？一般地说，当 $\Delta\varphi^{\ominus} > 0.2V$ 时，才能有明显的突跃范围。

（1）若 $\Delta\varphi^{\ominus}$ 在 0.2~0.4V，可采用电位法指示终点。

（2）若 $\Delta\varphi^{\ominus} > 0.4V$，可采用指示剂（或电位法）指示终点。

2. φ_{sp} 的位置与指示剂的选择

$$\varphi_{sp} = \frac{n_1\varphi_1^{\ominus} + n_2\varphi_2^{\ominus}}{n_1 + n_2}\ (\text{对称电对,受 }n\text{ 及 }\varphi^{\ominus}\text{ 的影响})$$

当 $n_1 = n_2$ 时,化学计量点 φ_{sp} 恰好处于滴定突跃的中间,在化学计量点附近滴定曲线是对称的;当 $n_1 \neq n_2$ 时,则化学计量点 φ_{sp} 不在滴定突跃的中心,而是偏向电子转移数较多(n 值大)的电对一方。

例如在酸性溶液中,用 $KMnO_4$ 标准滴定溶液滴定 Fe^{2+}。反应中涉及的两个电对的标准电位分别是 1.51 和 0.77V,发生反应如下:

$$MnO_4^- + 5Fe^{2+} + 8H^+ = Mn^{2+} + 5Fe^{3+} + 4H_2O$$

$$\varphi_{sp} = \frac{n_1\varphi_1^{\ominus} + n_2\varphi_2^{\ominus}}{n_1 + n_2} = \frac{5 \times 1.51 + 0.77}{5 + 1} = 1.39(V)$$

其突跃范围的 φ 值为 0.94~1.48V,突跃中点应为 1.21V,说明 φ_{sp} 在突跃的上部 5/6 处,而不在突跃的中部。在选择指示剂时,应注意 φ_{sp} 在滴定突跃中的位置。

知识二　氧化还原指示剂

氧化还原滴定中所用的指示剂主要有以下几类。

一、自身指示剂

有些滴定剂本身有很深的颜色,而滴定产物为无色或颜色很浅,在这种情况下,滴定时可不必另加指示剂。例如 $KMnO_4$ 本身显紫红色,用它来滴定 Fe^{2+}、$C_2O_4^{2-}$ 溶液时,反应产物 Mn^{2+}、Fe^{3+} 等颜色很浅或是无色,滴定到化学计量点后,只要 $KMnO_4$ 稍过量半滴就能使溶液呈现淡红色,以指示滴定终点的到达。

二、显色指示剂

显色指示剂本身并不具有氧化还原性,但能与滴定剂或被测定物质发生显色反应,而且显色反应是可逆的,因而可以指示滴定终点。这类指示剂最常用的是淀粉,如可溶性淀粉与碘溶液反应生成深蓝色的化合物,当 I_2 被还原为 I^- 时,蓝色就突然褪去。因此,在碘量法中多用淀粉溶液作指示剂，用淀粉指示液可以检出约10^{-5}mol/L的碘溶液，但淀粉指示剂与I_2的显色灵敏度与淀粉的性质和加入时间、温度及反应介质等条件有关。

此外，Fe^{3+}溶液滴定Sn^{2+}时，可用KSCN为指示剂，当溶液出现红色（Fe^{3+}与SCN^-形成的硫氰配合物的颜色）即为终点。

三、氧化还原指示剂

氧化还原指示剂常是一些复杂的有机化合物，它们本身具有氧化还原性质，其氧化态与还原态具有不同的颜色。在滴定过程中，指示剂由氧化态转为还原态或由还原态转为氧化态时，溶液颜色随之发生变化，从而指示滴定终点。例如用$K_2Cr_2O_7$滴定Fe^{2+}时，常用二苯胺磺酸钠为指示剂。二苯胺磺酸钠的还原态无色，当滴定至化学计量点时，稍过量的$K_2Cr_2O_7$使二苯胺磺酸钠由还原态转变为氧化态，溶液显紫红色，指示滴定终点的到达。

若以In（Ox）和In（Red）分别代表指示剂的氧化态和还原态，滴定过程中指示剂的电极反应可用下式表示：

$$In（Ox）+ ne^- = In（Red）$$

A色   B色   （A色与B色不同）

$$\varphi = \varphi^{\ominus} \pm \frac{0.059}{n} \lg \frac{[In（Ox）]}{[In（Red）]} \tag{6-5}$$

显然，随着滴定过程中溶液电位值的改变，$\dfrac{[In（Ox）]}{[In（Red）]}$比值也在发生变化，因而溶液的颜色也发生变化。

当$\dfrac{[In（Ox）]}{[In（Red）]} = 1$时，指示剂呈中间颜色，变色点：$\varphi = \varphi^{\ominus}$（V）

当$\dfrac{[In（Ox）]}{[In（Red）]} \geqslant 10$时，指示剂呈氧化态颜色$\varphi \geqslant \varphi^{\ominus} + 0.0592/n$（V）

当$\dfrac{[In（Ox）]}{[In（Red）]} \leqslant 0.1$时，指示剂呈还原态颜色$\varphi \leqslant \varphi^{\ominus} - 0.0592/n$（V）

因此，指示剂的变色范围为：$\Delta\varphi \leqslant \varphi^{\ominus} \pm 0.0592/n$。表6-2列出了部分常用氧化还原指示剂。氧化还原指示剂不仅对某种离子有特效，而且对氧化还原反应普遍适用，因而是一种通用指示剂，应用范围比较广泛。选择这类指示剂的原则是：指示剂变色点的电位应当处在滴定体系的电位突跃范围内。例如，在1mol/L H_2SO_4溶液中，用Ce^{4+}滴定Fe^{2+}，前面已经计算出滴定到化学计量点后0.1%的电位突跃范围是0.86~1.26V。显然，选择邻苯氨基苯甲酸和邻二氮菲亚铁是合适的。若选二苯胺磺酸钠，终点会提前，终点误差将会大于允许差。

表6-2 常用的氧化还原指示剂

指示剂	$\varphi^{\ominus}/V$ （[H⁺]=1）	颜色变化		配制方法
		还原态	氧化态	
次甲基蓝	+0.52	无	蓝	0.5g/L水溶液
二苯胺磺酸钠	+0.85	无	紫红	0.5g指示剂，2g Na₂CO₃，加水稀释至100mL
邻苯氨基苯甲酸	+0.89	无	紫红	0.11g指示剂溶于20mL 50g/L Na₂CO₃溶液中，用水稀释至100mL
邻二氮菲亚铁	+1.06	红	浅蓝	1.485g邻二氮菲，0.695g FeSO₄·7H₂O，用水稀释至100mL

应该指出，指示剂本身会消耗滴定剂。例如，0.1mL 0.2%二苯胺磺酸钠会消耗0.1mL 0.017mol/L $K_2Cr_2O_7$溶液，因此，若$K_2Cr_2O_7$溶液的浓度是0.01mol/L或更稀，则应做指示剂的空白校正。

知识三　常见氧化还原滴定法

一、高锰酸钾法

【理论微课】
氧化还原滴定-
高锰酸钾法

（一）高锰酸钾法简介

高锰酸钾法（potassium permanganate method）是以$KMnO_4$为标准滴定溶液的滴定分析方法。高锰酸钾是一种强氧化剂，其氧化能力和还原产物与溶液的酸度有关。

（1）在强酸性溶液中，$KMnO_4$与还原剂作用，被还原为Mn^{2+}。

$$MnO_4^- + 8H^+ + 5e^- == Mn^{2+} + 4H_2O \qquad \varphi^{\ominus} = 1.51V$$

由于在强酸性溶液中$KMnO_4$有更强的氧化性，因而$KMnO_4$滴定法一般多在0.5~1mol/L H_2SO_4介质中进行。而不使用盐酸介质，原因是盐酸具有还原性，能诱发一些副反应，干扰滴定。硝酸由于含有氮氧化物，容易产生副反应，故也很少采用。

（2）在弱酸性、中性或弱碱性溶液中，$KMnO_4$被还原为棕色不溶物MnO_2。

$$MnO_4^- + 2H_2O + 3e^- == MnO_2 \downarrow + 4OH^- \qquad \varphi^{\ominus} = 0.593V$$

由于MnO_2能使溶液浑浊，妨碍终点观察，所以很少使用。

（3）在pH>12的强碱性溶液中，用$KMnO_4$氧化有机物的反应速率比在酸性条件下更快，所以常利用在强碱性溶液中与有机物的反应测定有机物。

$$MnO_4^- + e^- == MnO_4^{2-} \qquad \varphi^\ominus = 0.564V$$

$KMnO_4$法有如下特点。

①$KMnO_4$氧化能力强，应用广泛，可直接或间接地测定多种无机物和有机物。例如可直接滴定Fe^{2+}、NO_2^-、Sb^{3+}、H_2O_2、$C_2O_4^{2-}$等；返滴定MnO_2、PbO_2等；也可以通过MnO_4^-与$C_2O_4^{2-}$反应间接测定一些非氧化还原物质，如Ca^{2+}等。

②$KMnO_4$溶液呈紫红色，当试液无色或颜色很浅时，滴定不需要外加指示剂。

③由于$KMnO_4$氧化能力强，因此方法的选择性较差，而且$KMnO_4$与还原性物质的反应历程比较复杂，易发生副反应。

④$KMnO_4$标准滴定溶液不能直接配制，且标准滴定溶液不够稳定，不能久置，需经常标定。

（二）高锰酸钾法应用示例

1. 直接滴定法测定过氧化氢

见本模块任务二。

2. 间接滴定法测定Ca^{2+}

通过生成草酸钙沉淀，可用$KMnO_4$法间接测定Ca^{2+}。首先将Ca^{2+}与$C_2O_4^{2-}$反应生成CaC_2O_4沉淀，经过滤、洗涤后，将沉淀溶于热的稀H_2SO_4溶液中，最后用$KMnO_4$标准滴定溶液滴定$H_2C_2O_4$，根据所消耗的$KMnO_4$的量，间接求得Ca^{2+}的含量。

3. 返滴定法测定软锰矿中MnO_2

利用MnO_2与$C_2O_4^{2-}$在酸性溶液中的反应进行定量。其反应式如下：

$$MnO_2 + C_2O_4^{2-} + 4H^+ == Mn^{2+} + 2CO_2\uparrow + 2H_2O$$

加入一定量过量的$Na_2C_2O_4$于磨细的矿样中，加H_2SO_4并加热，当样品中无棕黑色颗粒存在时，表示试样分解完全。用$KMnO_4$标准滴定溶液趁热返滴定剩余的$C_2O_4^{2-}$，由$Na_2C_2O_4$的加入量和$KMnO_4$标准滴定溶液消耗量之差求出MnO_2的含量。

4. 有机物的测定

氧化有机物的反应在碱性溶液中比在酸性溶液中快，采用加入过量的$KMnO_4$并加热的方法可进一步加速反应。例如测定甘油时，加入一定量过量的$KMnO_4$标准滴定溶液到含有试样的2mol/L NaOH溶液中，放置片刻，溶液中发生如下反应：

$$C_3H_8O_3 + 14MnO_4^- + 20OH^- == 14MnO_4^{2-} + 3CO_3^{2-} + 14H_2O$$

待溶液中反应完全后，将溶液酸化，MnO_4^{2-}歧化生成MnO_4^-和MnO_2，加入过量的$Na_2C_2O_4$标准滴定溶液还原所有高价锰为Mn^{2+}，最后再以$KMnO_4$标准滴定溶液滴定剩余的$Na_2C_2O_4$，由两次加入的$KMnO_4$量和$Na_2C_2O_4$的量计算甘油的质量分数。甲醛、甲酸、酒石酸、柠檬酸、苯酚、葡萄糖等都可按此法测定。

二、重铬酸钾法

【理论微课】
氧化还原滴定-
重铬酸钾法

（一）重铬酸钾法简介

重铬酸钾法（potassium dichromate method）是以$K_2Cr_2O_7$为标准滴定溶液进行滴定的氧化还原法。重铬酸钾是一种常用的强氧化剂。在酸性溶液中，被还原为Cr^{3+}。

$$Cr_2O_7^{2-} + 14H^+ + 6e^- === 2Cr^{3+} + 7H_2O \qquad \varphi^\ominus = 1.33V$$

$K_2Cr_2O_7$的氧化能力稍弱于$KMnO_4$，但与$KMnO_4$相比，具有以下优点。

（1）$K_2Cr_2O_7$易提纯，可以制成基准物质，在140~150℃干燥2h后，可直接称量，配制标准滴定溶液。

（2）$K_2Cr_2O_7$标准滴定溶液相当稳定，保存在密闭容器中，浓度可长期保持不变。

（3）室温下，当HCl溶液浓度低于3mol/L时，$Cr_2O_7^{2-}$不会诱导氧化Cl^-，因此$K_2Cr_2O_7$法可在HCl介质中进行滴定。

（4）$Cr_2O_7^{2-}$滴定的还原产物是Cr^{3+}，呈绿色，终点时无法识别出过量的$K_2Cr_2O_7$的黄色，因此滴定时须用指示剂指示滴定终点。常用的指示剂为二苯胺磺酸钠。

（二）重铬酸钾法应用示例

1. 铁矿石中全铁含量的测定

见本模块任务六。

2. 利用$Cr_2O_7^{2-}$ – Fe^{2+}反应测定其他物质

$Cr_2O_7^{2-}$与Fe^{2+}的反应可逆性强，速率快，计量关系好，无副反应发生，指示剂变色明显。此反应不仅可用于测铁，还可利用其间接地测定多种物质。

（1）测定氧化剂　NO_3^-（或ClO_3^-）等氧化剂被还原的反应速率较慢，测定时可加入过量的Fe^{2+}标准滴定溶液与其反应：

$$3Fe^{2+} + NO_3^- + 4H^+ === 3Fe^{3+} + NO + 2H_2O$$

待反应完全后，用$K_2Cr_2O_7$标准滴定溶液返滴定剩余的Fe^{2+}，即可求得NO_3^-含量。

（2）测定还原剂　一些强还原剂如Tl^{3+}等极不稳定，易被空气中氧所氧化。为使测定准确，可将Tl^{4+}流经还原柱后，用盛有Fe^{3+}溶液的锥形瓶接收，此时发生如下反应：

$$Fe^{3+} + Tl^{3+} === Tl^{4+} + Fe^{2+}$$

置换出的Fe^{2+}再用$K_2Cr_2O_7$标准滴定溶液滴定。

（3）测定非氧化还原物质　测定Pb^{2+}（或Ba^{2+}）等物质时，一般先将其沉淀为$PbCrO_4$，然后过滤沉淀，沉淀经洗涤后溶解于酸中，再以Fe^{2+}标准滴定溶液滴定$Cr_2O_7^{2-}$，从而间接求出

Pb^{2+}含量。

（4）测定污水的化学耗氧量（COD_{Cr}） 水样中加入一定量的$K_2Cr_2O_7$标准滴定溶液，在强酸性（H_2SO_4）条件下，以Ag_2SO_4为催化剂，加热回流 2h，使$K_2Cr_2O_7$与有机物和还原性物质充分作用。过量的$K_2Cr_2O_7$以试亚铁灵为指示剂，用硫酸亚铁铵标准滴定溶液返滴定，其滴定反应为：

$$Cr_2O_7^{2-} + 6Fe^{2+} + 14H^+ == 2Cr^{3+} + 6Fe^{3+} + 7H_2O$$

由所消耗的硫酸亚铁铵标准滴定溶液的量及加入水样中的$K_2Cr_2O_7$标准滴定溶液的量，便可计算出水样中还原性物质消耗氧的量。

三、碘量法

【理论微课】
氧化还原滴定–
碘量法

（一）碘量法方法简介

碘量法（iodometric method）是利用I_2的氧化性和I^-的还原性进行滴定的分析方法，其基本反应如下：

$$I_2 + 2e^- == 2I^- \qquad \varphi^{\ominus} = 0.535V$$

固体I_2在水中的溶解度很小（25℃时为1.18×10^{-3}mol/L），且易挥发。所以通常将I_2溶解于KI溶液中，形成稳定的I_3^-配离子，其半反应为：

$$I_3^- + 2e^- == 3I^- \qquad \varphi^{\ominus} = 0.545V$$

从$\varphi^{\ominus}$值可以看出，I_2是一种较弱的氧化剂，而I^-是中等强度的还原剂。因此碘量法可以用直接碘量法或间接碘量法两种方式进行。碘量法既可测定氧化剂，又可测定还原剂。以淀粉指示剂指示终点，应用范围很广。

1. 直接碘量法

直接碘量法又称碘滴定法。它是利用I_2作标准滴定溶液直接滴定还原性物质，如S^{2-}、As^{3+}、SO_3^{2-}、$S_2O_3^{2-}$、维生素C等。直接碘量法只能在弱碱性、中性或弱酸性溶液中进行。在强碱性溶液中碘与碱发生歧化反应：

$$3I_2 + 6OH^- == IO_3^- + 5I^- + 3H_2O$$

若反应在强酸性溶液中进行，I^-易被空气中的O_2氧化：

$$4I^- + O_2 + 4H^+ == 2I_2 + 2H_2O$$

2. 间接碘量法

间接碘量法又称滴定碘法。它是利用I^-的还原作用与氧化性物质反应生成游离的I_2，再用还原剂（$Na_2S_2O_3$）标准滴定溶液滴定释放出的I_2，从而测出氧化性物质含量。间接碘量法的基本反应为：

$$2I^- - 2e^- \Longrightarrow I_2$$
$$I_2 + 2S_2O_3^{2-} \Longrightarrow S_4O_6^{2-} + 2I^-$$

利用这一方法可以测定很多氧化性物质，如Cu^{2+}、$Cr_2O_7^{2-}$、IO_3^-、MnO_4^-、NO_2^-、H_2O_2 和漂白粉等。

间接碘量法多在中性或弱酸性溶液中进行。因为在碱性溶液中，则发生如下反应：

$$4I_2 + S_2O_3^{2-} + 10OH^- \Longrightarrow 8I^- + 2SO_4^{2-} + 5H_2O$$

同时，I_2在碱性溶液中还会发生歧化反应。在强酸性溶液中，$S_2O_3^{2-}$溶液会发生分解反应：

$$S_2O_3^{2-} + 2H^+ \Longrightarrow SO_2 + S\downarrow + H_2O$$

I^-在酸性溶液中易被空气中的O_2氧化。

3. 淀粉指示剂

I_2遇淀粉呈现蓝色，其显色灵敏度除与I_2的浓度有关外，还与淀粉的性质、加入的时间、温度及反应介质等条件有关。因此，在使用淀粉指示剂指示终点时应注意以下几点。

（1）所用淀粉必须是可溶性淀粉。

（2）I_3^-与淀粉的蓝色在热溶液中会消失，因此，不能在热溶液中进行滴定。

（3）要注意反应介质条件。淀粉在弱酸性溶液中灵敏度很高，显蓝色；当pH<2 时，淀粉会水解成糊精，与I_2作用显红色；当pH>9 时，I_2转变为IO^-离子，与淀粉不显色。

（4）直接碘量法用淀粉指示剂指示终点时，应在滴定开始时加入，终点时溶液由无色突变为蓝色。间接碘量法用淀粉指示剂指示终点时，应在滴定至I_2的黄色很浅时再加入淀粉指示剂（若过早加入淀粉，它与I_2形成的蓝色配合物会吸留部分I_2，使终点提前且不明显），终点时溶液由蓝色突变为无色。

（5）淀粉指示剂的用量一般为2~5mL（5g/L淀粉指示剂）。

4. 碘量法的误差来源和防止措施

碘量法的误差来源主要有两个，一是I_2具有挥发性，易损失；二是在酸性溶液中I^-易被空气中的氧氧化，而析出I_2。因此，用间接碘量法测定时，要加入过量的KI，使I_2生成I_3^-，并最好在碘量瓶中进行，同时应避免阳光照射，滴定时不要剧烈摇动，以减少I_2的挥发。此外，Cu^{2+}、NO_2^-等离子能催化空气对I^-的氧化，应设法消除干扰。

（二）碘量法应用示例

1. 维生素C含量测定（直接碘量法）

见本模块任务五。

2. 漂白粉中有效氯含量的测定（间接碘量法）

漂白粉的主要成分为$CaCl(OCl)$和$CaCl_2$的混合物，前者与酸反应放出Cl_2，具有漂白、杀菌和消毒作用，故称之为有效氯。漂白粉的质量是以有效氯的含量为衡量标准的。

漂白粉中有效氯的测定方法是先使漂白粉试样溶于稀H_2SO_4介质中，加入过量的KI，反应生成的I_2用$Na_2S_2O_3$标准滴定溶液滴定，从而计算出有效氯含量，其反应式如下：

$$ClO^- + 2I^- + 2H^+ \rightleftharpoons I_2 + Cl^- + H_2O$$

$$I_2 + 2S_2O_3^{2-} \rightleftharpoons S_4O_6^{2-} + 2I^-$$

3. 葡萄糖含量的测定（返滴定法）

葡萄糖分子（$C_6H_{12}O_6$）中含有醛基，在碱性条件下，用过量的I_2可将葡萄糖氧化成葡萄糖酸（$C_6H_{12}O_7$），其反应过程为：

$$I_2 + 2NaOH \rightleftharpoons NaIO + NaI + H_2O$$

$$C_6H_{12}O_6 + NaIO \rightleftharpoons C_6H_{12}O_7 + NaI$$

总反应式：$I_2 + C_6H_{12}O_6 + 2NaOH \rightleftharpoons C_6H_{12}O_7 + 2NaI + H_2O$

$C_6H_{12}O_6$反应完全后，剩下未作用的NaIO在碱性条件下发生歧化反应：

$$3NaIO \rightleftharpoons NaIO_3 + 2NaI$$

在酸性条件下：$NaIO_3 + 5NaI + 6HCl \rightleftharpoons 3I_2 + 6NaCl + 3H_2O$

析出过量的I_2可用$Na_2S_2O_3$标准滴定溶液滴定。

由以上反应可以看出1分子葡萄糖与1分子NaIO作用，而1分子I_2产生1分子NaIO，也就是1分子葡萄糖与1分子I_2相当。本法可用于葡萄糖注射液中葡萄糖含量的测定。

练一练6-1：选择正确答案。

1.（　　　）不能用直接法配制标准溶液。

A. 重铬酸钾　　　　　B. 高锰酸钾　　　C. 碘　　　　　　　D. 硫代硫酸钠

2. 间接碘量法中常用的标准溶液为（　　　）。

A. 高锰酸钾　　　　　B. 重铬酸钾　　　C. 硫代硫酸钠　　　D. 溴酸钾

3. 直接碘量法中，指示剂淀粉溶液应在（　　　）。

A. 滴定开始前加入　　　　　　　　B. 滴定近终点时加入

C. 滴定一半时加入　　　　　　　　D. 滴定终点加入

4. 在用$K_2Cr_2O_7$标定硫代硫酸钠时，由于KI与$K_2Cr_2O_7$反应较慢，为了使反应能进行完全，下列（　　　）是不正确的。

A. 增加KI的量　　　B. 适当增加酸度　　　　C. 加热

D. 使反应在较浓溶液中进行　　　　　　E. 溶液在暗处放置5min

5. 维生素C药片中维生素C含量的测定以（　　　）为标准溶液。

A. $KMnO_4$　　　　　　B. $Na_2S_2O_3$　　　C. $KBrO_3$　　　D. I_2

四、溴酸钾法

【理论微课】
氧化还原滴定-
溴酸钾法及
溴量法

（一）溴酸钾法简介

溴酸钾法（potassium bromate）是以$KBrO_3$为标准滴定溶液的滴定分析方法。$KBrO_3$是一种强氧化剂，在酸性溶液中其电对的半反应式为：

$$BrO_3^- + 6H^+ + 6e^- === Br^- + 3H_2O \qquad \varphi^\ominus = 1.44V$$

$KBrO_3$容易提纯，在180℃烘干后可以直接配制成标准滴定溶液，$KBrO_3$溶液的浓度也可用碘量法进行标定。

由于$KBrO_3$本身与还原剂反应速率慢，实际上常在$KBrO_3$标准滴定溶液中加入过量KBr，当溶液酸化时，BrO_3^-即氧化Br^-析出Br_2。

$$BrO_3^- + 5Br^- + 6H^+ === 3Br_2 + 3H_2O$$

定量析出的Br_2与待测还原性物质反应，反应达化学计量点后，稍过量的Br_2可使指示剂（如甲基橙或甲基红）变色，从而指示终点。

溴酸钾法常与碘量法配合使用，即在酸性溶液中加入一定量过量的$KBrO_3$-KBr标准滴定溶液，与被测物反应完全后，过量的Br_2与加入的KI反应，析出I_2，再以淀粉为指示剂，用$Na_2S_2O_3$标准滴定溶液滴定。

$$Br_2 + 2I^- === I_2 + 2Br^-$$

$$I_2 + 2S_2O_3^{2-} === S_4O_6^{2-} + 2I^-$$

（二）溴酸钾法应用示例

溴酸钾法主要用于测定苯酚。通常在苯酚的酸性溶液中定量加入过量的$KBrO_3$-KBr标准溶液，反应生成的Br_2可取代苯酚中的氢，过量的Br_2用KI还原，析出的碘用$Na_2S_2O_3$标准溶液滴定，从加入的$KBrO_3$量中减去剩余量，即可计算出试样中苯酚的含量。

同样，溴酸钾法还可用于甲酚、苯胺、间苯二酚等的测定。

💡 **思考与练习题**

1. 与酸碱滴定法比较，氧化还原滴定法有哪些特点？

2. 氧化还原滴定中，可用哪些方法检测终点？氧化还原指示剂的变色原理和选择原则与酸碱指示剂有何异同？

3. 常用的氧化还原滴定法有哪些？各种方法的原理及特点是什么？

---

4. 高锰酸钾法应在什么介质中进行？以$Na_2C_2O_4$为基准物质标定$KMnO_4$溶液时，应注意哪些问题？

5. 用$K_2Cr_2O_7$标准滴定溶液滴定Fe^{2+}时，为什么要加入H_3PO_4？

6. 为什么碘量法不适宜在高酸度或高碱度介质中进行？

7. 碘量法的主要误差来源是什么？有哪些防止措施？

8. 在直接碘量法和间接碘量法中，淀粉指示液的加入时间和终点颜色变化有何不同？

9. 如何配制$KMnO_4$、$K_2Cr_2O_7$、$Na_2S_2O_3$和I_2标准滴定溶液？

10. 在100mL溶液中：

（1）含有$KMnO_4$ 1.158g；

（2）含有$K_2Cr_2O_7$ 0.490g。

问在酸性条件下作氧化剂时，$KMnO_4$或$K_2Cr_2O_7$的浓度分别是多少？

11. 准确称取1.0220g H_2O_2溶液于250mL容量瓶中，用蒸馏水稀释至刻度，摇匀。再准确移取此试液25.00mL，用0.02000mol/L $KMnO_4$标准滴定溶液滴定，消耗17.84mL，问H_2O_2试样中H_2O_2的质量分数是多少？

12. 在钙盐溶液中，将钙沉淀为$CaC_2O_4 \cdot H_2O$，经过滤、洗涤后，溶于稀H_2SO_4溶液中，用0.004000mol/L $KMnO_4$溶液滴定生成的$H_2C_2O_4$。计算$KMnO_4$溶液对CaO、$CaCO_3$的滴定度$T_{(CaO/KMnO_4)}$，$T_{(CaCO_3/KMnO_4)}$各为多少？

13. 称取含有PbO和PbO_2试样0.6170g，溶解时用10.00mL 0.1250mol/L $H_2C_2O_4$处理，使PbO_2还原成Pb^{2+}，再用氨中和，则所有Pb^{2+}都形成PbC_2O_4沉淀。（1）滤液和洗涤液酸化后，过量的$H_2C_2O_4$用0.02000mol/L $KMnO_4$溶液滴定，消耗5.00mL；（2）将PbC_2O_4沉淀溶于酸后用0.02000mol/L $KMnO_4$溶液滴定到终点，消耗15.00mL $KMnO_4$溶液。计算PbO和PbO_2的质量分数。

14. 称取铁矿石试样0.2000g，用0.008400mol/L $K_2Cr_2O_7$标准滴定溶液滴定，到达终点时消耗$K_2Cr_2O_7$溶液26.78mL，计算Fe_2O_3的质量分数。

15. 称取甲醇试样0.1000g，在H_2SO_4介质中与25.00mL 0.01667mol/L的$K_2Cr_2O_7$溶液作用，反应后过量的$K_2Cr_2O_7$用0.1000mol/L的Fe^{2+}标准滴定溶液返滴定，用去Fe^{2+}溶液10.00mL，计算试样中甲醇的质量分数。

（反应式：$CH_3OH + Cr_2O_7^{2-} + 8H^+ \longrightarrow 2Cr^{3+} + CO_2 + 6H_2O$）

16. 称取KIO_3 0.3567g溶于水并稀释至100mL，移取所得溶液25.00mL，加入H_2SO_4和KI溶液，以淀粉为指示剂，用$Na_2S_2O_3$溶液滴定析出的I_2，至终点时消耗$Na_2S_2O_3$溶液24.98mL，求$Na_2S_2O_3$溶液的浓度。

17. 称取铜试样 0.4198g，用碘量法滴定。矿样经处理后，加入H_2SO_4和KI，析出I_2，然后用$Na_2S_2O_3$标准滴定溶液滴定消耗 35.02mL，而 41.18mL $Na_2S_2O_3$ 相当于 0.2120g $K_2Cr_2O_7$，求铜矿中CuO的质量分数。

18. 称取苯酚试样 0.5005g，用NaOH溶液溶解后，准确配制成250mL试液。移取 25.00mL 试液于碘量瓶中，加入$KBrO_3$-KBr标准滴定溶液 25.00mL 及 HCl 溶液，使苯酚溴化为三溴苯酚，加入KI溶液，使未反应的Br_2 还原并析出定量的I_2，然后用 0.1006mol/L的$Na_2S_2O_3$ 标准滴定溶液滴定，用去 15.04mL。另取 25.00mL $KBrO_3$-KBr标准滴定溶液，加HCl和KI溶液，析出I_2，用上述的$Na_2S_2O_3$标准滴定溶液滴定，用去 40.10mL。已知$M(C_6H_5OH) = 94.11$g/mol。主要反应为：

$$KBrO_3 + 5KBr + 6HCl = 6KCl + 3Br_2 + 3H_2O$$

$$C_6H_5OH + 3Br_2 = C_6H_2Br_3OH + 3HBr$$

$$Br_2 + 2KI = I_2 + 2KBr$$

$$I_2 + 2Na_2S_2O_3 = 2NaI + Na_2S_4O_6$$

计算苯酚的质量分数。

19. 试剂厂生产化学试剂$FeCl_3 \cdot 6H_2O$，按国家标准规定：二级含量不少于99.0%；三级含量不少于98.0%。为了检查本厂生产的一批产品，化验员进行了质量鉴定。称取 0.5000g样品，加水溶解后，再加HCl和KI，反应后，析出的I_2用 0.1000mol/L的$Na_2S_2O_3$ 标准滴定溶液滴定，消耗标准滴定溶液 18.20mL，问本批产品符合哪一级标准？（主要反应：$2I^- + 2Fe^{3+} = I_2 + 2Fe^{2+}$，$I_2 + 2S_2O_3^{2-} = S_4O_6^{2-} + 2I^-$）

任务一　高锰酸钾标准滴定溶液的配制与标定

一、承接任务

1. 任务说明

高锰酸钾是常用的氧化剂，其标准溶液常在氧化还原滴定中作为滴定剂，用于测定样品中还原物质的含量。本任务依据GB/T 601—2016《化学试剂　标准滴定溶液的制备》等相关标准，用市售分析纯高锰酸钾固体试剂配制0.02mol/L高锰酸钾标准溶液，并标定其准确浓度。

【实操微课】
高锰酸钾配制与
标定完整流程

2. 任务要求

（1）掌握KMnO₄溶液的配制和保存方法。

（2）掌握用Na₂C₂O₄基准物质标定KMnO₄溶液的原理和方法。

（3）学习用KMnO₄自身指示剂判断滴定终点的方法。

二、方案设计

1. 相关知识

（1）高锰酸钾溶液的配制　市售高锰酸钾（$KMnO_4$）试剂中常含有少量的MnO_2及其他杂质，使用的蒸馏水中也含有微量如尘埃、有机物等还原性物质，这些物质都能促使$KMnO_4$还原。此外，$KMnO_4$在水中还能自行分解，且见光分解速度加快，因此$KMnO_4$标准滴定溶液不能直接配制，而是采用间接法先配成近似所需浓度的溶液，然后再用基准物质标定。

为了配制较稳定的$KMnO_4$溶液，常采用下列措施。

①称取稍多于计算用量的$KMnO_4$固体，溶解在规定体积的蒸馏水中。

②将配好的$KMnO_4$溶液加热煮沸，并保持微沸15min。放置两周，使溶液中可能存在的还原性物质完全氧化。

③用微孔玻璃漏斗过滤，除去析出的沉淀，滤液移入棕色试剂瓶中，并存放于暗处保存，避免$KMnO_4$见光分解。

（2）高锰酸钾标准溶液的标定　标定$KMnO_4$溶液的基准物质很多，如纯铁丝、$Na_2C_2O_4$、$H_2C_2O_4 \cdot 2H_2O$、$(NH_4)_2Fe(SO_4)_2 \cdot 6H_2O$等，其中最常用的是草酸钠（$Na_2C_2O_4$），因为$Na_2C_2O_4$不含结晶水，易提纯，性质稳定，在105~110℃烘至恒重，冷却后即可使用。用$Na_2C_2O_4$作为基准物质标定$KMnO_4$溶液须在H_2SO_4介质中进行，其反应如下：

$$2MnO_4^- + 5C_2O_4^{2-} + 16H^+ =\!=\!= 2Mn^{2+} + 10CO_2 \uparrow + 8H_2O$$

$KMnO_4$溶液本身有色，当溶液中的MnO_4^-浓度为2×10^{-6}mol/L时，人眼即可以观察到粉红色，所以用$KMnO_4$溶液做滴定剂时，一般不加指示剂。用$KMnO_4$溶液滴定至溶液呈粉红色30s不褪色即为终点。放置时间过长，空气中还原性物质能使$KMnO_4$还原而褪色。

2. 实施方案

0.02mol/L 待标定KMnO₄标准溶液的配制 → 0.02mol/L KMnO₄溶液的标定 → 结果计算 → 完成任务工单。

三、任务准备

1. 药品及试剂

（1）H_2SO_4溶液（8+92）配制：量取8mL浓硫酸，缓缓注入92mL水中，冷却，摇匀。

（2）草酸钠（$Na_2C_2O_4$）基准试剂：草酸钠基准试剂经105~110℃干燥至恒重，置于干燥器内冷却后备用。

（3）高锰酸钾（$KMnO_4$）固体（分析纯）。

2. 设备及器皿

（1）天平：分析天平、托盘天平或台秤。

（2）滴定装置：滴定台、滴定管夹、棕色酸式滴定管或棕色酸碱通用滴定管、锥形瓶、洗瓶。

（3）玻璃仪器：量筒、烧杯、棕色试剂瓶、4号玻璃过滤坩埚、抽滤装置、玻璃棒等。

3. 耗材及其他

滤纸、标签纸、称量纸、药匙等。

四、任务实施

1. 实施步骤（执行GB/T 601—2016）

（1）0.02mol/L 待标定$KMnO_4$溶液的配制　称取 3.3g 高锰酸钾，溶于 1050mL 水中，缓缓煮沸 15min，冷却，于暗处放置两周，用已处理过的 4 号玻璃过滤坩埚（在同样浓度的高锰酸钾溶液中缓缓煮沸 5min）过滤，贮存于棕色瓶中。

（2）0.02mol/L $KMnO_4$ 溶液的标定　准确称取 0.25g 已干燥至恒量的 $Na_2C_2O_4$ 基准试剂，溶于 100mL 硫酸溶液（8+92）中，用配好的 $KMnO_4$ 溶液滴定，近终点时加热至约 65℃，继续滴定至溶液呈微红色，并保持30s。同时做空白试验。记录实验结果，平行测定3~4次。

2. 结果记录及处理

（1）高锰酸钾标准滴定溶液的标定数据表　记录数据并处理，详见"高锰酸钾标准溶液的配制与标定"任务工单。

（2）数据处理

例：准确称取 0.2496g $Na_2C_2O_4$ 基准试剂，溶于硫酸溶液中，用配好的 $KMnO_4$ 溶液滴定，近终点时加热至约 65℃，继续滴定至溶液呈微红色，并保持 30s。消耗 $KMnO_4$ 滴定溶液 37.17mL。空白试验消耗$KMnO_4$滴定溶液 0.05mL。求$KMnO_4$溶液的浓度。

解：反应式　$2MnO_4^- + 5C_2O_4^{2-} + 16H^+ \Longrightarrow 2Mn^{2+} + 10CO_2\uparrow + 8H_2O$

根据等物质的量规则，则：

$$c(KMnO_4) = \frac{2 \times m(Na_2C_2O_4) \times 1000}{5 \times (V - V_0) \times M(Na_2C_2O_4)}$$

式中　$c(KMnO_4)$——$KMnO_4$溶液浓度，mol/L；

$\quad m(Na_2C_2O_4)$——称取基准$Na_2C_2O_4$的质量，g；

$\qquad V$——滴定消耗$KMnO_4$溶液体积，mL；

$\qquad V_0$——空白试验消耗$KMnO_4$溶液体积，mL；

$M(Na_2C_2O_4)$——$Na_2C_2O_4$摩尔质量，134.00g/mol。

由此可得$KMnO_4$溶液浓度为：

高锰酸钾标准溶
液的配制与标定
任务工单

$$c = \frac{2 \times 0.2496 \times 1000}{5 \times (37.17 - 0.05) \times 134.00} = 0.02007（mol/L）$$

3. 出具报告

完成"高锰酸钾标准溶液的配制与标定"任务工单。

五、任务小结

1. 操作注意事项

（1）标定反应开始时速度很慢，当有Mn^{2+}生成后，反应速度逐渐加快，因为Mn^{2+}对该反应有自动催化作用而加快了反应速率，因此，开始滴定时要逐滴加入，待前一滴溶液褪色后再加第二滴。此后，因反应生成的Mn^{2+}随之可加快滴定速率，但又不能过快，否则加入的$KMnO_4$溶液会因来不及与$Na_2C_2O_4$反应，直接在热的酸性溶液中分解，导致标定结果偏低。

$$4MnO_4^- + 12H^+ \Longrightarrow 4Mn^{2+} + 5O_2\uparrow + 6H_2O$$

（2）滴定中常以加热滴定溶液的方法来提高反应速率。滴定温度一般控制在70~80℃，不应低于60℃，否则反应速度太慢，但温度太高（超过90℃），草酸又将分解，导致标定结果偏高。

$$H_2C_2O_4 \Longrightarrow H_2O + CO_2\uparrow + CO\uparrow$$

（3）溶液应保持足够大的酸度，一般控制酸度为0.5~1mol/L。如果酸度不足，易生成MnO_2沉淀；酸度过高，又会使$H_2C_2O_4$分解。

（4）标定好的$KMnO_4$溶液在放置一段时间后，若发现有沉淀析出，应重新过滤并标定。

2. 安全注意事项

（1）实训过程应做好防护，穿戴实训服、手套、护目镜等安全防护装置。

（2）趁热滴定时，注意戴纱布手套，防止烫伤。

（3）衣服或地板上不小心溅落的高锰酸钾溶液，可用热草酸钠溶液处理。

3. 应急预案（针对高锰酸钾的意外情况）

（1）皮肤接触　立即脱去污染的衣服，用大量流动清水冲洗至少15min，就医。若不严重则可用汽油清洗。

（2）眼睛接触　立即提起眼睑，用大量流动清水或生理盐水彻底冲洗至少15min，就医。

（3）吸入　迅速脱离现场至空气新鲜处，保持呼吸道通畅。如呼吸困难，给输氧；如呼吸停止，立即进行人工呼吸；就医。

（4）食入　用水漱口，给饮牛奶或蛋清，就医。

（5）灭火方法　采用水、雾状水灭火。

六、任务拓展与思考

1. 配制KMnO₄标准滴定溶液时，为什么要把KMnO₄溶液煮沸一定时间和放置数天？为什么还要过滤？是否可用滤纸过滤？

2. 用Na₂C₂O₄标定KMnO₄溶液浓度时，H₂SO₄加入量的多少对标定结果有何影响？可否用盐酸或硝酸来代替？

3. 用Na₂C₂O₄标定KMnO₄溶液浓度时，为什么要加热？温度是否越高越好，为什么？

4. 本实验的滴定速度如何掌握为宜？为什么？试解释溶液褪色的速度越来越快的现象。

5. 滴定管中的KMnO₄溶液，应如何准确地读取读数？

任务二　过氧化氢含量的测定

一、承接任务

1. 任务说明

过氧化氢水溶液（俗称双氧水）具有氧化还原性，在医药、卫生行业上广泛用作消毒剂、杀菌剂，在生产中也可用于氧化剂、漂白剂等，其有效成分过氧化氢含量的高低，对产品性能有直接影响，是产品重要性能指标，也是必检项目之一。本任务依据GB/T 6684—2002《化学试剂　30%过氧化氢》、GB 22216—2020《食品安全国家标准　食品添加剂　过氧化氢》等相关标准，用已知准确浓度的0.02mol/L高锰酸钾标准溶液，测定市售过氧化氢试剂中过氧化氢含量。

【实操微课】
双氧水中过氧化氢含量测定完整流程

2. 任务要求

（1）掌握过氧化氢试液的移取方法。

（2）掌握用高锰酸钾法测定过氧化氢含量的原理和方法。

二、方案设计

1. 相关知识

H_2O_2具有还原性，在酸性介质中和室温条件下能被高锰酸钾定量氧化，其反应式为：

$$2MnO_4^- + 5H_2O_2 + 6H^+ == 2Mn^{2+} + 5O_2 \uparrow + 8H_2O$$

在室温条件下，滴定开始时反应缓慢，但随着Mn^{2+}的生成而加速，也可先加入少量Mn^{2+}

为催化剂。若H_2O_2中含有机物，后者也会消耗$KMnO_4$，使测定结果偏高，此时，应改用碘量法测定H_2O_2。本方法以高锰酸钾自身为指示剂，用$KMnO_4$标准滴定溶液滴定至溶液呈淡粉红色，30s不褪色即为终点。放置时间过长，空气中还原性物质能使$KMnO_4$还原而褪色。

2. 实施方案

试剂准备、配制与标定 → 过氧化氢含量的测定 → 结果计算 → 完成任务工单。

三、任务准备

1. 药品及试剂

（1）0.02mol/L $KMnO_4$标准溶液：配制与标定见本模块任务一。

（2）3mol/L H_2SO_4溶液配制：量取170mL浓硫酸，缓缓注入适量水中，冷却至室温后用水稀释至1000mL，混匀。

（3）待测样品：市售过氧化氢试剂。

2. 设备及器皿

（1）滴定装置：滴定台、滴定管夹、棕色酸式滴定管或棕色酸碱通用滴定管、锥形瓶、洗瓶。

（2）玻璃仪器：容量瓶、移液管、吸量管、量筒、烧杯、玻璃棒等。

3. 耗材及其他

滤纸、标签纸、洗耳球等。

四、任务实施

1. 样品采集及处理

用吸量管吸取H_2O_2试样溶液2.00mL，置于250mL容量瓶中，加水稀释至刻度，充分摇匀备用。

2. 实施步骤

用移液管准确吸取稀释过的样品溶液25.00mL于250mL锥形瓶中，加入3mol/L H_2SO_4 5mL，用$KMnO_4$标准溶液滴定至溶液呈淡粉红色，30s不褪色即为终点。同时做空白实验。记录实验结果，平行测定3~4次。

3. 结果记录及处理

（1）过氧化氢含量的测定数据表　记录数据并处理，详见"过氧化氢含量的测定"任务工单。

（2）数据处理

例：准确吸取H_2O_2试样溶液2.00mL，置于250mL容量瓶中定容。准确吸取稀释过的H_2O_2样品溶液25.00mL于250mL锥形瓶中，加入H_2SO_4溶液，用0.02004mol/L $KMnO_4$标准溶液滴定至终点，消耗28.10mL。空白试验消耗$KMnO_4$标准溶液0.10mL，求H_2O_2试样中质量浓度

ρ（H_2O_2）（g/L）是多少？

解：反应式　　$2MnO_4^- + 5H_2O_2 + 6H^+ \xlongequal{\quad} 2Mn^{2+} + 5O_2 \uparrow + 8H_2O$

根据等物质的量规则，则：

$$c(H_2O_2) = \frac{5 \times c(KMnO_4) \times (V_1 - V_0)}{2 \times V(H_2O_2)}$$

$$\rho(H_2O_2) = \frac{c(H_2O_2) \times 250.0 \times M(H_2O_2)}{V}$$

式中　$c(H_2O_2)$——稀释过的试样中H_2O_2浓度，mol/L；

　　$c(KMnO_4)$——$KMnO_4$标准溶液浓度，mol/L；

　　　　V_1——滴定消耗$KMnO_4$标准溶液体积，mL；

　　　　V_0——空白试验消耗$KMnO_4$标准溶液体积，mL；

　　$V(H_2O_2)$——吸取稀释过的试样体积，mL；

　　$M(H_2O_2)$——H_2O_2的摩尔质量，34.02g/mol；

　　　　　V——试样稀释时吸取H_2O_2试样体积，mL。

由此可得H_2O_2试样中H_2O_2质量浓度（g/L）计算公式：

$$c(H_2O_2) = \frac{5 \times 0.02004 \times (28.10 - 0.10)}{2 \times 25.00} = 0.05611(mol/L)$$

$$\rho(H_2O_2) = \frac{0.05611 \times 250.0 \times 34.02}{2.00} == 238.6(g/L)$$

过氧化氢含量的
测定任务工单

4. 出具报告

完成"过氧化氢含量的测定"任务工单。

五、任务小结

1. 操作注意事项

（1）溶液应保持足够大的酸度，一般控制酸度为0.5~1mol/L。

（2）不能通过加热来加快反应速度。

2. 安全注意事项

同本模块任务一。

3. 应急预案（针对过氧化氢的意外情况）

（1）皮肤接触　脱去被污染的衣服，用大量流动清水冲洗。

（2）眼睛接触　立即提起眼睑，用大量流动清水或生理盐水彻底冲洗至少15min，就医。

（3）吸入　迅速脱离现场至空气新鲜处，保持呼吸道通畅。如呼吸困难，给输氧；如呼吸停止，立即进行人工呼吸；就医。

（4）食入 饮足量温水，催吐，就医。

（5）灭火剂 水、雾状水、干粉、砂土。

六、任务拓展与思考

1. 用$KMnO_4$法测定过氧化氢时，能否用硝酸或盐酸来控制酸度？

2. 用$KMnO_4$法测定过氧化氢时，为何不能通过加热方式来加速反应？

3. 在滴定时，$KMnO_4$溶液应放在哪类滴定管中？为什么？

4. 若H_2O_2试样为工业产品，可否用$KMnO_4$法测定？为什么？（提示：工业产品中常加有少量乙酰苯胺等有机化合物作稳定剂。）

任务三 硫代硫酸钠标准溶液的配制与标定

一、承接任务

1. 任务说明

硫代硫酸钠具有强还原性，其标准溶液常在氧化还原滴定中常作为还原性滴定剂，用于测定样品中氧化物的含量。本任务依据GB/T 601—2016《化学试剂 标准滴定溶液的制备》等相关标准，用市售五水合硫代硫酸钠固体，配制0.1mol/L硫代硫酸钠标准溶液，并标定其准确浓度。

【实操微课】
硫代硫酸钠配制
与标定完整流程-
碘酸钾法

2. 任务要求

（1）掌握硫代硫酸钠标准溶液的配制、标定和保存方法。

（2）掌握以碘酸钾为基准试剂标定硫代硫酸钠的原理和方法。

二、方案设计

1. 相关知识

（1）$Na_2S_2O_3$标准溶液的配制 硫代硫酸钠（$Na_2S_2O_3 \cdot 5H_2O$）容易风化，市售硫代硫酸钠一般含有少量杂质，因此不能用直接法配制$Na_2S_2O_3$标准滴定溶液，只能采用间接法。

配制好的$Na_2S_2O_3$溶液在空气中不稳定，容易分解，原因是在水中的微生物、二氧化碳、空气中的氧作用下发生下列反应：

$$Na_2S_2O_3 \xrightarrow{\text{微生物}} Na_2SO_3 + S\downarrow$$

$$Na_2S_2O_3 + CO_2 + H_2O == NaHSO_3 + NaHCO_3 + S\downarrow$$

$$2Na_2S_2O_3 + O_2 == 2Na_2SO_4 + 2S\downarrow$$

此外，水中微量的Fe^{3+}或Cu^{2+}等也能促进$Na_2S_2O_3$溶液分解，因此，配制$Na_2S_2O_3$溶液时应使用新煮沸（为了除去CO_2和杀死细菌）并冷却的蒸馏水，并加入少量Na_2CO_3，使溶液呈碱性，以抑制细菌生长。配制好的$Na_2S_2O_3$溶液应贮存于棕色瓶中，于暗处放置两周，过滤去沉淀后再标定。标定后的$Na_2S_2O_3$溶液不易长期保存。如使用一段时间后发现溶液变浑浊，应过滤后再标定，或弃去重新配制。

（2）$Na_2S_2O_3$标准溶液的标定　用于标定$Na_2S_2O_3$溶液的基准物质很多，常用的基准试剂有KIO_3、$KBrO_3$、$K_2Cr_2O_7$及升华I_2等，除I_2外，其他物质均需在酸性溶液中与KI作用析出I_2后，再用配制好的$Na_2S_2O_3$溶液滴定。若以$K_2Cr_2O_7$、KIO_3为基准试剂，其主要反应如下。

第一步反应：$IO_3^- + 5I^- + 6H^+ == 3I_2 + 3H_2O$（$KIO_3$法）

$$Cr_2O_7^{2-} + 6I^- + 14H^+ == 2Cr^{3+} + 3I_2 + 7H_2O（K_2Cr_2O_7法）$$

反应后产生定量的I_2，加水稀释后，用$Na_2S_2O_3$溶液滴定。

第二步反应：$I_2 + 2Na_2S_2O_3 == Na_2S_4O_6 + 2NaI$

在滴定近终点时加入淀粉指示剂，继续滴定至蓝色恰好消失，即为终点。

现对两步反应所需要的条件说明如下。

第一，为什么第一步反应进行要加入过量的KI和H_2SO_4，$K_2Cr_2O_7$法反应后又要在暗处放置10min？

实验证明$K_2Cr_2O_7$法反应速度较慢，需要放置10min后反应才能定量完成。加入过量的KI和H_2SO_4不仅为了加快反应速度，也为防止I_2的挥发。此时生成I_3^-配位离子。由于I^-在酸性溶液中易被空气中的氧气氧化，I_2易被日光照射分解，故需要置于暗处避光。

第二，为什么第一步反应后，用$Na_2S_2O_3$溶液滴定前要加入大量水稀释？

由于第一步反应要求在强酸性溶液中进行，而$Na_2S_2O_3$与I_2的反应必须在弱酸性或中性溶液中进行，因此需要加水稀释以降低酸度，防止$Na_2S_2O_3$分解。此外由于$Cr_2O_7^{2-}$的还原产物Cr^{3+}显墨绿色，妨碍终点的观察，稀释后Cr^{3+}浓度降低，墨绿色变浅，使终点易于观察。

2. 实施方案

0.1mol/L待标定硫代硫酸钠标准溶液的配制→硫代硫酸钠溶液的标定→结果计算→完成任务工单。

三、任务准备

1. 药品及试剂

（1）20% KI溶液配制：称取20g KI固体，加入80mL水溶解，混匀。

（2）0.5mol/L H_2SO_4 溶液配制：量取 30mL 浓硫酸，缓缓注入 1000mL 水中，冷却，摇匀。

（3）20% H_2SO_4 溶液（密度 1.14g/mL）配制：量取 130mL 浓硫酸，缓缓注入 870mL 水中，冷却，摇匀。

（4）10g/L 淀粉指示液配制：称取 1g 可溶性淀粉，加入约 5mL 水，搅匀后缓缓倾入 100mL 沸水中，随加随搅拌，煮沸 2min，冷却后转移至试剂瓶中，备用。此指示液应临用时配制。

（5）KIO_3 基准试剂：KIO_3 基准试剂经 120~140℃ 干燥至恒重，置于干燥器内冷却。

（6）K_2CrO_7 基准试剂：K_2CrO_7 基准试剂经（120±2）℃ 干燥至恒重，置于干燥器内冷却。

（7）硫代硫酸钠（$Na_2S_2O_3 \cdot 5H_2O$）固体（分析纯）。

（8）无水碳酸钠固体（分析纯）。

（9）碘化钾（KI）固体（分析纯）。

2. 设备及器皿

（1）天平：分析天平、托盘天平或台秤。

（2）滴定装置：滴定台、滴定管夹、棕色酸式滴定管或棕色酸碱通用滴定管、锥形瓶、碘量瓶、洗瓶。

（3）玻璃仪器：容量瓶、移液管、吸量管、量筒、烧杯、棕色试剂瓶（试剂瓶）、玻璃棒等。

3. 耗材及其他

滤纸、标签纸、称量纸、药匙等。

四、任务实施

1. 实施步骤（执行GB/T 601—2016）

（1）0.1mol/L 待标定 $Na_2S_2O_3$ 标准溶液的配制　称取 26g 五水合硫代硫酸钠（$Na_2S_2O_3 \cdot 5H_2O$）（或 16g 无水硫代硫酸钠），加 0.2g 无水碳酸钠，溶于 1000mL 水中，缓缓煮沸 10min，冷却，摇匀，贴上标签，置于暗处，放置两周后过滤，待标定。

（2）0.1mol/L $Na_2S_2O_3$ 溶液的标定

①方法 1（KIO_3 法）：准确称取 0.9g 已干燥至恒重的 KIO_3 基准试剂，置于小烧杯中，加入少量蒸馏水溶解后，移入 250mL 容量瓶中，用蒸馏水稀释至刻度，摇匀，贴上标签。

用移液管吸取上述 KIO_3 标准溶液 25.00mL 置于 250mL 锥形瓶中，加入 20%KI 溶液 5mL 和 0.5mol/L H_2SO_4 溶液 5mL，用水稀释至 100mL，立即用待标定的 $Na_2S_2O_3$ 溶液滴定至淡黄色，再加入 2mL 淀粉指示液，继续用 $Na_2S_2O_3$ 溶液滴定至蓝色恰好消失，即为终点。记录实验结果，同时做空白试验，平行测定 3~4 次。

②方法 2（$K_2Cr_2O_7$ 法）：准确称取 0.18g 于（120±2）℃ 干燥至恒重的基准试剂重铬酸钾，置于碘量瓶中，加入 25mL 水再溶解，加入 2g KI 及 20mL

【实操微课】
硫代硫酸钠标准
溶液的标定–
重铬酸钾法

20%H_2SO_4溶液，摇匀，于暗处放置10min。加150mL水（15~20℃），用配制好的$Na_2S_2O_3$溶液滴定，临近终点时加2mL淀粉指示液（10g/L），继续用$Na_2S_2O_3$溶液滴定至溶液由蓝色变为亮绿色。记录实验结果，同时做空白试验，平行测定3~4次。

【实操微课】
硫代硫酸钠标准溶液的标定（空白实验）-重铬酸钾法

2. 结果记录及处理

（1）硫代硫酸钠标准溶液的标定数据表　记录数据并处理，详见"硫代硫酸钠标准溶液的配制与标定"任务工单。

（2）数据处理

例：准确称取KIO_3基准试剂0.8992g，溶解后转移至250mL容量瓶中定容。用移液管吸取上述KIO_3标准溶液25.00mL置于250mL锥形瓶中，加入KI和H_2SO_4溶液，用水稀释后，以淀粉为指示液，用$Na_2S_2O_3$溶液滴定至终点，消耗25.15mL。试剂空白试验消耗0.05mL。求$Na_2S_2O_3$标准溶液浓度c。

解：采用分步计算。

①KIO_3标准溶液浓度计算：

$$c\,(KIO_3) = \frac{m\,(KIO_3) \times 1000}{M\,(KIO_3) \times 250.0}$$

式中　$m\,(KIO_3)$——称取碘酸钾质量，g；

$\qquad M\,(KIO_3)$——碘酸钾摩尔质量，214.0g/mol；

$\qquad$ 250.0——碘酸钾定容体积，mL。

$$c\,(KIO_3) = \frac{0.8992 \times 1000}{214.0 \times 250.0} = 0.1681\,(mol\,/\,L)$$

②$Na_2S_2O_3$标准溶液浓度计算：

反应式　　　　　　　　$IO_3^- + 5I^- + 6H^+ \Longequal 3I_2 + 3H_2O$

$\qquad\qquad\qquad\qquad I_2 + 2Na_2S_2O_3 \Longequal Na_2S_4O_6 + 2NaI$

根据等物质的量规则，则：

$$c\,(Na_2S_2O_3) = \frac{6 \times c\,(KIO_3) \times 25.00}{(V - V_0)}$$

式中　$c\,(Na_2S_2O_3)$——$Na_2S_2O_3$溶液浓度，mol/L；

$\qquad c\,(KIO_3)$——KIO_3标准溶液浓度，mol/L；

$\qquad V$——滴定消耗$Na_2S_2O_3$溶液体积，mL；

$\qquad V_0$——空白试验消耗$Na_2S_2O_3$溶液体积，mL。

$\qquad$ 25.00——吸取KIO_3标准溶液体积，mL。

由此可计算 $Na_2S_2O_3$ 溶液浓度为：

$$c(Na_2S_2O_3) = \frac{6 \times 0.01681 \times 25.00}{(25.15 - 0.05)} = 0.1005\,(mol\,/\,L)$$

硫代硫酸钠标准溶
液的配制与标定
任务工单

3. 出具报告

完成"硫代硫酸钠标准溶液的配制与标定"任务工单。

五、任务小结

1. 操作注意事项

（1）若选用 $KBrO_3$ 为基准试剂时反应较慢，为加速反应需增加酸度，因而改为取 2mol/L H_2SO_4 溶液 5mL，并需在暗处放置 5min，使反应进行完全，且改用碘量瓶。

（2）用 $Na_2S_2O_3$ 溶液滴定生成 I_2 时应保持溶液呈中性或弱酸性，以防 $Na_2S_2O_3$ 分解，所以常在滴定前用蒸馏水稀释，以降低酸度。

（3）滴定至终点后，经过 5~10min，溶液又会出现蓝色，这是由于空气氧化 I^- 所引起的，属正常现象。

（4）若滴定到终点后，很快又转变为 I^- 淀粉的蓝色，则可能是由于酸度不足或放置时间不够使 KIO_3 与 KI 的反应未完全，此时应弃去重做。

（5）用 $K_2Cr_2O_7$ 标定 $Na_2S_2O_3$ 溶液时 $Cr_2O_7^{2-}$ 与 I^- 反应较慢，为加速反应，需加入过量的 KI，并提高酸度，但酸度过高会加速空气氧化 I^-。因此，一般应控制酸度为 0.2~0.4mol/L，并在暗处放置 10min，以保证反应顺利完成。

2. 安全注意事项

（1）实训过程应做好防护，穿戴实训服、手套、护目镜等安全防护装置。

（2）使用电炉时，注意戴纱布手套，防止烫伤。

3. 应急预案（针对硫代硫酸钠的意外情况）

（1）皮肤接触　脱去污染的衣服，用流动清水和肥皂水彻底冲洗皮肤，如有不适感，就医。

（2）眼睛接触　提起眼睑，用流动清水冲洗，如有不适感，就医。

（3）吸入　迅速脱离现场至空气新鲜处，保持呼吸道通畅。如呼吸困难，给输氧；如呼吸、心跳停止，立即进行心肺复苏术，就医。

（4）食入　用水漱口，如有不适感，就医。

（5）灭火方法　用水雾、泡沫、干粉或二氧化碳灭火。

六、任务拓展与思考

1. 在配制 $Na_2S_2O_3$ 标准滴定溶液时，为何要将溶液煮沸或使用新煮沸并冷却后的蒸馏水配制？为什么常加入少量 Na_2CO_3？为什么需放置两周后才标定？

2. 为什么可以用KIO_3作为基准试剂来标定$Na_2S_2O_3$溶液？为提高准确度，滴定中应注意哪些问题？

3. 在KIO_3法中，溶液被滴定至淡黄色，说明了什么？为什么在这时才加入淀粉指示剂？如果用I_2溶液滴定$Na_2S_2O_3$溶液，又应在何时加入淀粉指示剂？

4. 若配制0.1mol/L的$Na_2S_2O_3$溶液500mL，应称取多少克无水$Na_2S_2O_3$？

任务四　碘标准溶液的配制与标定

一、承接任务

1. 任务说明

在定量分析样品中还原性组分时，比如食品中葡萄糖、水中余氯、溶解氧等，常用碘标准溶液。本任务依据GB/T 601—2016《化学试剂　标准滴定溶液的制备》等相关标准，用市售分析纯固体碘单质和碘化钾，配制0.05mol/L碘标准溶液，并用已知浓度的0.1mol/L硫代硫酸钠标准溶液，标定其准确浓度。

2. 任务要求

（1）掌握碘标准溶液的配制、标定和保存方法。

（2）了解碘量法的操作过程及注意事项。

二、方案设计

1. 相关知识

（1）碘的性质及配制　用升华法制得的纯碘可作为基准试剂直接配制成标准I_2溶液，但因碘升华，称量时对天平有腐蚀性，故不宜采用。市售的碘常含有杂质，不能作为基准物质，只能用碘先配成近似浓度的碘溶液，然后再用基准试剂或已知浓度的$Na_2S_2O_3$标准溶液标定碘溶液的准确浓度。

由于碘（I_2）难溶于水，易溶于碘化钾（KI）溶液生成KI_3。

$$I_2 + I^- \rightleftharpoons I_3^-$$

故配制时应先将I_2溶于40%的KI溶液中，再加水稀释到一定体积。稀释后溶液中KI的浓度应保持在4%左右。I_2易挥发，在日光照射下易发生反应，因此I_2溶液应保存在带严密塞子的棕色瓶中，并放置在暗处保存。此外，由于I_2溶液腐蚀金属和橡皮，所以滴定时应装入棕色酸式滴定管中。

（2）碘标准溶液的标定　I_2溶液可用As_2O_3基准物质标定。As_2O_3难溶于水，常用NaOH溶液溶解，反应生成亚砷酸钠，再用I_2溶液进行滴定。反应如下：

$$As_2O_3 + 6NaOH == 2Na_3AsO_3 + 3H_2O$$

$$AsO_3^{3-} + I_2 + H_2O \rightleftharpoons AsO_4^{3-} + 2I^- + 2H^+$$

此反应为可逆反应，在中性或微碱性溶液中（pH≈8），反应能定量地向右进行，为此，可加固体$NaHCO_3$以中和反应生成的H^+，保持溶液pH≈8。

由于As_2O_3为剧毒物，一般不宜采用。实际工作中常用已知浓度的硫代硫酸钠标准溶液标定碘溶液，反应如下：

$$I_2 + 2Na_2S_2O_3 == Na_2S_4O_6 + 2NaI$$

以淀粉为指示剂，滴定终点由无色到蓝色。此外，由于I_2溶液腐蚀金属和橡皮，所以滴定时I_2溶液应装入棕色滴定管中。

2. 实施方案

0.05mol/L待标定碘标准溶液的配制 → 0.05mol/L碘溶液的标定 → 结果计算 → 完成任务工单。

三、任务准备

1. 药品及试剂

（1）0.1mol/L $Na_2S_2O_3$标准溶液：配制与标定见本模块任务三。

（2）10g/L淀粉指示液配制：见本模块任务三。

（3）0.1mol/L盐酸溶液：用量筒量取浓盐酸9mL，注入1000mL水中。

（4）碘（I_2）固体（分析纯）。

（5）碘化钾（KI）固体（分析纯）。

2. 设备及器皿

（1）天平：分析天平、托盘天平或台秤。

（2）滴定装置：滴定台、滴定管夹、棕色酸式滴定管或棕色酸碱通用滴定管、锥形瓶、碘量瓶、洗瓶。

（3）玻璃仪器：容量瓶、移液管、吸量管、量筒、烧杯、棕色试剂瓶（试剂瓶）、玻璃棒等。

3. 耗材及其他

滤纸、标签纸、称量纸、药匙等。

四、任务实施

1. 实施步骤（执行GB/T 601—2016）

（1）0.05mol/L待标定I_2标准溶液的配制　称取13g碘和35g碘化钾，溶于100mL水中，置于棕色瓶中，放置2d，稀释至1000mL，摇匀，贮存于棕色瓶中，贴上标签，置于阴凉处，密闭，避光保存。

【实操微课】
碘溶液的配制

（2）0.05mol/L I_2溶液的标定　准确量取35.00~40.00mL配制好的碘溶液，置于碘量瓶中，加150mL水（15~20℃），加0.1mol/L盐酸溶液5mL，用0.1mol/L $Na_2S_2O_3$标准溶液滴定，临近终点时加2mL淀粉指示液，继续滴定至溶液蓝色消失。记录实验结果，平行测定3~4次。

【实操微课】
碘标准溶液的标定

同时做水消耗碘的空白试验：取250mL水（15~20℃），加0.1mol/L盐酸溶液5mL，加0.05~0.20mL配制好的碘溶液及2mL淀粉指示液，用0.1mol/L $Na_2S_2O_3$标准溶液滴定至溶液蓝色消失。

说明：取250mL水做空白试验，主要考虑滴定终点总体积量，选用低温水（15~20℃）以防止I_2挥发，影响分析结果。

2. 结果记录及处理

（1）碘标准溶液的标定数据表　记录数据并处理，详见"碘标准溶液的配制与标定"任务工单。

（2）数据处理

例：准确量取35.90mL配制好的碘溶液，置于碘量瓶中，加150mL水（15~20℃），以淀粉为指示液，用0.1004mol/L $Na_2S_2O_3$标准溶液滴定至终点，消耗$Na_2S_2O_3$标准溶液35.89mL。另取250mL水（15~20℃），加入0.10mL配制好的碘溶液，以淀粉为指示液，用相同浓度$Na_2S_2O_3$标准滴定溶液至终点，消耗0.18mL。计算I_2标准溶液浓度$c(I_2)$。

解：反应式　　　$I_2 + 2Na_2S_2O_3 \rightleftharpoons Na_2S_4O_6 + 2NaI$

根据等物质的量规则，则：

$$c(I_2) = \frac{c(Na_2S_2O_3) \times (V_1 - V_2)}{2 \times (V_3 - V_4)}$$

式中　$c(I_2)$——I_2溶液浓度，mol/L

$c(Na_2S_2O_3)$——$Na_2S_2O_3$溶液浓度，mol/L；

　　　V_1——滴定消耗$Na_2S_2O_3$溶液体积，mL；

　　　V_2——空白试验消耗$Na_2S_2O_3$标准溶液体积，mL；

　　　V_3——滴定量取I_2溶液体积，mL；

　　　V_4——空白试验加入I_2溶液体积，mL。

由此可得I_2溶液浓度为：

$$c\left(I_2\right)=\frac{0.1004\times(35.89-0.18)}{2\times(35.90-0.10)}=0.05007\left(mol\ /\ L\right)$$

碘标准溶液的配制
与标定任务工单

3. 出具报告

完成"碘标准溶液的配制与标定"任务工单。

五、任务小结

1. 操作注意事项

（1）配制碘液时，可先把KI配成40%的溶液，再分多次加入到盛有碘的烧杯中，分多次溶解。

（2）碘液需要在棕色瓶中避光保存，使用时，要用棕色滴定管。

（3）盛装碘液的滴定管读数时，要读取液面的上沿。

2. 安全注意事项

（1）碘容易升华，称量、配制均需在通风橱中进行。

（2）衣服或地板上溅落的碘液，可用硫代硫酸钠溶液处理。

（3）使用电炉时，要戴纱布手套，防止烫伤。

3. 应急预案（针对碘的意外情况）

（1）皮肤接触　脱去被污染的衣物，用清水彻底冲洗皮肤。

（2）眼睛接触　立即提起眼睑，用大量流动清水冲洗至少10min，就医。

（3）吸入　迅速脱离现场至空气新鲜处，如感不适，就医。

（4）食入　让受害者饮足量水，就医，用硫酸钠（1药匙兑250mL水）解毒。

（5）灭火剂　干粉、水、沙土。

六、任务拓展与思考

1. 碘溶液应装在何种滴定管中？为什么？

2. 配制I_2标准溶液时为什么要加KI？将称得的I_2和KI一次性加水至1000mL再搅拌是否可以？为什么？

3. I_2标准溶液为棕红色，装入滴定管中看不清弯月面，应如何读数？

任务五　维生素C含量的测定

【实操微课】
维生素C含量测定完整流程

一、承接任务

1. 任务说明

维生素C是一种水溶性维生素，具有很强的还原性，可用作营养增补剂、抗氧化剂，具有延缓细胞衰老和凋亡、抗癌、抗肿瘤等功能，因此测定药片、蔬菜、水果等样品中维生素C的有效含量，显得尤为重要。本任务依据《中华人民共和国药典》（2020年版）、GB 14754—2010《食品安全国家标准　食品添加剂　维生素C（抗坏血酸）》等相关标准，用已知准确浓度的0.05mol/L碘标准溶液，测定市售维生素C药片中的维生素C含量。

2. 任务要求

（1）熟悉直接碘量法的操作步骤。

（2）掌握直接碘量法测定维生素C的原理和方法。

二、方案设计

1. 相关知识

维生素C又称抗坏血酸，分子式$C_6H_8O_6$。维生素C具有还原性，可被I_2定量地氧化，因此可用I_2标准滴定溶液直接测定。其滴定反应式为：

$$C_6H_8O_6 + I_2 == C_6H_6O_6 + 2HI$$

用直接碘量法可直接测定药片、注射液、饮料、蔬菜、水果等中的维生素C含量。

由于维生素C的还原性很强，在空气中极易被氧化，尤其在碱性介质中更甚，因此测定时应在酸性介质中进行，以减少副反应的发生。考虑到I^-在强酸性介质中也易被氧化，故一般选在pH为3~4的弱酸性溶液中进行滴定。

维生素C在空气中易被氧化，所以在醋酸酸化后应立即滴定。蒸馏水中溶解有氧，因此溶解试样所用蒸馏水必须事先煮沸，否则会使测定结果偏低。

2. 实施方案

试剂准备→维生素C含量的测定→结果计算→完成任务工单。

三、任务准备

1. 药品及试剂

（1）0.05mol/L I_2标准溶液：配制与标定见本模块任务四。

（2）2mol/L醋酸溶液配制：量取12mL冰醋酸，加水稀释至100mL，摇匀。

（3）0.2%淀粉指示液配制：称取0.2g可溶性淀粉，用少量水搅匀，加入100mL沸水，随加随搅拌，冷却后转移至试剂瓶中，备用，此指示液应临用时配制。

（4）待测样品：市售维生素C药片。

2. 设备及器皿

（1）天平：分析天平、托盘天平或台秤。

（2）滴定装置：滴定台、滴定管夹、棕色酸式滴定管或棕色酸碱通用滴定管、锥形瓶、洗瓶。

（3）玻璃仪器：吸量管、量筒、烧杯、玻璃棒等。

3. 耗材及其他

研钵、电炉、滤纸、标签纸、称量纸、药匙等。

四、任务实施

1. 实施步骤（参考《中华人民共和国药典》2020年版（二部）品种正文　第一部分）

取维生素C药片20片，研细，准确称取适量（约相当于维生素C 0.2g）已研磨成粉末状的维生素C药片，置于烧杯中，加入适量新煮沸过的冷水：稀醋酸为10：1的混合液溶解，溶解后移入100mL容量瓶中，用混合液定容。摇匀后迅速过滤，准确移取滤液50mL到250mL锥形瓶中，加入0.2%淀粉指示液5mL，立即用0.05mol/L I_2 标准滴定溶液滴定至出现稳定的浅蓝色，且在30s内不褪色即为终点，记录消耗的 I_2 标准滴定溶液体积。若滴定体积不符合滴定要求，则需根据滴定体积，调整样品溶液取样量，或调整药片取样量重新配制样品溶液，重新进行滴定。平行测定3~4次，计算试样中维生素C的质量分数。每1mL碘滴定液（0.05mol/L）相当于8.806mg的维生素C。

2. 结果记录及处理

（1）维生素C含量的测定数据表　记录数据并处理，详见"维生素C含量的测定"任务工单。

（2）数据处理

例：准确称取0.2012g已研磨成粉末状的维生素C药片，置于250mL锥形瓶中，加入HAc溶液和淀粉指示液，用0.04992mol/L I_2 标准溶液滴定至终点，消耗 I_2 标准溶液8.10mL，求维生素C药片中维生素C的质量分数是多少？

解：反应式　　　　　　　　$C_6H_8O_6 + I_2 == C_6H_6O_6 + 2HI$

根据等物质的量规则，则：

$$w（维生素C）= \frac{c（I_2）\times V（I_2）\times M（C_6H_8O_6）}{m \times 1000}$$

式中　w（维生素C）——药片中维生素C的质量分数；

　　　M（$C_6H_8O_6$）——维生素C的摩尔质量，171.62g/mol；

$c(I_2)$ ——I_2标准滴定溶液的浓度，mol/L；

$V(I_2)$ ——滴定消耗I_2标准滴定溶液体积，mL；

m ——称取维生素C药片粉末的质量，g。

由此可得维生素C药片中维生素C的质量分数为：

$$w(维生素C) = \frac{0.04992 \times 8.10 \times 171.62}{0.2012 \times 1000} \times 100\% = 34.5\%$$

维生素C含量的测定
任务工单

3. 出具报告

完成"维生素C含量的测定"任务工单。

五、任务小结

1. 操作注意事项

（1）碘液需要在棕色瓶中避光保存。使用时，要用棕色滴定管。

（2）盛装碘液的滴定管读数时，要读取液面的上沿。

（3）如果维生素C溶液没有过滤直接滴定，则终点为粉红色。

2. 安全注意事项

醋酸配制及使用时，需在通风橱中进行。

3. 应急预案（针对维生素C的意外情况）

（1）皮肤接触　脱去污染的衣服，用肥皂水和清水彻底冲洗皮肤，如有不适感，就医。

（2）眼睛接触　分开眼睑，用流动的清水或生理盐水冲洗，必要时就医。

（3）吸入　移到新鲜空气处。

（4）食入　漱口，禁止催吐，必要时就医。

（5）灭火方法　水雾、干粉、泡沫或二氧化碳灭火剂。

六、任务拓展与思考

1. 溶解维生素C药片时，为何要加入新煮沸并冷却的蒸馏水？

2. 测定维生素C含量时，为何要在HAc介质中进行？

3. 碘量法的误差来源有哪些？应采取哪些措施减小误差？

任务六　重铬酸钾法测定未知试样中铁含量（大赛真题）

一、承接任务

1. 任务说明

铁是重要工业原料，最重要用途是冶炼钢和合金，是特种合金钢的重要组成部分，少部分的铁以铸铁和生铁的形式应用。自然界中主要矿物是赤铁矿（主要是三氧化二铁）、磁铁矿（主要是四氧化三铁）和菱铁矿（主要是碳酸亚铁）等，矿物或产品中铁含量的高低，对产品性能有直接影响。本任务参照GB/T 6730.5—2022《铁矿石　全铁含量的测定　三氯化钛还原后滴定法》等相关标准，用重铬酸钾基准试剂，配制准确浓度的标准溶液，并用该标准溶液测定未知试样中铁含量。

2. 任务要求

（1）掌握$K_2Cr_2O_7$标准滴定溶液的配制方法。

（2）掌握$K_2Cr_2O_7$法测定铁的原理和方法。

（3）了解无汞定铁法测定铁含量，增强环保意识。

二、方案设计

1. 相关知识

溶液中的全铁离子用盐酸加热溶解，随后在热溶液中先用$SnCl_2$还原大部分Fe^{3+}，以钨酸钠为指示剂，用$TiCl_3$溶液定量还原剩余部分Fe^{3+}，Fe^{3+}定量还原为Fe^{2+}之后，稍微过量的$TiCl_3$溶液将六价钨部分还原为五价钨（俗称钨蓝），使溶液呈蓝色。然后摇动溶液至蓝色消失（即钨蓝为溶解氧所氧化），或者滴加$K_2Cr_2O_7$稀溶液使钨蓝刚好褪色。最后，以二苯胺磺酸钠为指示剂，在硫-磷混合酸介质中用$K_2Cr_2O_7$标准滴定溶液滴定至溶液呈现紫色，即为测定终点。本方法既保持了汞盐法快速、简便的特点，结果也与汞盐法一致，并且免除了环境的污染。

主要反应式如下：

$$2Fe^{3+} + SnCl_4^{2-} + 2Cl^- \Longrightarrow 2Fe^{2+} + SnCl_6^{2-}$$

$$Fe^{3+} + Ti^{3+} + H_2O \Longrightarrow Fe^{2+} + TiO^{2+} + 2H^+$$

$$6Fe^{2+} + Cr_2O_7^{2-} + 14H^+ \Longrightarrow 6Fe^{3+} + 2Cr^{3+} + 7H_2O$$

2. 实施方案

重铬酸钾标准溶液配制 → 未知试样中铁含量的测定 → 结果计算 → 完成任务工单。

三、任务准备

1. 药品及试剂

（1）K$_2$Cr$_2$O$_7$基准试剂：在140~150℃电烘箱中干燥至恒重，冷却备用。

（2）100g/L SnCl$_2$溶液配制：称取100g SnCl$_2$·2H$_2$O溶于200mL浓HCl中，用蒸馏水稀释至1000mL。

（3）250g/L Na$_2$WO$_4$溶液配制：称取25g Na$_2$WO$_4$溶于95mL水中（如浑浊则过滤），加5mL磷酸，混匀。

（4）10%（体积分数）TiCl$_3$溶液配制：量取10mL TiCl$_3$，用盐酸溶液（5+95）稀释至100mL。临用时配制。

（5）硫-磷混合酸配制：将20mL浓硫酸缓缓加入50mL蒸馏水中，冷却后加入30mL磷酸混合。

（6）0.2%二苯胺磺酸钠指示液配制：称取0.2g二苯胺磺酸钠，加2g Na$_2$CO$_3$固体，加水溶解，并稀释至100mL。

（7）待测样品：未知试样。

2. 设备及器皿

（1）天平：分析天平、托盘天平或台秤。

（2）滴定装置：滴定台、滴定管夹、酸式滴定管或酸碱通用滴定管、锥形瓶、洗瓶。

（3）玻璃仪器：吸量管、量筒、烧杯、玻璃棒、表面皿等。

3. 耗材及其他

电炉、滤纸、标签纸、称量纸、药匙等。

四、任务实施

1. 实施步骤

（1）配制重铬酸钾标准溶液　用减量法准确称取适量的基准试剂重铬酸钾，溶于水，移入250mL容量瓶中，用水定容并摇匀。

【实操微课】
氧化还原滴定
法测定铁含量
1-滴定准备

（2）铁含量测定　先取1mL未知铁试样溶液进行预实验，以消耗20～40mL重铬酸钾标准溶液为标准，确定未知铁试样的稀释倍数，准确稀释后，移取稀释后的铁试样溶液25.00mL于250mL锥形瓶中，加12mL盐酸（1+1），加热至沸，趁热滴加氯化亚锡溶液还原三价铁，并不时摇动锥形瓶中溶液，直到溶液保持淡黄色，加水约100mL，然后加钨酸钠指示液10滴，用三氯化钛溶液还原至溶液呈蓝色，再滴加稀重铬酸钾溶液至钨蓝色刚好消失。冷却至室温，立即加30mL硫-磷混酸和15滴二苯胺磺酸钠指示液，用重铬酸钾标

【实操微课】
氧化还原滴定
法测定铁含量
2-测定过程

准溶液滴定至溶液刚呈紫色时为终点，记录重铬酸钾标准溶液消耗的体积，平行测定3~4次。

（3）空白试验 用未知铁试样溶液进行测定，取样为1.00mL，其余步骤同（2）。

【实操微课】
氧化还原滴定
法测定铁含量
3-空白实验

2. 结果记录及处理

（1）铁含量的测定数据表 记录数据并处理，详见"重铬酸钾法测定未知试样中铁含量"任务工单。

（2）计算公式

①重铬酸钾标准滴定溶液浓度按下式计算：

$$c_1 = \frac{m_1}{M_1 \times V_{瓶} \times 10^{-3}}$$

式中　c_1——$\frac{1}{6}K_2Cr_2O_7$标准溶液的浓度，mol/L；

$V_{瓶}$——250mL容量瓶实际体积，mL；

m_1——基准物质$K_2Cr_2O_7$的质量，g；

M_1——$\frac{1}{6}K_2Cr_2O_7$摩尔质量，49.031g/mol。

②空白试验消耗的重铬酸钾标准溶液的体积按下式计算。

$$V_0 = V_{10} - \frac{\overline{V_1}}{V_2} \times V_{20}$$

式中　V_0——空白试验消耗的重铬酸钾标准溶液体积，mL；

V_{10}——空白试验实际消耗的重铬酸钾标准溶液体积，mL；

V_{20}——空白试验移取未知铁试样的体积，mL；

$\overline{V_1}$——测定实际消耗重铬酸钾标准溶液体积的平均值，mL；

$\overline{V_2}$——测定移取未知铁试样体积的平均值，mL。

③未知铁试样溶液（Ⅰ）中铁的浓度按下式计算。

$$c(\text{Fe}) = \frac{c_1 \times (V_1 - V_0)}{V_2}$$

式中　V_1——测定实际消耗重铬酸钾标准溶液的体积，mL；

V_2——测定移取未知铁试样的体积，mL。

3. 出具报告

完成"重铬酸钾法测定未知试样中铁含量"任务工单。

重铬酸钾法测定
未知试样中铁含
量任务工单

五、任务小结

1. 操作注意事项

（1）测定时，应还原一份试样，立即滴定一份，不要同时还原好几份样品，以免Fe^{2+}在空气中暴露太久，被空气中的氧氧化而影响结果。

（2）在用$SnCl_2$还原大部分Fe^{3+}后，加入Na_2WO_4之前，应加入 10mL 水，以避免析出H_2WO_4沉淀，影响还原终点的正确判断。

2. 安全注意事项

（1）实训过程应做好防护，穿戴实训服、手套、护目镜等安全防护装置。

（2）盐酸配制及使用时，需在通风橱中进行。

（3）使用电炉时，需戴纱布手套，防止烫伤。

（4）废液应回收，集中处理。

3. 应急预案（针对重铬酸钾的意外情况）

（1）皮肤接触　脱去污染的衣服，用肥皂水和清水彻底冲洗皮肤。

（2）眼睛接触　提起眼睑，用流动清水或生理盐水冲洗，必要时就医。

（3）吸入　迅速脱离现场至空气新鲜处，保持呼吸道通畅。如呼吸困难，给输氧；如呼吸停止，立即进行人工呼吸，就医。

（4）食入　用水漱口，用清水或 1%硫代硫酸钠溶液洗胃，给饮牛奶或蛋清，必要时就医。

（5）灭火方法　采用雾状水、砂土灭火。

六、任务拓展与思考

1. 为什么$K_2Cr_2O_7$标准溶液可以直接配制，而$KMnO_4$标准溶液却需要采用间接法配制？

2. 用$K_2Cr_2O_7$滴定Fe^{2+}之前，为什么要加硫-磷混合酸？

3. 简述用无汞定铁法测定铁含量的原理。

【思政内容】
模块六　阅读与拓展

模块七
沉淀滴定分析法

□ **学习目标**

知识目标

1. 了解沉淀滴定法对沉淀反应的要求及银量法的概念。

2. 掌握莫尔法、佛尔哈德法和法扬司法的原理和滴定条件。

3. 理解分步沉淀、沉淀转化对分析结果的影响。

【理论微课】
认识沉淀滴定法

能力目标

1. 能够正确配制和标定 $AgNO_3$、NH_4SCN 等标准溶液。

2. 能够应用沉淀滴定法正确测定样品中的 Cl^-、Ag^+ 等离子。

职业素养目标

1. 培养细心谨慎的工作态度。

2. 提升科学研究的标准化、规范化意识。

3. 培养敬业诚信的职业素养。

4. 培养严谨求实的科学精神。

模块导学（知识点思维导图）

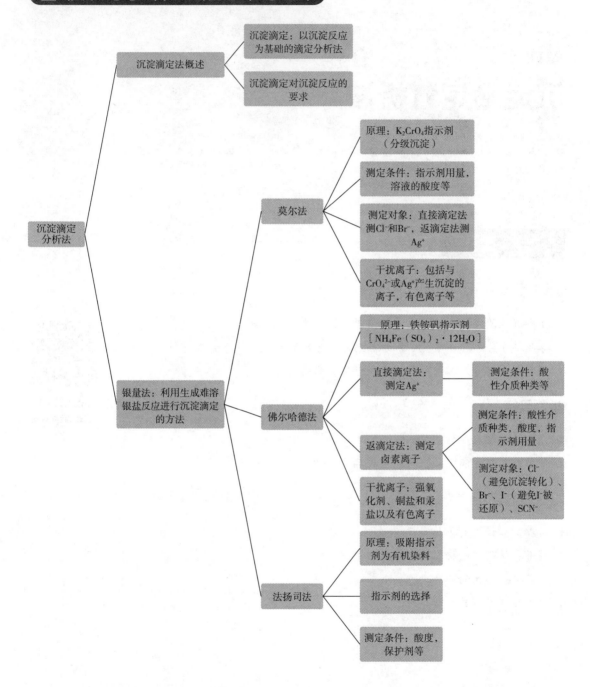

沉淀滴定法（precipitation titrametry）是以沉淀反应为基础的滴定分析法。本模块仅介绍银量法。银量法根据所用指示剂不同，按创立者的名字命名，分为莫尔（Mohr）法、佛尔哈德（Volhard）法和法扬司（Fajans）法三种。

知识一　沉淀滴定法概述

沉淀反应中因为很多沉淀的组成不恒定，如溶解度较大、容易形成过饱和溶液、达到平衡的速度缓慢、共沉淀现象严重、缺少合适的指示剂等，能用于沉淀滴定的沉淀反应并不多。根据滴定分析对化学反应的要求，适合于作为滴定用的沉淀反应必须满足以下要求。

（1）反应速度快，生成沉淀的溶解度小。

（2）反应按一定的化学式定量进行。

（3）有准确确定化学计量点的方法。

（4）沉淀的吸附现象不影响滴定终点的确定。

由于上述条件的限制，能应用于沉淀滴定法的反应比较少。目前应用较多的是生成难溶银盐的反应，例如：

$$Ag^+ + Cl^- \rightleftharpoons AgCl\downarrow （白）$$

$$Ag^+ + Br^- \rightleftharpoons AgBr\downarrow （黄）$$

$$Ag^+ + SCN^- \rightleftharpoons AgSCN\downarrow （白）$$

这种利用生成难溶银盐反应进行沉淀滴定的方法称为银量法（argentometry）。银量法主要测定Cl^-、Br^-、I^-、Ag^+、SCN^-、CN^-等离子，卤素化合物和硫氰化物含量在 1% 以上时，也采用沉淀滴定法测定。

知识二　银量法

一、莫尔法

（一）莫尔法原理

莫尔（Mohr）法是以K_2CrO_4为指示剂的银量法。用$AgNO_3$作标准溶液，在中性或弱碱性溶液中，可以直接测定Cl^-或Br^-，滴定反应如下。

【理论微课】
沉淀溶解平衡

【理论微课】
沉淀滴定法的应用

终点前：$Ag^+ + Cl^- \rightleftharpoons AgCl\downarrow$（白色）　　$K_{sp}(AgCl)=1.8\times10^{-10}$

终点时：$2Ag^+ + CrO_4^{2-} \rightleftharpoons Ag_2CrO_4\downarrow$（砖红色）　　$K_{sp}(Ag_2CrO_4)=2.0\times10^{-12}$

因为$AgCl$和Ag_2CrO_4的溶度积不同，因而发生分级沉淀，当$AgCl$沉淀完全后，稍过量的$AgNO_3$标准溶液与K_2CrO_4指示剂反应生成Ag_2CrO_4砖红色沉淀（量少时为橙色）。

这是利用分级沉淀原理：平衡时$[Ag^+]\cdot[Cl^-]=K_{sp}(AgCl)$，设溶液中$[Cl^-]=[CrO_4^{2-}]=0.1mol/L$，$Cl^-$开始生成$AgCl$沉淀时需$[Ag^+]$为：

$$[Ag^+]_{AgCl}=\frac{K_{sp}(AgCl)}{[Cl^-]}=\frac{1.8\times10^{-10}}{0.1}=1.8\times10^{-9}(mol/L)$$

CrO_4^{2-}开始生成Ag_2CrO_4沉淀时需$[Ag^+]$为：

$$[Ag^+]_{Ag_2CrO_4}=\sqrt{\frac{K_{sp}(Ag_2CrO_4)}{[CrO_4^{2-}]}}=\sqrt{\frac{2\times10^{-12}}{0.1}}=4.5\times10^{-6}(mol/L)$$

显然，Cl^-沉淀比CrO_4^{2-}沉淀所需Ag^+浓度要小得多，当滴入$AgNO_3$时，$AgCl$先沉淀，随着不断滴入$AgNO_3$，溶液中$[Cl^-]$越来越小，而$[Ag^+]$不断增大，到达$[Ag^+]^2\cdot[CrO_4^{2-}]\geqslant K_{sp}(Ag_2CrO_4)$时，$Ag_2CrO_4$开始析出，以示终点到达。

（二）莫尔法测定条件

1. 指示剂的用量

K_2CrO_4用量直接影响终点误差，$[CrO_4^{2-}]$浓度过高，终点提前，$[CrO_4^{2-}]$浓度过低，终点推迟。当滴定Cl^-到达化学计量点时，$AgCl$饱和溶液中$[Ag^+]=[Cl^-]$，根据沉淀平衡时：$[Ag^+]\cdot[Cl^-]=K_{sp}$（$AgCl$）$=1.8\times10^{-10}$得到$[Ag^+]=\sqrt{K_{sp}(AgCl)}=1.34\times10^{-5}mol/L$。此时，$[Ag^+]^2\cdot[CrO_4^{2-}]\geqslant K_{sp}$（$Ag_2CrO_4$）开始沉淀$Ag_2CrO_4$，$Ag_2CrO_4$开始析出所需$[CrO_4^{2-}]$为：

$$[CrO_4^{2-}]=\frac{K_{sp}(Ag_2CrO_4)}{[Ag^+]^2}=\frac{2\times10^{-12}}{(1.34\times10^{-5})^2}\approx0.01(mol/L)$$

由于K_2CrO_4溶液呈黄色，这样的浓度颜色太深影响终点观察。所以K_2CrO_4的实际用量为0.005mol/L，即终点体积为100mL时，加入50g/L K_2CrO_4溶液2mL，实验证明终点误差小于0.1%。对较稀溶液的测定，如用0.01mol/L $AgNO_3$滴定0.01mol/L Cl^-时误差可达0.8%，应做指示剂空白试验进行校正。

2. 溶液的酸度

在酸性介质中，CrO_4^{2-}与H^+结合成$HCrO_4^-$，反应式如下：

$$2CrO_4^{2-} + 2H^+ \rightleftharpoons 2HCrO_4^- \rightleftharpoons Cr_2O_7^{2-} + 2H_2O$$

因而使CrO_4^{2-}浓度减小，使Ag_2CrO_4沉淀出现过迟，甚至不会沉淀。

若碱性过高，会出现棕黑色Ag_2O沉淀析出，反应式如下：

$$2Ag^+ + 2OH^- \rightleftharpoons 2AgOH\downarrow$$
$$\longrightarrow Ag_2O\downarrow + H_2O$$

两种情况都会影响结果的准确度。因此，莫尔法只能在pH=6.5~10.5溶液中进行。若待测溶液酸性较强，可用$NaHCO_3$、$CaCO_3$或硼砂中和；若碱性太强，可用稀HNO_3中和至甲基红变橙色，再滴加稀$NaOH$至橙色变黄色。

不宜在氨性溶液中进行，因为Ag^+与NH_3形成$Ag(NH_3)_2^+$，影响结果的准确度，若试液中含有NH_3，可用HNO_3中和。若有NH_4^+存在时，测定时溶液pH应控制在6.5~7.2。

3. 剧烈摇动

AgCl沉淀容易吸附Cl^-和Br^-而使终点提前，因此滴定时必须剧烈摇动，使被吸附的Cl^-和Br^-释放出来，以获得正确的终点。

（三）莫尔法测定对象

莫尔法能测Cl^-和Br^-，但不能测I^-和SCN^-，因为AgI沉淀强烈吸附I^-，AgSCN沉淀强烈吸附SCN^-，使终点过早出现且终点变化不明显。如果用莫尔法测Ag^+，则应在试液中加入一定量过量的NaCl标准溶液，然后用$AgNO_3$标准溶液返滴定过量Cl^-。

（四）莫尔法干扰离子

莫尔法选择性较差，凡与CrO_4^{2-}产生沉淀的离子，如Ba^{2+}、Pb^{2+}等均干扰测定；凡与Ag^+产生沉淀的离子，如PO_4^{3-}、AsO_4^{3-}、S^{2-}、$C_2O_4^{2-}$等也干扰测定；Cu^{2+}、Ni^{2+}、Co^{2+}等有色离子影响终点观察；Fe^{3+}、Al^{3+}、Bi^{3+}、Sn^{4+}等在中性或弱碱性溶液中易水解产生沉淀也产生干扰。

二、佛尔哈德法

（一）佛尔哈德法原理

佛尔哈德（Volhard）法是以铁铵矾$[NH_4Fe(SO_4)_2 \cdot 12H_2O]$作指示剂的银量法。本法应在稀硝酸溶液中进行，因铁离子在中性或碱性介质中能形成氢氧化铁沉淀。为防止沉淀转化（$AgCl + SCN^- \rightleftharpoons AgSCN + Cl^-$），本法在加入硝酸银滴定液形成氯化银沉淀后，应加入5mL邻苯二甲酸二丁酯或1~3mL硝基苯，并强力振摇后再加入指示液，用硫氰酸铵滴定液滴定。滴定应在室温进行，温度高，红色络合物易褪色。滴定时需用力振摇，避免沉淀吸附银离子，过早到达终点。但滴定接近终点时，要轻轻振摇，减少AgCl与SCN^-接触，以免沉淀转化。

本法可分为直接滴定法和返滴定法。

（二）直接滴定法（测定Ag^+）

在酸性（HNO_3）溶液中，以铁铵矾作指示剂，用NH_4SCN（或$KSCN$）标准溶液滴定，测定Ag^+。当到达化学计量点时，微过量SCN^-与指示剂（Fe^{3+}）生成红色$Fe(SCN)^{2+}$络离子，指示终点。反应式为：

$$Ag^+ + SCN^- \rightleftharpoons AgSCN \downarrow （白色） \qquad K_{sp}=1.0 \times 10^{-12}$$

$$Fe^{3+} + SCN^- \rightleftharpoons [Fe(SCN)]^{2+} （红色） \qquad K_{sp}=138$$

实验证明，Fe^{3+}浓度应控制在$0.015mol/L$。

由于$AgSCN$沉淀能吸附Ag^+，使终点提前，因此滴定时要剧烈摇动，使被吸附的Ag^+释放出来。

（三）返滴定法（测定卤素离子）

在含有卤素离子的酸性（HNO_3）溶液中，加入一定量过量的$AgNO_3$标准溶液，以铁铵矾作指示剂，用NH_4SCN标准溶液返滴定过量的$AgNO_3$。

1. 测定条件

（1）在HNO_3介质中，酸度控制在$0.1\sim1mol/L$，酸度过低，Fe^{3+}水解，影响终点的确定。

（2）指示剂用量　终点体积$50\sim60mL$时加1 mL铁铵矾（$400g/L$）。

2. 测定对象

可以测定Br^-、I^-、SCN^-，但在测定I^-时，必须加入过量$AgNO_3$标准溶液后再加指示剂，以避免Fe^{3+}被I^-还原而造成误差。

在测定Cl^-时：$Ag^+ + Cl^- \rightleftharpoons AgCl \downarrow （白）$

$$Ag^+ （过）+ SCN^- \rightleftharpoons AgSCN \downarrow （白）$$

终点时：$Fe^{3+} + SCN^- \rightleftharpoons [Fe(SCN)]^{2+} （红色，量少时橙色）$

到达理论变色点时，溶液呈橙色，如用力摇动沉淀，则橙色又消失，再加入NH_4SCN标准溶液时，橙色又出现，如此反复进行给测定结果造成极大误差。这是因为终点之后，发生$AgCl$沉淀转化为$AgSCN$沉淀的现象：

$$Ag^+ + Cl^- \rightleftharpoons AgCl \downarrow \qquad K_{sp}=1.8 \times 10^{-10}$$

$$Ag^+ + SCN^- \rightleftharpoons AgSCN \downarrow \qquad K_{sp}=1.2 \times 10^{-12}$$

$$K_{sp}(AgSCN) < K_{sp}(AgCl)$$

$AgCl$的溶解度比$AgSCN$大，因此过量的SCN^-将与$AgCl$发生反应，使$AgCl$沉淀转化为溶解度更小的$AgSCN$。

$$AgCl + SCN^- \Longrightarrow AgSCN \downarrow + Cl^-$$

沉淀的转化作用是慢慢进行的，使$[Fe(SCN)]^{2+}$的配位平衡被破坏。直到被转化出来的$[Cl^-]$为$[SCN^-]$浓度的180倍，红色才不会消失，转化作用才停止。

$$\frac{[Cl^-]}{[SCN^-]} = \frac{K_{sp}(AgCl)}{K_{sp}(AgSCN)} = \frac{1.8 \times 10^{-10}}{1.2 \times 10^{-12}} = 180$$

这会使测定结果产生较大的误差。为此，可采取下列措施的任何一种，以避免上述沉淀转化反应的发生。

①在加完$AgNO_3$标准溶液后，将溶液煮沸，使$AgCl$沉淀凝聚，滤去沉淀并用稀HNO_3洗涤沉淀，洗涤液并入滤液中，然后用NH_4SCN标准溶液返滴定滤液中Ag^+。

②在用NH_4SCN标准溶液返滴前，加入一种有机溶剂如硝基苯、1，2-二氯乙烷、邻苯二甲酸二丁酯或石油醚等。加完后用力摇动，使$AgCl$沉淀表面覆盖一层有机溶剂，使之与溶液起隔离作用，阻止了沉淀的转化，这个方法很简便，但其中硝基苯毒性较大。

③增大Fe^{3+}浓度，当终点出现红色$[Fe(SCN)]^{2+}$时，溶液中$[SCN^-]$浓度已降低，可以避免转化，一般在终点时$[Fe^{3+}] = 0.2mol/L$，轻轻摇动，当红色布满溶液而不消失即为终点。

（四）干扰离子

佛尔哈德法因为在HNO_3介质中测定，选择性比较高，许多弱酸盐，如PO_4^{3-}、AsO_4^{3-}、SO_3^{2+}、CO_3^{2-}、S^{2-}不干扰测定。只有强氧化剂、氮的氧化物以及铜盐和汞盐能与SCN^-作用而干扰测定，大量Cu^{2+}、Ni^{2+}、Co^{2+}等有色离子存在影响终点观察。

✎ 练一练7-1：选择正确答案。

1. 莫尔法测定样品中氯化钠含量时，最适宜pH为（　　　）。

A. 3.5~11.5　　　　　B. 6.5~10.5　　　　C. 小于3　　　　D. 大于12

2. 银量法中用铬酸钾作指示剂的方法又称（　　　）。

A. 佛尔哈德法　　　B. 法扬司法　　　C. 莫尔法　　　　D. 沉淀法

3. 莫尔法测定氯离子时，铬酸钾的实际用量为（　　　）。

A. 0.1mol/L　　　　B. 0.02mol/L　　　C. 0.005mol/L　　D. 0.001mol/L

4. 佛尔哈德法测定银离子以（　　　）为指示剂。

A. 铬酸钾　　　　　B. 铁铵矾　　　　C. 荧光黄　　　　D. 淀粉

三、法扬司法

（一）法扬司法原理

法扬司（Fajans）法是以吸附指示剂指示终点的银量法。吸附指示剂类有机染料，在溶液中能被胶体沉淀表面吸附而发生结构的改变，从而引起颜色的变化。现以测定NaCl中Cl^-含量为例，说明指示剂的作用原理。

用$AgNO_3$标准溶液滴定Cl^-，以荧光黄为指示剂，荧光黄是一种有机弱酸（HFL），在水溶液中离解出阴离子FL^-，呈绿色。离解反应式为：

$$HFL \rightleftharpoons H^+ + FL^-$$

在化学计量点前，AgCl沉淀吸附溶液中的Cl^-形成$AgCl \cdot Cl^-$而带负电荷，如图7-1（1）所示，荧光黄阴离子不被吸附，溶液呈黄绿色。化学计量点后，微过量的Ag^+使AgCl沉淀吸附Ag^+，形成$AgCl \cdot Ag^+$而带正电荷，此时它吸附荧光黄的阴离子，吸附后的指示剂发生结构改变，呈粉红色，如图7-1（2）所示。由黄绿色变为粉红色即为终点。若用NaCl标准溶液滴定Ag^+，则颜色变化相反。

此时：

$$AgCl \cdot Ag^+ + FL^- \longrightarrow AgCl \cdot A \cdot FL$$

$$（黄绿色）\qquad\qquad （粉红色）$$

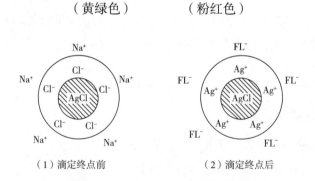

（1）滴定终点前　　　　　（2）滴定终点后

图7-1　AgCl胶粒表面吸附示意图

（二）法扬司法指示剂的选择

不同指示剂被沉淀吸附的能力不同，因此，滴定时应选用沉淀对指示剂的吸附力略小于对被测离子吸附力的指示剂，否则终点会提前。但沉淀对指示剂的吸附力也不能太小，否则终点推迟且变色不敏锐。卤化银沉淀对卤离子和几种吸附指示剂的吸附力顺序为：

$$I^->二甲基二碘荧光黄>SCN^->Br^->曙红>Cl^->荧光黄$$

因此，测定Cl^-时应选用荧光黄，不能选用曙红，测定Br^-可选用曙红。表7-1列出几种常用的吸附指示剂。

表7-1　常用的吸附指示剂

被测离子	指示剂	滴定条件（pH）	终点颜色变化
Cl^-	荧光黄	7~10	黄绿→粉红
Cl^-	二氯荧光黄	4~10	黄绿→粉红
Br^-，I^-，SCN^-	曙红	2~10	橙黄→红紫
I^-	二甲基二碘荧光黄	中性	黄红→红紫
SCN^-	溴甲酚绿	4~5	黄→蓝

（三）法扬司法测定条件

（1）溶液酸度：根据所选指示剂而定，荧光黄是弱酸，酸度高阻止其电离，只适合在pH=7~10使用，二氯荧光黄适合在pH=4~10使用，曙红适合在pH=2~10使用。

（2）保持沉淀胶体状态：常加入一些保护胶体，如糊精或淀粉，阻止卤化银凝聚，保持胶体状态使终点变色明显。

（3）滴定中应避免强光照射，卤化银沉淀对光敏感，易分解出金属银使沉淀变为灰黑色，影响终点观察。

💡 思考与练习题

1. 什么是分步沉淀现象？试用分步沉淀现象说明莫尔法以K_2CrO_4为指示剂进行沉淀滴定的原理。

2. 什么是沉淀转化作用？试用沉淀转化作用说明佛尔哈德法以铁铵矾作指示剂对测定的影响。

3. 何为银量法？银量法主要测定哪些物质？

4. 莫尔法中K_2CrO_4指示剂用量对分析结果有何影响？

5. 为什么莫尔法只能在中性或弱酸性溶液中进行？而佛尔哈德法只能在酸性溶液中进行？

6. 说明用下列方法进行测定是否会引入误差并说明原因。

（1）在pH=2的溶液中，用莫尔法测Cl^-。

（2）用佛尔哈德法测定Cl^-，没有加有机溶剂二氯乙烷。

7. 为使指示剂在滴定终点时颜色变化明显，对吸附指示剂有哪些要求？

8. NaCl试液20.00mL，用0.1023mol/L的AgNO₃标准溶液滴定至终点，消耗了27.00mL。求NaCl试液中NaCl的质量浓度（g/L）。

9. 某纯NaCl和KCl混合试样0.1204g，用c（AgNO₃）=0.1000mol/L AgNO₃标准溶液滴定至终点，耗去AgNO₃溶液20.06mL，计算试样中NaCl和KCl各为多少克。

10. 氯化钠试样0.5000g，溶解后加入固体AgNO₃ 0.8920g，用Fe³⁺作指示剂，过量的AgNO₃用0.1400mol/L KSCN标准溶液回滴，消耗25.50mL。求试样中NaCl的含量（%）。（试样中除Cl⁻外，不含有能与Ag⁺生成沉淀的其他离子。）

任务一　硝酸银标准溶液的配制与标定

【实操微课】
硝酸银配制与
标定完整流程

一、承接任务

1. 任务说明

硝酸银标准溶液常在沉淀滴定中作为滴定剂，用于测定样品中氯离子等卤素离子含量。本任务参考GB/T 601—2016《化学试剂　标准滴定溶液的制备》等相关标准，用市售分析纯非基准试剂AgNO₃配制0.1mol/L AgNO₃标准滴定溶液，并标定其准确浓度。

2. 任务要求

（1）掌握AgNO₃标准滴定溶液的配制、标定和保存方法。

（2）学习使用K₂CrO₄和荧光黄作为指示剂判断滴定终点的方法。

二、方案设计

1. 相关知识

（1）AgNO₃的性质　AgNO₃为白色晶体，易溶于水，遇有机物变灰黑色，分解出银。纯硝酸银对光稳定，但由于一般的产品纯度不够，其水溶液和固体常保存在棕色试剂瓶中。

硝酸银溶液由于含有大量银离子，故氧化性较强，并有一定腐蚀性，医学上用于腐蚀增生的肉芽组织，稀溶液可作为眼部感染的预防性杀菌剂。

（2）AgNO₃标准滴定溶液的标定　AgNO₃标准滴定溶液可以用经过预处理的基准试剂AgNO₃直接配制，但非基准试剂AgNO₃中常含有杂质，如金属银、氧化银、游离硝酸、亚硝酸盐等，因此用间接法配制。先配成近似浓度的溶液后，用基准物质NaCl标定。

①莫尔法：以NaCl作为基准物质，溶样后，在中性或弱碱性溶液中，用AgNO₃溶液滴定，

以K_2CrO_4作为指示剂，达到化学计量点时，微过量的Ag^+与CrO_4^{2-}反应析出砖红色Ag_2CrO_4沉淀，指示滴定终点。

②法扬司法：以NaCl作为基准物质，以荧光黄FL^-（黄绿色）作为指示剂，终点时吸附生成$AgCl\cdot Ag\cdot FL$（粉红色）。

荧光黄是弱酸，酸度高阻止其电离，只适合在pH=7~10使用。加入淀粉，阻止卤化银凝聚，保持胶体状态使终点变色明显。

滴定中应避免强光照射，卤化银沉淀对光敏感，易分解出金属银使沉淀变为灰黑色，影响终点观察。

2. 实施方案

间接法配制接近0.1mol/L的$AgNO_3$溶液→用NaCl基准物质标定→计算标定结果→完成任务工单。

三、任务准备

1. 药品及试剂

（1）5%K_2CrO_4指示液配制：称取5g K_2CrO_4溶于少量水中，滴加$AgNO_3$溶液至红色不褪，混匀。放置过夜后过滤，将滤液稀释至100mL。

（2）0.5%淀粉指示液配制：称取0.5g可溶性淀粉，加入约5mL水，搅匀后缓缓倾入95mL沸水中，随加随搅拌，煮沸2min，放冷，备用，此指示液应临用时配制。

（3）0.5%荧光黄指示液配制：称取0.5g荧光黄，用乙醇溶解并稀释至100mL。

（4）NaCl基准试剂：NaCl基准试剂经500~600℃灼烧至恒重，置于干燥器内冷却后备用。

（5）$AgNO_3$固体（分析纯）。

2. 设备及器皿

（1）天平：分析天平、托盘天平或台秤。

（2）滴定装置：滴定台、滴定管夹、棕色酸碱通用滴定管、锥形瓶、洗瓶。

（3）玻璃仪器：量筒、烧杯、玻璃棒、试剂瓶等。

3. 耗材及其他

滤纸、标签纸、防护眼镜、防护手套等。

四、任务实施

1. 实施步骤

（1）配制0.1mol/L待标定$AgNO_3$标准滴定溶液　称取17.5g $AgNO_3$加入适量不含Cl^-的蒸馏水溶解，并稀释至1000mL，贮存于带玻璃塞的棕色试剂瓶中，摇匀，贴上标签，置于暗处，待标定。

（2）莫尔法标定 0.1mol/L AgNO$_3$ 标准溶液　准确称取 0.15~0.2g NaCl基准试剂，放于锥形瓶中，加 50mL不含Cl$^-$的蒸馏水溶解，加K$_2$CrO$_4$指示液 1mL，在充分摇动下，用配好的AgNO$_3$溶液滴定至溶液呈砖红色即为终点。记录消耗AgNO$_3$溶液的体积，平行测定3~4次。

空白试验：取 1mL K$_2$CrO$_4$指示剂溶液，加入适量蒸馏水，然后加入无Cl$^-$的CaCO$_3$固体（相当于滴定时AgCl的沉淀量），制成相似于实际滴定的浑浊溶液，逐渐滴入AgCl标准溶液，至与终点颜色相同为止。记录读数，从滴定试液所消耗的AgNO$_3$体积中扣除此读数。

（3）法扬司法标定 0.1mol/L AgNO$_3$ 标准溶液　准确称取 0.2g NaCl基准试剂，放于锥形瓶中，加 50mL不含Cl$^-$的蒸馏水溶解，加入 5mL淀粉指示液，边摇动边用配好的AgNO$_3$溶液滴定，近终点时，加入 3 滴荧光黄指示液，继续滴定浑浊液由黄色变粉红色即为终点。记录消耗AgNO$_3$溶液的体积，平行测定3~4次，同时做空白试验。

2. 结果记录及处理

（1）AgNO$_3$标准溶液的标定数据表　记录数据并处理，详见"硝酸银标准溶液的配制与标定"任务工单。

（2）数据处理

例：称取NaCl基准试剂 0.1508g，溶于水，以K$_2$CrO$_4$为指示剂，用待标定AgNO$_3$溶液滴定至终点，消耗AgNO$_3$溶液25.06mL，求AgNO$_3$标准溶液浓度。

解：反应式　　　　　$NaCl + AgNO_3 \rightleftharpoons NaNO_3 + AgCl\downarrow$（白色）

根据等物质的量规则，则：

$$c(AgNO_3) = \frac{m(NaCl)}{V(AgNO_3) \times M(NaCl) \times 10^{-3}}$$

式中　c（AgNO$_3$）——硝酸银标准溶液浓度，mol/L；

　　　m（NaCl）——氯化钠基准试剂质量，g；

　　　M（NaCl）——氯化钠摩尔质量，58.44g/mol；

　　　V（AgNO$_3$）——硝酸银溶液用量，mL。

由此可计算AgNO$_3$标准溶液浓度为：

$$c(AgNO_3) = \frac{0.1508}{25.06 \times 58.44 \times 10^{-3}} = 0.1029（mol/L）$$

3. 出具报告

完成"硝酸银标准溶液的配制与标定"任务工单。

硝酸银标准溶液
的配制与标定
任务工单

五、任务小结

1. 操作注意事项

（1）配制$AgNO_3$标准溶液的蒸馏水应无Cl^-，否则配成的$AgNO_3$溶液会出现白色浑浊，不能使用。

（2）滴定操作：采用滴定操作成串不成线，先快后慢，临近终点注意半滴操作。

（3）终点判断：采用莫尔法进行测定，溶液颜色由黄色变成砖红色，30s不褪色；采用法扬司法进行测定，溶液颜色由黄色变成粉红色，30s不褪色。

（4）实验完毕后，盛装$AgNO_3$溶液的滴定管应先用蒸馏水洗涤 2~3 次后，再用自来水洗净，以免$AgCl$沉淀残留于滴定管内壁。

2. 安全注意事项

（1）$AgNO_3$具有腐蚀性，可造成严重皮肤灼伤和眼损伤，使用时需穿戴实训服、手套、护目镜等安全防护装置。

（2）$AgNO_3$对水生生物毒性极大并具有长期持续影响，不得排放到环境中，使用后需回收至专门的废液缸。

3. 应急预案（针对$AgNO_3$的意外情况）

（1）眼睛接触　立即用大量清水冲洗至少15min以上，包括眼皮下面，必要时立即就医。

（2）皮肤接触　立即用肥皂和大量清水清洗并脱掉所有受沾染的衣物和鞋子，必要时立即就医。

（3）吸入　转移至空气新鲜处，如呼吸困难，给氧。如患者摄入或吸入了该物质，不要使用嘴对嘴方法，借助配备有单向阀的口袋型呼吸面罩，或其他适当的呼吸医疗装置进行人工呼吸。立即呼叫医生或解毒中心。

（4）食入　不得诱导呕吐，立即呼叫医生或解毒中心。

（5）灭火　使用干沙、化学干粉或抗溶泡沫进行灭火。

六、任务拓展与思考

1. 配制K_2CrO_4指示液时，为什么要先加$AgNO_3$溶液？为什么放置后要进行过滤？K_2CrO_4指示液的用量太大或太小对测定结果有何影响？

2. 为什么要尽量保持$AgCl$为胶体状态？如何保持？

【实操微课】
氯化物含量测
定完整流程

任务二　食盐中氯含量的测定（莫尔法）

一、承接任务

1. 任务说明

食用盐，从分类上来说有井盐、海盐、池盐、岩盐等，主要成分是氯化钠和氯化钾，其含量是产品的重要指标，也是必测项目，国家规定食盐中氯化钠含量不得低于97%。本任务依据GB 5009.42—2016《食品安全国家标准　食盐指标的测定》、GB/T 5461—2016《食用盐》、GB 5009.44—2016《食品安全国家标准　食品中氯化物的测定》等相关产品标准，根据莫尔法，用已知准确浓度的0.1mol/L AgNO$_3$标准溶液测定食盐中氯离子的含量。

2. 任务要求

（1）掌握莫尔法测定Cl$^-$含量的基本原理、反应条件和操作方法。

（2）掌握Cl$^-$含量测定结果计算方法。

二、方案设计

1. 相关知识

在中性或弱碱性溶液中，用AgNO$_3$标准溶液滴定样品中的Cl$^-$，以K$_2$CrO$_4$作为指示剂，达到化学计量点时，微过量的Ag$^+$与CrO$_4^{2-}$反应析出砖红色Ag$_2$CrO$_4$沉淀，指示滴定终点。

2. 实施方案

称取样品与样品测定前处理→AgNO$_3$标准溶液测定Cl$^-$→结果计算→完成任务工单。

三、任务准备

1. 药品及试剂

（1）5%K$_2$CrO$_4$指示液配制：称取5g K$_2$CrO$_4$溶于少量水中，滴加AgNO$_3$溶液至红色不褪，混匀。放置过夜后过滤，将滤液稀释至100mL。

（2）0.1mol/L AgNO$_3$标准溶液：配制及标定方法见本模块任务一。

（3）待测样品：食盐样品。

2. 设备及器皿

（1）天平：分析天平、托盘天平或台秤。

（2）滴定装置：滴定台、滴定管夹、棕色通用滴定管、锥形瓶、洗瓶。

（3）玻璃仪器：量筒、烧杯、玻璃棒、试剂瓶、容量瓶、移液管等。

3. 耗材及其他

滤纸、标签纸、防护眼镜、防护手套等。

四、任务实施

1. 样品采集及处理

食盐样品溶液的配制：准确称取一定量的食盐试样（控制其量的 1/10，需消耗 0.1 mol/L AgNO$_3$ 20~30mL）置于烧杯中，加水溶解后，定量地转移到 250mL 容量瓶中，加水稀释至刻度，摇匀。

2. 实施步骤

测定食盐中氯离子的含量：准确吸取 25.00mL 食盐试液于 250mL 锥形瓶中，加入 25mL 蒸馏水和 1mL K$_2$CrO$_4$ 指示液，在不断摇动下，用 AgNO$_3$ 标准溶液滴定至溶液呈砖红色，即为终点。平行测定 3~4 次，同时做空白试验。

3. 结果记录及处理

（1）样品中 Cl$^-$ 含量测定数据记录　记录数据并处理，详见"食盐中氯含量的测定（莫尔法）"任务工单。

（2）数据处理

例：准确称取食盐试样 1.5789g 置于烧杯中，加水溶解后，转移至 250mL 容量瓶中，定容。准确吸取 25.00mL 食盐试液于锥形瓶中，以 K$_2$CrO$_4$ 为指示剂，用 0.1022mol/L AgNO$_3$ 标准溶液滴定至终点，消耗 AgNO$_3$ 标准溶液 25.06mL，计算食盐试样中 Cl$^-$ 的质量分数。

解：①第一步先求出 250mL 容量瓶中溶解食盐的 Cl$^-$ 物质的量浓度。

反应式　　　　　　　　$AgNO_3 + Cl^- \rightleftharpoons NO_3^- + AgCl\downarrow$（白色）

根据等物质的量规则，则：

$$c(Cl^-) = \frac{c(AgNO_3) \times V(AgNO_3) \times 10^{-3}}{V(Cl^-) \times 10^{-3}}$$

式中　$c(Cl^-)$ ——食盐的 Cl$^-$ 物质的量浓度，mol/L；

　　　$V(Cl^-)$ ——测定用食盐溶液的体积，mL；

　$c(AgNO_3)$ ——硝酸银标准溶液浓度，mol/L；

　$V(AgNO_3)$ ——硝酸银标准溶液用量，mL。

由此可得容量瓶中溶解食盐的 Cl$^-$ 物质的量浓度：

$$c(Cl^-) = \frac{0.1022 \times 25.06 \times 10^{-3}}{25.00 \times 10^{-3}} = 0.1024（mol/L）$$

②第二步再求出样品中食盐含量。

$$w(\mathrm{Cl^-}) = \frac{c(\mathrm{Cl^-}) \times 250 \times 10^{-3} \times M(\mathrm{Cl^-})}{m} \times 100\%$$

式中　$M(\mathrm{Cl^-})$——Cl⁻摩尔质量，35.45g/mol；

$\quad\quad\quad m$——食盐试样取样量，g。

食盐样品中氯离子含量为：

$$w(\mathrm{Cl^-}) = \frac{0.1024 \times 250 \times 10^{-3} \times 35.45}{1.5789} \times 100\% = 57.48\%$$

4. 出具报告

完成"食盐中氯含量的测定（莫尔法）"任务工单。

五、任务小结

操作注意事项、安全注意事项及应急预案等，同本模块任务一。

食盐中氯含量
的测定（莫尔
法）任务工单

六、任务拓展与思考

1. 莫尔法中，为什么溶液的pH需控制在6.5~10.5？

2. 莫尔法标定AgNO₃溶液，如果不充分摇动溶液，对测定结果有何影响？

任务三　NH₄SCN标准溶液的配制和标定

一、承接任务

1. 任务说明

NH₄SCN标准溶液常在沉淀滴定中作为滴定剂，用于测定样品中卤素离子含量。本任务依据GB/T 601—2016《化学试剂　标准滴定溶液的制备》等相关标准，使用市售分析纯非基准NH₄SCN试剂配制0.1mol/L NH₄SCN标准滴定溶液，并标定其准确浓度。

2. 任务要求

（1）掌握NH₄SCN标准溶液的配制、标定和保存方法。

（2）学习以铁铵矾[NH₄Fe(SO₄)₂·12H₂O]为指示剂判断滴定终点的方法。

二、方案设计

1. 相关知识

（1）NH₄SCN的性质　NH₄SCN为白色无臭的晶体，能够在水中快速溶解，形成NH_4^+和SCN^-，SCN^-与Fe^{3+}反应会形成红色的配合物$Fe(SCN)^{2+}$。NH₄SCN一般含有杂质，如硫酸盐、氯化物等，纯度仅在98%左右，因此不能直接配制准确浓度的溶液。

（2）NH₄SCN标准溶液的标定（佛尔哈德法）　以AgNO₃作为基准物质，溶解后，在酸性（硝酸）溶液中，以铁铵矾作指示剂，用待标定NH₄SCN标准溶液滴定，由于AgSCN沉淀能吸附Ag^+，使终点提前，因此滴定时要剧烈摇动，使被吸附的Ag^+释放出来。当到达化学计量点时，微过量SCN^-与指示剂（Fe^{3+}）生成红色$Fe(SCN)^{2+}$络离子，指示终点。

2. 实施方案

0.1mol/L待标定NH₄SCN标准溶液的配制 → 0.1mol/L NH₄SCN标准溶液的标定 → 结果计算 → 完成任务工单。

三、任务准备

1. 药品及试剂

（1）铁铵矾指示液（400g/L）配制：称取40g铁铵矾，用100mL水溶解后转入试剂瓶中。

（2）25%硝酸溶液配制：量取38mL浓硝酸（65%~68%），加入到装有62mL水的烧杯中，搅拌均匀后转入试剂瓶。

（3）AgNO₃基准试剂：硫酸干燥器中干燥至恒重，置于干燥器内备用。

（4）NH₄SCN固体（分析纯）。

2. 设备及器皿

（1）天平：分析天平、托盘天平或台秤。

（2）滴定装置：滴定台、滴定管夹、酸碱通用滴定管、锥形瓶、洗瓶。

（3）玻璃仪器：量筒、烧杯、玻璃棒、试剂瓶等。

3. 耗材及其他

滤纸、标签纸、防护眼镜、防护手套等。

四、任务实施

1. 实施步骤（参照GB/T 601—2016）

（1）配制0.1mol/L待标定NH₄SCN标准溶液　称取7.9g NH₄SCN，加入适量的蒸馏水溶解并稀释至1000mL，混匀，贮存于试剂瓶中，贴上标签，待标定。

（2）标定0.1mol/L NH₄SCN标准溶液　准确称取0.5g AgNO₃基准试剂，溶于100mL水中，加 1mL铁铵矾指示液及 25%硝酸溶液 10mL，在摇动下用配制好的NH₄SCN溶液滴定。终点前摇动溶液至完全清亮后，继续滴定溶液呈浅棕红色，保持 30s不褪色。平行测定 3~4 次，同时做空白试验。

2. 结果记录及处理

（1）NH₄SCN标准溶液的标定数据表　记录数据并处理，详见"NH₄SCN标准溶液的配制和标定"任务工单。

（2）数据处理

例：称取AgNO₃基准试剂 0.5023g，溶于水，以铁铵矾为指示剂，用待标定NH₄SCN标准溶液滴定至终点，消耗NH₄SCN溶液 29.06mL，求NH₄SCN标准溶液浓度是多少？

解：反应式　　　　$AgNO_3 + NH_4SCN \rightleftharpoons NH_4NO_3 + AgSCN\downarrow$（白色）

根据等物质的量规则，有

$$c(NH_4SCN) = \frac{m(AgNO_3)}{V(NH_4SCN) \times M(AgNO_3) \times 10^{-3}}$$

式中　$c(NH_4SCN)$——NH₄SCN标准溶液浓度，mol/L；

$m(AgNO_3)$——AgNO₃基准试剂质量，g；

$M(AgNO_3)$——AgNO₃摩尔质量，169.9g/mol；

$V(NH_4SCN)$——NH₄SCN溶液用量，mL。

由此可得NH₄SCN标准溶液浓度为：

$$c(NH_4SCN) = \frac{0.5023}{29.06 \times 169.9 \times 10^{-3}} = 0.1017（mol/L）$$

NH₄SCN标准溶液
的配制和标定
任务工单

3. 出具报告

完成"NH₄SCN标准溶液的配制和标定"任务工单。

五、任务小结

1. 操作注意事项

（1）称量操作　NH₄SCN易潮解，可用减量法称量到小烧杯中。

（2）终点判断　溶液呈浅棕红色，保持 30s不褪色。

2. 安全注意事项

（1）AgNO₃和NH₄SCN吞咽、皮肤接触或吸入有害，使用时需穿戴实训服、手套、护目镜等安全防护装置。

（2）AgNO₃和NH₄SCN对水生生物毒性极大并具有长期持续影响，不得排放到环境中，使用后需回收至专门的废液缸。

3. 应急预案（针对NH₄SCN的意外情况）

（1）吸入　将伤者移到空气新鲜处，如果呼吸停止，立即施行口对口人工呼吸；如有需要则使用氧气面罩，立即就医。

（2）皮肤接触　立即除去或脱掉所有玷污的衣物，用水清洗皮肤或淋浴，就医。

（3）眼睛接触　以大量清水洗去，立刻联络眼科医生。

（4）食入　立即让伤者饮水，就医。

（5）灭火　根据当时情况和周围环境采用适合的灭火措施。

六、任务拓展与思考

1. 采用佛尔哈德法标定NH₄SCN溶液，用NH₄SCN滴定AgNO₃时，滴定过程中为什么要充分摇动溶液？如果不充分摇动溶液，对测定结果有何影响？

2. 本实验为什么用硝酸酸化？可否用HCl和H₂SO₄？

3. 佛尔哈德法可以测Cl⁻，也可以测Ag⁺，测定原理是否一样？为什么？

任务四　氯化物中氯含量的测定（佛尔哈德法）

一、承接任务

1. 任务说明

很多含有氯化物的产品或样品如食盐、漂白粉、混凝土、水样等对氯离子含量都有明确要求，也是相关产品或样品的必检项目之一。本任务依据GB 5009.44—2016《食品安全国家标准　食品中氯化物的测定》等相关标准，使用已知准确浓度的 0.1mol/L AgNO₃ 标准滴定溶液和 0.1mol/L NH₄SCN标准滴定溶液，通过返滴定测定样品中Cl⁻含量。

2. 任务要求

（1）掌握佛尔哈德法测定Cl⁻含量的基本原理、反应条件和操作方法。

（2）掌握返滴定法测定Cl⁻含量结果计算方法。

二、方案设计

1. 相关知识

在酸性试液中，加入一定量过量的AgNO₃标准溶液。当定量生成AgCl沉淀后，过量的Ag⁺

以铁铵矾为指示剂，用NH_4SCN标准溶液进行返滴定。当Ag^+定量地生成$AgSCN$沉淀后，微过量的SCN^-与指示剂中Fe^{3+}立即反应生成红色的$[Fe(SCN)]^{2+}$可指示终点到达。

试液中加入过量$AgNO_3$后，再加入硝基苯（或石油醚）以保护$AgCl$沉淀，使其与溶液隔开，阻止SCN^-与$AgCl$沉淀发生转化反应。此法方便，但硝基苯有毒。

佛尔哈德法应当在酸性介质中进行，一般控制酸度大于 0.3mol/L。因为酸度过低，Fe^{3+}将水解形成$Fe(OH)^{2+}$等深色配合物，影响终点观察，碱度再大还会析出$Fe(OH)_3$沉淀。同时，在酸性介质中，PO_4^{3-}、AsO_4^{3-}、CrO_4^{2-}由于酸效应而不会消耗$AgNO_3$标准溶液，故对本法无干扰。

2. 实施方案

称取样品→样品测定前处理→NH_4SCN标准溶液返滴定测定样品中Cl^-→结果计算→完成任务工单。

三、任务准备

1. 药品及试剂

（1）铁铵矾指示液（400g/L）配制：称取40g 铁铵矾，用100mL水溶解后转入试剂瓶中。

（2）25%硝酸溶液配制：量取 38mL浓硝酸（65%~68%），加入到装有 62mL水的烧杯中，搅拌均匀后转入试剂瓶。

（3）0.1mol/L $AgNO_3$标准溶液：配制及标定方法见本模块任务一。

（4）0.1mol/L NH_4SCN标准溶液：配制及标定方法见本模块任务三。

（5）硝基苯（分析纯）。

（6）待测样品：含氯化合物样品、食盐等。

2. 设备及器皿

（1）天平：分析天平、托盘天平或台秤。

（2）滴定装置：滴定台、滴定管夹、棕色酸碱通用滴定管、250mL锥形瓶、洗瓶。

（3）玻璃仪器：量筒、烧杯、玻璃棒、试剂瓶、容量瓶、移液管等。

3. 耗材及其他

滤纸、标签纸、防护眼镜、防护手套等。

四、任务实施

1. 样品采集及处理

准确称取一定量的氯化物试样（控制其量的 1/10，需消耗 0.1 mol/L $AgNO_3$ 20~30mL）置于烧杯中，加水溶解后，定量地转移到250mL容量瓶中，加水稀释至刻度，摇匀。

2. 实施步骤

准确吸取 25.00mL 氯化物试液于 250mL 锥形瓶中，加入 25mL 蒸馏水，及 25% HNO_3 10mL，由滴定管加入 $AgNO_3$ 标准溶液至沉淀完全。加入 $AgNO_3$ 标准溶液后，生成白色 $AgCl$ 沉淀，当接近等电点时，$AgCl$ 沉淀会凝聚，摇动溶液后，再静止片刻，待沉淀沉降，溶液变清时，便在上层清液中加入几滴 $AgNO_3$ 溶液，观察沉淀是否完全。然后再加入适当过量 $AgNO_3$ 溶液 5~10mL 即可。这时加入硝基苯 2mL，用橡皮塞塞住锥形瓶瓶口，剧烈摇动，直至 $AgCl$ 进入硝基苯中而与溶液分开。然后，加入铁铵矾指示剂 1mL，用 NH_4SCN 标准溶液滴定至呈淡红色即为终点。若滴定体积不在 20~40mL，则需调整氯化物试液的取样体积，或者调整氯化物试样的称样量，重新配制待测试液，然后重新开始滴定。平行测定 3~4 次，同时做空白试验。

3. 结果记录及处理

（1）样品中 Cl^- 含量测定数据记录　记录数据并处理，详见"氯化物中氯含量的测定（佛尔哈德法）"任务工单。

（2）数据处理

例：氯化物试样 1.4345g，水溶后，定容到 250mL 容量瓶中。准确吸取 25.00mL 氯化物试液于锥形瓶中，加入 0.1022mol/L $AgNO_3$ 标准溶液 35.16mL。以铁铵矾作指示剂，用 0.1042mol/L NH_4SCN 标准溶液滴定至终点，消耗 NH_4SCN 标准溶液 12.66mL。计算氯化物试样中 Cl^- 的质量分数。

解：①计算过量 $AgNO_3$ 标准溶液的体积。

反应式　　　　　　$AgNO_3$（过）$+ SCN^- \rightleftharpoons AgSCN \downarrow$（白色）$+ NO_3^-$

根据等物质的量规则，则：

$$V_{过}(AgNO_3) = \frac{c(NH_4SCN) \times V(NH_4SCN)}{c(AgNO_3)}$$

式中　　$V_{过}(AgNO_3)$——过量硝酸银标准溶液用量，mL；

　　　　$c(AgNO_3)$——硝酸银标准溶液浓度，mol/L；

　　　　$c(NH_4SCN)$——NH_4SCN 标准溶液浓度，mol/L；

　　　　$V(NH_4SCN)$——NH_4SCN 标准溶液用量，mL。

由此可计算过量 $AgNO_3$ 标准溶液的体积为：

$$V_{过}(AgNO_3) = \frac{0.1042 \times 12.66}{0.1022} = 12.91(mL)$$

②计算 250mL 容量瓶中溶解氯化物的 Cl^- 物质的量浓度。

$$Ag^+ + Cl^- \rightleftharpoons AgCl \downarrow （白）$$

$$c(Cl^-) = \frac{c(AgNO_3) \times \left[V(AgNO_3) - V_{过}(AgNO_3) \right] \times 10^{-3}}{V(Cl^-) \times 10^{-3}}$$

式中：$c(Cl^-)$——氯化物的Cl^-物质的量浓度，mol/L；

　　　$V(Cl^-)$——测定用氯化物溶液的体积，mL；

$V(AgNO_3)$——硝酸银标准滴定溶液用量，mL。

由此可得容量瓶中溶解氯化物的Cl^-物质的量浓度：

$$c(Cl^-) = \frac{0.1022 \times (35.16 - 12.91) \times 10^{-3}}{25.00 \times 10^{-3}} = 0.09096\,(mol\,/\,L)$$

（3）计算样品中氯离子含量。

$$w(Cl^-) = \frac{c(Cl^-) \times 250 \times 10^{-3} \times M(Cl^-)}{m} \times 100\%$$

式中　$M(Cl^-)$ —— Cl^-摩尔质量，35.45g/mol；

　　　m——氯化物试样取样量，g。

样品中氯离子含量：

$$w(Cl^-) = \frac{0.09096 \times 250 \times 10^{-3} \times 35.45}{1.4345} \times 100\% = 56.20\%$$

氯化物中氯含量的
测定（佛尔哈德法）
任务工单

4. 出具报告

完成"氯化物中氯含量的测定（佛尔哈德法）"任务工单。

五、任务小结

1. 操作注意事项

（1）称量操作　如果氯化物样品易潮解，可采用减量法称量到小烧杯中。

（2）终点判断　溶液呈浅棕红色，保持30s不褪色。

2. 安全注意事项

同本模块任务三。

六、任务拓展与思考

1. 用佛尔哈德法测定氯化物中氯含量时，其主要的误差来源是什么？用哪些方法可加以防止？本实验中如何处理？

2. 用佛尔哈德法测定溴或碘的含量时，是否也需加入硝基苯（或石油醚）？为什么？

3. 本法中加入硝基苯的目的是什么？操作时有哪些需要注意的事项？

【思政内容】
模块七　阅读与拓展

模块八
重量分析法

🏳 学习目标

知识目标

1. 了解重量分析法的基本原理及特点。
2. 理解沉淀重量分析法对沉淀的要求。
3. 掌握不同沉淀类型沉淀条件的选择。
4. 掌握重量分析法的结果计算方法。

能力目标

1. 能根据不同沉淀类型选择合适的沉淀剂和沉淀条件。
2. 能应用沉淀重量法准确测定样品中某成分的含量。
3. 能正确进行沉淀重量分析操作并能够正确计算分析结果。

职业素养目标

1. 能理解物质在化学变化中的质量守恒定律。
2. 能理解小事成就大事，细节成就完美的人生哲理。
3. 培养重事实、贵精确、求真相、尚创新的科学精神。

模块导学（知识点思维导图）

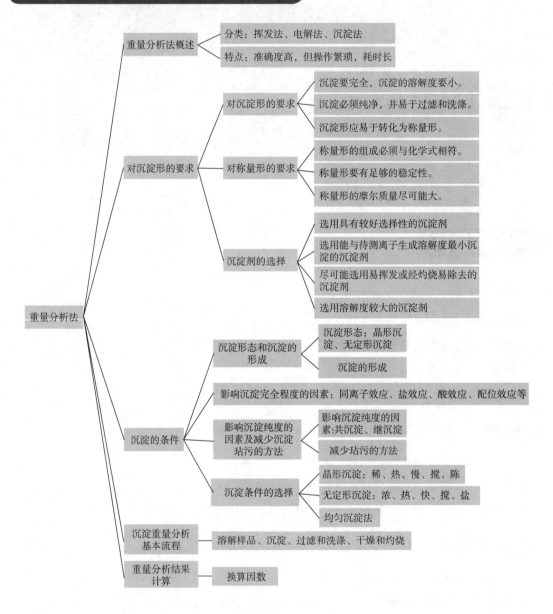

重量分析法（gravimetry）是通过称量的方式对试样中某组分的含量进行测定的一种分析方法，因此也称为称量分析法。重量分析法通常先用适当的方法将被测组分与试样中其他组分分离，转化为一定的称量形式，然后称量其质量，由称得物质的质量计算被测组分的含量。

知识一　重量分析法概述

一、重量分析法的分类

根据被测组分与其他组分分离方法的不同，重量分析法分为挥发法、电解法和沉淀法三类，其中以沉淀法最为重要。

【理论微课】
认识重量分析法

1. 挥发法

利用物质的挥发性，通过加热或其他方法使待测组分从试样中挥发逸出，然后根据试样质量的减少计算被测组分的含量。例如测定试样中湿存水或结晶水时，可将试样加热烘干至恒重，试样减轻的质量即水分质量。或者将逸出的水汽用已知质量的干燥剂吸收，干燥剂增加的质量即水的质量。

2. 电解法

利用电解的方法使待测金属离子在电极上还原析出，然后称重，电极增加的质量即为金属质量。

3. 沉淀法

沉淀法是重量分析法中的主要方法，这种方法是利用沉淀反应使待测组分以微溶化合物的形式沉淀出来，再使之转化为称量形式称重，并计算其含量。

二、重量分析法的特点

重量分析法作为经典的化学分析方法，直接用分析天平称量而获得分析结果，不需要与标准试样或基准物质进行比较。重量分析法的准确度高，相对误差的绝对值小于 0.2%，但操作繁琐、程序长、费时多。目前，常量的硅、硫、磷、镍以及几种稀有元素的精确测定仍采用重量分析法。

知识二　沉淀重量法对沉淀形的要求

向试液中加入适当的沉淀剂，使其与被测组分发生沉淀反应，并以"沉淀形（precipitation

form）"沉淀出来。沉淀经过过滤、洗涤，在适当的温度下烘干或灼烧，转化为"称量形（weighing form）"，再进行称量。根据称量形的化学式计算被测组分在试样中的含量。"沉淀形"和"称量形"可能相同，也可能不同，例如：

$$Ba^{2+} \xrightarrow{沉淀} BaSO_4 \xrightarrow{灼烧} BaSO_4$$

被测组分　　　　沉淀形　　　　称量形

$$Fe^{3+} \xrightarrow{沉淀} Fe(OH)_3 \xrightarrow{灼烧} Fe_2O_3$$

被测组分　　　　沉淀形　　　　称量形

在重量分析法中，为获得准确的分析结果，沉淀形和称量形必须满足以下要求。

一、重量分析法对沉淀形的要求

1. 沉淀要完全，沉淀的溶解度要小

要求测定过程中沉淀的溶解损失不应超过分析天平的称量误差。一般要求溶解损失应小于0.1mg。例如，测定Ca^{2+}时，以形成$CaSO_4$和CaC_2O_4两种沉淀形式作比较，$CaSO_4$的溶解度较大（$K_{sp}=9.1 \times 10^{-6}$）、$CaC_2O_4$的溶解度小（$K_{sp}=2.0 \times 10^{-9}$）。显然，用$(NH_4)_2C_2O_4$作沉淀剂比用硫酸作沉淀剂沉淀得更完全。

2. 沉淀必须纯净，并易于过滤和洗涤

沉淀纯净是获得准确分析结果的重要因素之一。颗粒较大的晶体沉淀（如$MgNH_4PO_4 \cdot 6H_2O$）其表面积较小，吸附杂质的机会较少，因此沉淀较纯净，易于过滤和洗涤。颗粒细小的晶形沉淀（如CaC_2O_4、$BaSO_4$），由于某种原因其比表面积大，吸附杂质多，洗涤次数也相应增多。非晶形沉淀[如$Al(OH)_3$、$Fe(OH)_3$]体积庞大疏松、吸附杂质较多，过滤费时且不易洗净。对于这类沉淀，必须选择适当的沉淀条件以满足对沉淀形式的要求。

3. 沉淀形应易于转化为称量形

沉淀经烘干、灼烧时，应易于转化为称量形式。例如Al^{3+}的测定，若沉淀为8-羟基喹啉铝[$Al(C_9H_6NO)_3$]，在130℃烘干后即可称量；而沉淀为$Al(OH)_3$，则必须在1200℃灼烧转变为无吸湿性的Al_2O_3后，方可称量。因此，测定Al^{3+}时选用前法比后法好。

二、重量分析法对称量形的要求

1. 称量形的组成必须与化学式相符，这是定量计算的基本依据

例如测定PO_4^{3-}，可以形成磷钼酸铵沉淀，但组成不固定，无法利用它作为测定PO_4^{3-}的称量形。若采用磷钼酸喹啉法测定PO_4^{3-}，则可得到组成与化学式相符的称量形。

2. 称量形要有足够的稳定性，不易吸收空气中的CO_2和H_2O

例如测定Ca^{2+}时，若将Ca^{2+}沉淀为$CaC_2O_4 \cdot H_2O$，灼烧后得到CaO，易吸收空气中H_2O和CO_2，因此，CaO不宜作为称量形式。

3. 称量形的摩尔质量尽可能大，待测组分在称量形中含量要小

这样可减小称量相对误差，提高分析测定的准确度。例如在铝的测定中，分别用Al_2O_3和8-羟基喹啉铝[$Al(C_9H_6NO)_3$]两种称量形进行测定，若被测组分Al的质量为0.1000g，则可分别得到0.1888g Al_2O_3和1.7040g $Al(C_9H_6NO)_3$。万分之一分析天平的称量误差一般为±0.2mg。显然，以$Al(C_9H_6NO)_3$作为称量形比用Al_2O_3作为称量形测定Al的准确度高。

三、沉淀剂的选择

根据上述对沉淀形和称量形的要求，选择沉淀剂时应考虑如下几点。

1. 选用具有较好选择性的沉淀剂

所选的沉淀剂只能和待测组分生成沉淀，而与试液中的其他组分不起作用。例如：丁二酮肟和H_2S都可以沉淀Ni^{2+}，但在测定Ni^{2+}时常选用前者。又如沉淀锆离子时，选用在盐酸溶液中与锆有特效反应的苦杏仁酸作沉淀剂，这时即使有钛、铁、钡、铝、铬等十几种离子存在，也不发生干扰。

2. 选用能与待测离子生成溶解度最小沉淀的沉淀剂

所选的沉淀剂应能使待测组分沉淀完全。例如：生成难溶的钡的化合物有$BaCO_3$、$BaCrO_4$、BaC_2O_4和$BaSO_4$。根据其溶解度可知，$BaSO_4$溶解度最小。因此以$BaSO_4$的形式沉淀Ba^{2+}比生成其他难溶化合物好。

3. 尽可能选用易挥发或经灼烧易除去的沉淀剂

这样沉淀中带有的沉淀剂即便未洗净，也可以借烘干或灼烧而除去。一些铵盐和有机沉淀剂都能满足这项要求。例如：用氯化物沉淀Fe^{3+}时，选用氨水而不用$NaOH$作沉淀剂。

4. 选用溶解度较大的沉淀剂

用此类沉淀剂可以减少沉淀对沉淀剂的吸附作用。例如：利用生成难溶钡化合物沉淀SO_4^{2-}时，应选$BaCl_2$作沉淀剂，而不用$Ba(NO_3)_2$，因为$Ba(NO_3)_2$的溶解度比$BaCl_2$小，$BaSO_4$吸附$Ba(NO_3)_2$比吸附$BaCl_2$严重。

知识三　沉淀的条件

一、沉淀形态和沉淀的形成

（一）沉淀形态

沉淀根据其物理性质的不同，可粗略地分为晶形沉淀和无定形沉淀两大类。

1. 晶形沉淀

晶形沉淀是指具有一定形状的晶体，其内部排列规则有序，颗粒直径约为 0.1~1μm。这类沉淀的特点是：结构紧密，具有明显的晶面，沉淀所占体积小、玷污少、易沉降、易过滤和洗涤。例如$MgNH_4PO_4$、$BaSO_4$等是典型的晶形沉淀。

2. 无定形沉淀

无定形沉淀是指无晶体结构特征的一类沉淀，如$Fe_2O_3 \cdot nH_2O$，$P_2O_3 \cdot nH_2O$是典型的无定形沉淀。无定形沉淀是由许多聚集在一起的微小颗粒（直径小于 0.02μm）组成的，内部排列杂乱无章、结构疏松、体积庞大、吸附杂质多，不能很好的沉降，无明显的晶面，难于过滤和洗涤，它与晶形沉淀的主要差别在于颗粒大小不同。

介于晶形沉淀与无定形沉淀之间，颗粒直径在 0.02~0.1μm 的沉淀如AgCl称为凝乳状沉淀，其性质也介于两者之间。在沉淀过程中，生成的沉淀属于哪一种类型，主要取决于沉淀本身的性质和沉淀的条件。

（二）沉淀的形成

沉淀的形成是一个复杂的过程，一般来讲，沉淀的形成要经过晶核形成和晶核长大两个过程，简单表示如下：

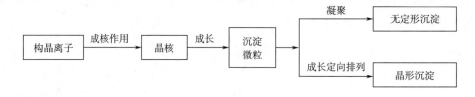

1. 晶核的形成

将沉淀剂加入待测组分的试液中，溶液是过饱和状态时，构晶离子由于静电作用而形成微小的晶核。晶核的形成可以分为均相成核和异相成核。

均相成核是指过饱和溶液中构晶离子通过缔合作用，自发地形成晶核的过程。不同的沉淀，组成晶核的离子数目不同。例如：$BaSO_4$ 的晶核由 8 个构晶离子组成；Ag_2CrO_4 的晶核由 6 个构晶离子组成。

异相成核是指在过饱和溶液中，构晶离子在外来固体微粒的诱导下，聚合在固体微粒周围形成晶核的过程。溶液中的"晶核"数目取决于溶液中混入固体微粒的数目。随着构晶离子浓度的增加，晶体将成长的大一些。

当溶液的相对过饱和程度较大时，异相成核与均相成核同时作用，形成的晶核数目多，沉淀颗粒小。

2. 晶形沉淀和无定形沉淀的生成

晶核形成时，溶液中的构晶离子向晶核表面扩散，并沉积在晶核上，晶核逐渐长大形成沉淀微粒。在沉淀过程中，由构晶离子聚集成晶核的速度称为聚集速度；构晶离子按一定晶格定向排列的速度称为定向速度。如果定向速度大于聚集速度较多，溶液中最初生成的晶核不太多，有更多的离子以晶核为中心，并有足够的时间依次定向排列长大，形成颗粒较大的晶形沉淀。反之聚集速度大于定向速度，则很多离子聚集成大量晶核，溶液中没有更多的离子定向排列到晶核上，于是沉淀就迅速聚集成许多微小的颗粒，因而得到无定形沉淀。

定向速度主要取决于沉淀物质的本性，极性较强的物质，如 $BaSO_4$、$MgNH_4PO_4$ 和 CaC_2O_4 等，一般具有较大的定向速度，易形成晶形沉淀；$AgCl$ 的极性较弱，逐步生成凝乳状沉淀；氢氧化物，特别是高价金属离子的氢氧化物，如 Fe（OH）$_3$、Al（OH）$_3$ 等，由于含有大量水分子，阻碍离子的定向排列，一般生成无定形胶状沉淀。

聚集速度不仅与物质的性质有关，同时主要由沉淀的条件决定，其中最重要的是溶液中生成沉淀时的相对过饱和度。聚集速度与溶液的相对过饱和度成正比，溶液相对过饱和度越大，聚集速度越快，晶核生成越多，易形成无定形沉淀；反之，溶液相对过饱和度小，聚集速度慢，晶核生成少，有利于生成颗粒较大的晶形沉淀。因此，通过控制溶液的相对过饱和度，可以改变形成沉淀颗粒的大小，有可能改变沉淀的类型。

二、影响沉淀完全程度的因素

影响沉淀完全程度的因素很多，如同离子效应、盐效应、酸效应、配位效应等。此外，温度、介质、沉淀颗粒大小和结构等对沉淀的溶解度也有影响。现分别进行讨论。

1. 同离子效应

组成沉淀晶体的离子称为构晶离子。当沉淀反应达到平衡后，如果向溶液中加入适当过量的含有某一构晶离子的试剂或溶液，则沉淀的溶解度减小，这种现象称为同离子效应。

例如：25℃时，$BaSO_4$在水中的溶解度为

$$s=[Ba^{2+}]=[SO_4^{2-}]=\sqrt{K_{sp}}=\sqrt{1.1\times10^{-10}}=1.05\times10^{-5}（mol/L）$$

如果使溶液中的$[SO_4^{2-}]$增至0.10mol/L，此时$BaSO_4$的溶解度为

$$s=[Ba^{2+}]=K_{sp}/[SO_4^{2-}]=1.1\times10^{-10}/0.10=1.1\times10^{-9}（mol/L）$$

即$BaSO_4$的溶解度减少至万分之一。

因此，在实际分析中，常加入过量沉淀剂，利用同离子效应，使被测组分沉淀完全。但沉淀剂过量太多，可能引起盐效应、酸效应及配位效应等副反应，反而使沉淀的溶解度增大。一般情况下，沉淀剂过量50%~100%是合适的，如果沉淀剂是不易挥发的，则以过量20%~30%为宜。

2. 盐效应

沉淀反应达到平衡时，由于强电解质的存在或加入其他强电解质，使沉淀的溶解度增大，这种现象称为盐效应。例如：$AgCl$、$BaSO_4$在KNO_3溶液中的溶解度比在纯水中大，而且溶解度随KNO_3浓度增大而增大，因此，利用同离子效应降低沉淀的溶解度时，应考虑盐效应的影响，即沉淀剂不能过量太多。当然，如果沉淀本身的溶解度很小，一般来讲，盐效应的影响很小，可以不予考虑。只有当沉淀的溶解度较大，才考虑盐效应的影响。

3. 酸效应

溶液酸度对沉淀溶解度的影响，称为酸效应。酸效应的发生主要是由于溶液中H^+浓度的大小对弱酸、多元酸或难溶酸离解平衡的影响。因此，酸效应对于不同类型沉淀的影响情况不一样，若沉淀是强酸盐（如$BaSO_4$、$AgCl$等）其溶解度受酸度影响不大，但对弱酸盐如CaC_2O_4来说，酸效应影响就很显著。如CaC_2O_4沉淀在溶液中有下列平衡：

$$CaC_2O_4 \Longrightarrow Ca^{2+} + C_2O_4^{2-}$$
$$+H^+ \| -H^+$$
$$HC_2O_4^- \underset{-H^+}{\overset{+H^+}{\Longrightarrow}} H_2C_2O_4$$

当酸度较高时，沉淀溶解平衡向右移动，从而增加了沉淀溶解度。为了防止沉淀溶解损失，对于弱酸盐沉淀，如碳酸盐、草酸盐、磷酸盐等，通常应在较低的酸度下进行沉淀。如果沉淀本身是弱酸，如硅酸（$SiO_2 \cdot nH_2O$）、钨酸（$WO_3 \cdot nH_2O$）等，易溶于碱，则应在强酸性介质中进行沉淀。如果沉淀是强酸盐如$AgCl$等，在酸性溶液中进行沉淀时，溶液的酸度对沉淀的溶解度影响不大。对于硫酸盐沉淀，例如$BaSO_4$、$SrSO_4$等，由于H_2SO_4的K_{a2}不大，当溶液的酸度太高时，沉淀的溶解度也随之增大。

4. 配位效应

进行沉淀反应时，若溶液中存在能与构晶离子生成可溶性配合物的配位剂，则可使沉淀溶解度增大，这种现象称为配位效应。

配位剂主要来自两方面：一是沉淀剂本身就是配位剂；二是加入的其他试剂。例如用Cl^-沉淀Ag^+时，得到AgCl白色沉淀，若向此溶液加入氨水，则因NH_3配位形成$[Ag(NH_3)_2]^+$，使AgCl的溶解度增大，甚至全部溶解。如果在沉淀Ag^+时，加入过量的Cl^-，则Cl^-能与AgCl沉淀进一步形成$AgCl_2^-$和$AgCl_3^{2-}$等配离子，也使AgCl沉淀逐渐溶解。这时Cl^-沉淀剂本身就是配位剂。由此可见，在用沉淀剂进行沉淀时，应严格控制沉淀剂的用量，同时注意外加试剂的影响。

配位效应使沉淀的溶解度增大的程度与沉淀的溶度积、配位剂的浓度和形成配合物的稳定常数有关。沉淀的溶度积越大，配位剂的浓度越大，形成的配合物越稳定，沉淀就越容易溶解。

综上所述，在实际工作中应根据具体情况来考虑哪种效应是主要的。对无配位反应的强酸盐沉淀，主要考虑同离子效应和盐效应，对弱酸盐或难溶盐的沉淀，多数情况主要考虑酸效应。对于有配位反应且沉淀的溶度积又较大，易形成稳定配合物时，应主要考虑配位效应。

5. 其他影响因素

除上述因素外，温度和其他溶剂的存在、沉淀颗粒大小和结构等，都对沉淀的溶解度有影响。

（1）温度的影响　沉淀的溶解一般是吸热过程，其溶解度随温度升高而增大。因此，对于一些在热溶液中溶解度较大的沉淀，在过滤洗涤时必须在室温下进行，如$MgNH_4PO_4$、CaC_2O_4等。对于一些溶解度小，冷时又较难过滤和洗涤的沉淀，则采用趁热过滤，并用热的洗涤液进行洗涤，如$Fe(OH)_3$、$Al(OH)_3$等。

（2）溶剂的影响　无机物沉淀大部分是离子型晶体，它们在有机溶剂中的溶解度一般比在纯水中要小。例如$PbSO_4$沉淀在100mL水中的溶解度为1.5×10^{-4}mol/L，而在50%的乙醇溶液中的溶解度为7.6×10^{-6}mol/L。

（3）沉淀颗粒大小和结构的影响　同一种沉淀，在质量相同时，颗粒越小，其总表面积越大，溶解度越大。由于小晶体比大晶体有更多的角、边和表面，处于这些位置的离子受晶体内离子的吸引力小，又受到溶剂分子的作用，容易进入溶液中。因此，小颗粒沉淀的溶解度比大颗粒沉淀的溶解度大。所以，在实际分析中，要尽量创造条件以利于形成大颗粒晶体。

三、影响沉淀纯度的因素及减少沉淀玷污的方法

在重量分析中，要求获得的沉淀是纯净的。但是，沉淀从溶液中析出时，总会或多或少地夹杂溶液中的其他组分。因此必须了解影响沉淀纯度的各种因素，找出减少沉淀玷污的方法，

以获得符合重量分析要求的沉淀。

（一）影响沉淀纯度的因素

影响沉淀纯度的主要因素有共沉淀现象和继沉淀现象。

1. 共沉淀

当沉淀从溶液中析出时，溶液中的某些可溶性组分也同时沉淀下来的现象称为共沉淀（coprecipitation）。共沉淀是引起沉淀不纯的主要原因，也是重量分析误差的主要来源之一。共沉淀现象主要有以下三类。

（1）表面吸附　由于沉淀表面离子电荷的作用力未达到平衡，因而产生自由静电力场，沉淀表面静电引力作用吸引了溶液中带相反电荷的离子，使沉淀微粒带有电荷，形成吸附层。带电荷的微粒又吸引溶液中带相反电荷的离子，构成电中性的分子。因此，沉淀表面吸附了杂质分子。例如：加过量$BaCl_2$到H_2SO_4的溶液中，生成$BaSO_4$晶体沉淀。沉淀表面上的SO_4^{2-}由于静电引力强烈地吸引溶液中的Ba^{2+}，形成第一吸附层，使沉淀表面带正电荷。然后它又吸引溶液中带负电荷的离子，如Cl^-离子，构成电中性的双电层，双电层能随颗粒一起下沉，因而使沉淀被污染。晶体表面吸附示意图如图8-1所示。

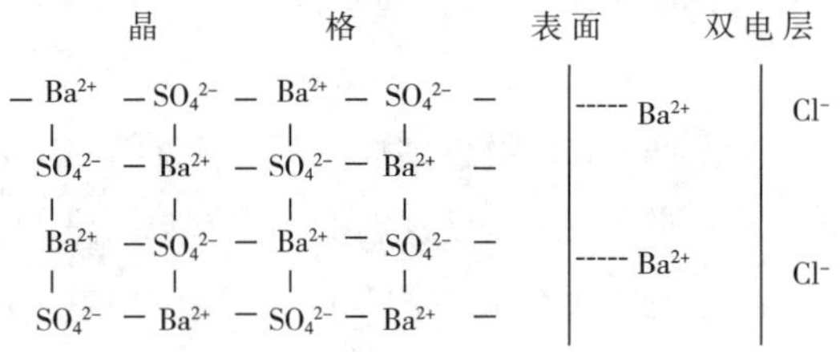

图8-1　晶体表面吸附示意图

显然，沉淀的总表面积越大，吸附杂质就越多；溶液中杂质离子的浓度越高，价态越高，越易被吸附。由于吸附作用是一个放热反应，所以升高溶液的温度，可减少杂质的吸附。

（2）吸留和包藏　吸留是被吸附的杂质机械地嵌入沉淀中。包藏常指母液机械地包藏在沉淀中。这些现象的发生，是由于沉淀剂加入太快，使沉淀急速生长，沉淀表面吸附的杂质来不及离开就被随后生成的沉淀所覆盖，使杂质离子或母液被吸留或包藏在沉淀内部。这类共沉淀不能用洗涤的方法将杂质除去，可以借改变沉淀条件或重结晶的方法来减免。

（3）混晶　当溶液杂质离子与构晶离子半径相近，晶体结构相同时，杂质离子将进入晶核排列中形成混晶。例如Pb^{2+}和Ba^{2+}半径相近，电荷相同，在用H_2SO_4沉淀Ba^{2+}时，Pb^{2+}能够取代$BaSO_4$中的Ba^{2+}进入晶核形成$PbSO_4$与$BaSO_4$的混晶共沉淀。又如$AgCl$和$AgBr$、$MgNH_4PO_4 \cdot 6H_2O$和$MgNH_4AsO_4$等都易形成混晶。为了减免混晶的生成，最好在沉淀前先将杂质分离出去。

2. 继沉淀

继沉淀（post precipitation）又称为后沉淀。在沉淀析出后，当沉淀与母液一起放置时，溶液中某些杂质离子可能慢慢地沉积到原沉淀上，放置时间越长，杂质析出的量越多，这种现象称为继沉淀。例如：Mg^{2+}存在时以（NH_4）$_2C_2O_4$沉淀Ca^{2+}，Mg^{2+}易形成稳定的草酸盐过饱和溶液而不立即析出。如果把形成的CaC_2O_4沉淀过滤，则发现沉淀表面上吸附有少量镁。若将含有Mg^{2+}的母液与CaC_2O_4沉淀一起放置一段时间，则MgC_2O_4沉淀的量将会增多。

（二）减少沉淀玷污的方法

为了提高沉淀的纯度，可采用下列措施。

1. 采用适当的分析步骤

当试液中含有几种组分时，首先应沉淀低含量组分，再沉淀高含量组分。反之，由于大量沉淀析出，会使部分低含量组分掺入沉淀，产生测定误差。

2. 改变杂质的存在形式

对于易被吸附的杂质离子，可采用适当的掩蔽方法或改变杂质离子价态来降低其浓度。例如：将SO_4^{2-}沉淀为$BaSO_4$时，Fe^{3+}易被吸附，可把Fe^{3+}还原为不易被吸附的Fe^{2+}或加酒石酸、EDTA等，使Fe^{3+}生成稳定的配离子，以减小沉淀对Fe^{3+}的吸附。

3. 选择沉淀条件

沉淀条件包括溶液浓度、温度、试剂的加入次序、速度、陈化与否等，对不同类型的沉淀，应选用不同的沉淀条件，以获得符合重量分析要求的沉淀。

4. 再沉淀

必要时将沉淀过滤、洗涤、溶解后，再进行一次沉淀。再沉淀时，溶液中杂质的量大为降低，共沉淀和继沉淀现象自然减少。

5. 选择适当的洗涤液洗涤沉淀

吸附作用是可逆过程，用适当的洗涤液通过洗涤交换的方法，可洗去沉淀表面吸附的杂质离子。例如$Fe（OH）_3$吸附Mg^{2+}，用NH_4NO_3稀溶液洗涤时，被吸附在表面的Mg^{2+}与洗涤液的NH_4^+发生交换，吸附在沉淀表面的NH_4^+，可在燃烧沉淀时分解除去。为了提高洗涤沉淀的效率，同体积的洗涤液应尽可能分多次洗涤，通常称为"少量多次"的洗涤原则。

6. 选择合适的沉淀剂

无机沉淀剂选择性差，易形成胶状沉淀，吸附杂质多，难于过滤和洗涤。有机沉淀剂选择性高，常能形成结构较好的晶形沉淀，吸附杂质少，易于过滤和洗涤。因此，在可能的情况下，尽量选择有机试剂作沉淀剂。

四、沉淀条件的选择

在重量分析中，为了获得准确的分析结果，要求沉淀完全、纯净、易于过滤和洗涤，并减少沉淀的溶解损失。因此，对于不同类型的沉淀，应当选用不同的沉淀条件。

（一）晶形沉淀

为了形成颗粒较大的晶形沉淀，采取以下沉淀条件。

1. 在适当稀、热溶液中进行

在稀、热溶液中进行沉淀，可使溶液中相对过饱和度保持较低，以利于生成晶形沉淀，同时也有利于得到纯净的沉淀。对于溶解度较大的沉淀，溶液不能太稀，否则沉淀溶解损失较多，影响结果的准确度。在沉淀完全后，应将溶液冷却后再进行过滤。

2. 在不断搅拌下缓慢滴加沉淀剂

在不断搅拌的同时缓慢滴加沉淀剂，可使沉淀剂迅速扩散，防止局部相对过饱和度过大而产生大量小晶粒。

3. 陈化

陈化（aging）是指沉淀完全后，将沉淀连同母液放置一段时间，使小晶粒变为大晶粒，不纯净的沉淀转变为纯净沉淀的过程。因为在同样条件下，小晶粒的溶解度比大晶粒大。在同一溶液中，对大晶粒为饱和溶液时，对小晶粒则为未饱和，小晶粒就要溶解。这样，溶液中的构晶离子就在大晶粒上沉积，直至达到饱和。这时，小晶粒又为未饱和，又要溶解。如此反复进行，小晶粒逐渐消失，大晶粒不断长大。

陈化过程不仅能使晶粒变大，而且能使沉淀变的更纯净。

加热和搅拌可以缩短陈化时间。但是陈化作用对伴随有混晶共沉淀的沉淀，不一定能提高纯度，对伴随有继沉淀的沉淀，不仅不能提高纯度，有时反而会降低纯度。

综上所述，对晶形沉淀的沉淀条件，可以概括为"稀、热、慢、搅、陈"5个字。即在较稀溶液中，在加热的情况下，慢慢加入沉淀剂，边加边搅拌，沉淀完毕后，应将沉淀陈化，再进行过滤。

（二）无定形沉淀

无定形沉淀的特点是结构疏松、比表面大、吸附杂质多、溶解度小、易形成胶体、不易过滤和洗涤。对于这类沉淀关键问题是创造适宜的沉淀条件来改善沉淀的结构，使之不致形成胶体，并且有较紧密的结构，便于过滤和减少杂质吸附。因此，无定形沉淀的沉淀条件有以下几点。

1. 在较浓的溶液中进行沉淀

在浓溶液中进行沉淀，离子水化程度小，结构较紧密，体积较小，容易过滤和洗涤。但在浓溶液中，杂质的浓度也比较高，沉淀吸附杂质的量也较多。因此，在沉淀完毕后，应立即加入热水稀释搅拌，使被吸附的杂质离子转移到溶液中。

2. 在热溶液中及电解质存在下进行沉淀

在热溶液中进行沉淀可防止生成胶体，并减少杂质的吸附。电解质的存在，可促使带电荷的胶体粒子相互凝聚沉降，加快沉降速度，因此，电解质一般选用易挥发性的铵盐如NH_4NO_3或NH_4Cl等，它们在灼烧时均可挥发除去。有时在溶液中加入与胶体带相反电荷的另一种胶体来代替电解质，可使被测组分沉淀完全。例如测定SiO_2时，加入带正电荷的动物胶与带负电荷的硅酸胶体凝聚而沉降下来。

3. 趁热过滤洗涤，不需陈化

沉淀完毕后，趁热过滤，不需陈化，因为沉淀放置后逐渐失去水分，聚集得更为紧密，使吸附的杂质更难洗去。洗涤无定形沉淀时，一般选用热、稀的电解质溶液作洗涤液，主要是防止沉淀重新变为胶体难于过滤和洗涤，常用的洗涤液有NH_4NO_3、NH_4Cl或氨水。无定形沉淀吸附杂质较严重，一次沉淀很难保证纯净，必要时进行再沉淀。

（三）均匀沉淀法

为改善沉淀条件，避免因加入沉淀剂所引起的溶液局部相对过饱和的现象发生，采用均匀沉淀法。这种方法是通过某一化学反应，使沉淀剂从溶液中缓慢地、均匀地产生出来，使沉淀在整个溶液中缓慢地、均匀地析出，获得颗粒较大、结构紧密、纯净、易于过滤和洗涤的沉淀。例如沉淀Ca^{2+}时，如果直接加入$(NH_4)_2C_2O_4$，尽管按晶形沉淀条件进行沉淀，仍会得到颗粒细小的CaC_2O_4沉淀。若在含有Ca^{2+}的溶液中，以HCl酸化后，加入$(NH_4)_2C_2O_4$，溶液中主要存在的是$HC_2O_4^-$和$H_2C_2O_4$，此时，向溶液中加入尿素并加热至90℃，尿素逐渐水解产生NH_3。

$$CO(NH_2)_2+H_2O \rightleftharpoons 2NH_3+CO_2\uparrow$$

水解产生的NH_3均匀地分布在溶液的各个部分，溶液的酸度逐渐降低，$C_2O_4^{2-}$浓度渐渐增大，CaC_2O_4则均匀而缓慢地析出形成颗粒较大的晶形沉淀。

均匀沉淀法还可以利用有机化合物的水解（如酯类水解）、配合物的分解、氧化还原反应等方式进行，如表8-1所示。

表8-1　某些均匀沉淀法的应用

沉淀剂	加入试剂	反应	被测组分
OH^-	尿素	$CO(NH_2)_2+H_2O \rightleftharpoons CO_2+2NH_3$	Al^{3+}、Fe^{3+}、Bi^{3+}
OH^-	六次甲基四胺	$(CH_2)_6N_4+6H_2O \rightleftharpoons 6HCHO+4NH_3$	Th^{4+}

续表

沉淀剂	加入试剂	反应	被测组分
PO_4^{3-}	磷酸三甲酯	$(CH_3)_3PO_4 + 3H_2O \rightleftharpoons 3CH_3OH + H_3PO_4$	Zr^{4+}、Hf^{4+}
S^{2-}	硫代乙酰胺	$CH_3CSNH_2 + H_2O \rightleftharpoons CH_3CONH_2 + H_2S$	金属离子
SO_4^{2-}	硫酸二甲酯	$(CH_3)_2SO_4 + 2H_2O \rightleftharpoons 2CH_3OH + SO_4^{2-} + 2H^+$	Ba^{2+}、Sr^{2+}、Pb^{2+}
$C_2O_4^{2-}$	草酸二甲酯	$(CH_3)_2C_2O_4 + 2H_2O \rightleftharpoons 2CH_3OH + H_2C_2O_4$	Ca^{2+}、Th^{4+}、稀土
Ba^{2+}	Ba-EDTA	$BaY^{2-} + 4H^+ \rightleftharpoons H_4Y + Ba^{2+}$	SO_4^{2-}

沉淀完毕后，还需经过滤、洗涤、烘干或灼烧，最后得到符合要求的称量形，由其质量即可计算测定结果。

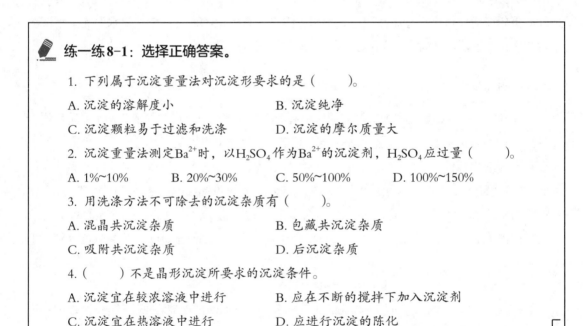

练一练8-1：选择正确答案。

1. 下列属于沉淀重量法对沉淀形要求的是（   ）。

A. 沉淀的溶解度小   B. 沉淀纯净

C. 沉淀颗粒易于过滤和洗涤   D. 沉淀的摩尔质量大

2. 沉淀重量法测定Ba^{2+}时，以H_2SO_4作为Ba^{2+}的沉淀剂，H_2SO_4应过量（   ）。

A. 1%~10%   B. 20%~30%   C. 50%~100%   D. 100%~150%

3. 用洗涤方法不可除去的沉淀杂质有（   ）。

A. 混晶共沉淀杂质   B. 包藏共沉淀杂质

C. 吸附共沉淀杂质   D. 后沉淀杂质

4. （   ）不是晶形沉淀所要求的沉淀条件。

A. 沉淀宜在较浓溶液中进行   B. 应在不断的搅拌下加入沉淀剂

C. 沉淀宜在热溶液中进行   D. 应进行沉淀的陈化

知识四　沉淀重量分析基本流程

沉淀重量分析的基本操作包括溶解样品、沉淀、过滤、洗涤、干燥和灼烧等步骤，分别介绍如下。

一、溶解样品

样品称于烧杯中，沿杯壁加溶剂，盖上表面皿，轻轻摇动，必要时可加热促其溶解，但温度不可太高，以防溶液溅失。

如果样品需要用酸溶解且有气体放出时，应先在样品中加少量水调成糊状，盖上表面皿，从烧杯嘴处注入溶剂，待作用完后，用洗瓶冲洗表面皿凸面并使之流入烧杯内。

二、沉淀

重量分析对沉淀的要求是尽可能地完全和纯净，为了达到这个要求，应该按照沉淀的不同类型选择不同的沉淀条件，如沉淀时溶液的体积、温度，加入沉淀剂的浓度、数量、加入速度、搅拌速度、放置时间等。因此，必须按照规定的操作步骤进行。

一般进行沉淀操作时，左手拿滴管，滴加沉淀剂，右手持玻璃棒不断搅动溶液，搅动时玻璃棒不要碰烧杯壁或烧杯底，以免划损烧杯。溶液如需加热，一般在水浴或电热板上进行。沉淀后应检查沉淀是否完全，检查的方法是：待沉淀下沉后，在上层澄清液中，沿杯壁加 1 滴沉淀剂，观察滴落处是否出现浑浊，无浑浊出现表明已沉淀完全；如出现浑浊，需再补加沉淀剂，直至再次检查时上层清液中不再出现浑浊为止，然后盖上表面皿。

三、过滤和洗涤

1. 用滤纸过滤

（1）滤纸的选择　滤纸分定性滤纸和定量滤纸两种，重量分析中常用定量滤纸（或称无灰滤纸）进行过滤。定量滤纸灼烧后灰分极少，其重量可忽略不计，如果灰分较重，应扣除空白。定量滤纸一般为圆形，按直径分有 11，9，7cm 等几种；按滤纸孔隙大小分有"快速""中速"和"慢速"3 种。根据沉淀的性质选择合适的滤纸，如 $BaSO_4$、$CaC_2O_4 \cdot 2H_2O$ 等细晶形沉淀，应选用"慢速"滤纸过滤；$Fe_2O_3 \cdot nH_2O$ 为胶状沉淀，应选用"快速"滤纸过滤；$MgNH_4PO_4$ 等粗晶形沉淀，应选用"中速"滤纸过滤。根据沉淀量的多少，选择滤纸的大小。表8-2是常用国产定量滤纸的灰分质量，表8-3是国产定量滤纸的类型。

表8-2　常用国产定量滤纸的灰分质量

直径 /cm	7	9	11	12.5
灰分 /（g/张）	3.5×10^{-5}	5.5×10^{-5}	8.5×10^{-5}	1.0×10^{-4}

表8-3 国产定量滤纸的类型

类型	滤纸盒上色带标志	滤速 / (s/100mL)	适用范围
快速	蓝色	60~100	无定形沉淀,如Fe(OH)$_3$
中速	白色	100~160	中等粒度沉淀,如MgNH$_4$PO$_4$
慢速	红色	160~200	细粒状沉淀,如BaSO$_4$

（2）漏斗的选择　用于称量分析的漏斗应该是长颈漏斗,颈长为15~20cm,漏斗锥体角应为60°,颈的直径要小些,一般为3~5mm,以便在颈内容易保留水柱,出口处磨成45°角,如图8-2所示。漏斗在使用前应洗净。

（3）滤纸的折叠　折叠滤纸的手要洗净擦干。滤纸的折叠如图8-3所示。先把滤纸对折并按紧一半,然后再对折但不要按紧,把折成圆锥形的滤纸放入漏斗中。滤纸的大小应低于漏斗边缘0.5~1cm,若高出漏斗边缘,可剪去一圈。观察折好的滤纸是否能与漏斗内壁紧密贴合,若未贴合紧密可以适当改变滤纸折叠角度,直至与漏斗贴紧后再把第二次的折边折紧。取出圆锥形滤纸,将半边为三层滤纸的外层折角撕下一块,这样可以使内层滤纸紧密贴在漏斗内壁上,撕下来的那一小块滤纸保留作擦拭烧杯内残留的沉淀用。

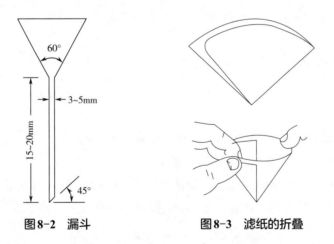

图8-2　漏斗　　　　　图8-3　滤纸的折叠

（4）做水柱　滤纸放入漏斗后,用手按紧使之密合,然后用洗瓶加水润湿全部滤纸。用手指轻压滤纸赶去滤纸与漏斗壁间的气泡,然后加水至滤纸边缘,此时漏斗颈内应全部充满水,形成水柱。滤纸上的水已全部流尽后,漏斗颈内的水柱应仍能保住,这样,由于液体的重力可起抽滤作用,加快过滤速度。

若水柱做不成,可用手指堵住漏斗下口,稍掀起滤纸的一边,用洗瓶向滤纸和漏斗间的空隙内加水,直到漏斗颈及锥体的一部分被水充满,然后边按紧滤纸边慢慢松开下面堵住出口的手指,此时水柱应该形成。如仍不能形成水柱,或水柱不能保持,而漏斗颈又确已洗净,则是因为漏斗颈太大。实践证明，漏斗颈太大的漏斗，是做不出水柱的，应更换漏斗。

做好水柱的漏斗应放在漏斗架上，下面用一个洁净的烧杯承接滤液，滤液可用做其他组分的测定。滤液有时是不需要的，但考虑到过滤过程中，可能有沉淀渗漏，或滤纸意外破裂，需要重滤，所以要用洗净的烧杯来承接滤液。为了防止滤液外溅，一般都将漏斗颈出口斜口长的一侧贴紧烧杯内壁。漏斗位置的高低，以过滤过程中漏斗颈的出口不接触滤液为宜。

（5）倾泻法过滤和初步洗涤　首先要强调，过滤和洗涤一定要一次完成，因此必须事先计划好时间，不能间断，特别是过滤胶状沉淀。

过滤一般分3个阶段进行：第一阶段采用倾泻法把尽可能多的清液先过滤过去，并将烧杯中的沉淀做初步洗涤；第二阶段把沉淀转移到漏斗上；第三阶段清洗烧杯和漏斗上的沉淀。

过滤时，为了避免沉淀堵塞滤纸的空隙，影响过滤速度，一般多采用倾泻法过滤，即倾斜静置烧杯，待沉淀下降后，先将上层清液倾入漏斗中，而不是一开始过滤就将沉淀和溶液搅混后过滤。

过滤操作如图8-4所示，将烧杯移到漏斗上方，轻轻提取玻璃棒，将玻璃棒下端轻碰一下烧杯壁使悬挂的液滴流回烧杯中，将烧杯嘴与玻璃棒贴紧，玻璃棒直立，下端接近三层滤纸的一边，慢慢倾斜烧杯，使上层清液沿玻璃棒流入漏斗中，漏斗中的液面不要超过滤纸高度的2/3。或使液面离滤纸上边缘约5mm，以免少量沉淀因毛细管作用越过滤纸上缘，造成损失。

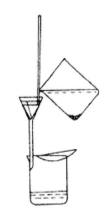

暂停倾注时，应沿玻璃棒将烧杯嘴往上提，逐渐使烧杯直立，等玻璃棒和烧杯由相互垂直变为几乎平行时，将玻璃棒离开烧杯嘴而移入烧杯中。这样才能避免留在棒端及烧杯嘴上的液体流到烧杯外壁上去。玻璃棒放回原烧杯时，勿将清液搅混，也不要靠在烧杯嘴处。

图8-4　倾泻法过滤

当液体较少而不便倾出时，可将玻璃棒稍向左倾斜，使烧杯倾斜角度更大些。

上层清液倾注完后，在烧杯中做初步洗涤。选用什么洗涤液洗沉淀，应根据沉淀的类型而定。

①晶形沉淀：可用冷的稀的沉淀剂进行洗涤，由于同离子效应，可以减少沉淀的溶解损失。但是如沉淀剂为不挥发的物质，就不能用作洗涤液，此时可改用蒸馏水或其他合适的溶液洗涤沉淀。

②无定形沉淀：用热的电解质溶液作洗涤剂，以防止产生胶溶现象，大多采用易挥发的铵盐溶液作洗涤剂。

③对于溶解度较大的沉淀，采用沉淀剂加有机溶剂洗涤沉淀，可降低其溶解度。

洗涤时，沿烧杯内壁四周注入少量洗涤液，每次约20mL，充分搅拌，静置，待沉淀沉降后，按上法倾注过滤，如此洗涤沉淀4~5次，每次应尽可能把洗涤液倾倒尽，再加第二份洗涤液。随时检查滤液是否透明不含沉淀颗粒，否则应重新过滤，或重做实验。

（6）沉淀的转移 沉淀用倾泻法洗涤后，在盛有沉淀的烧杯中加入少量洗涤液，搅拌混合，全部倾入漏斗中。如此重复2~3次，然后将玻璃棒横放在烧杯口上，玻璃棒下端比烧杯口长出2~3cm，左手食指按住玻璃棒，大拇指在前，其余手指在后，拿起烧杯，放在漏斗上方，倾斜烧杯使玻璃棒仍指向三层滤纸的一边，用洗瓶冲洗烧杯壁上附着的沉淀，使之全部转移入漏斗中，如图8-5所示。最后用保存的小块滤纸擦拭玻璃棒，再放入烧杯中，用玻璃棒压住滤纸进行擦拭。擦拭后的滤纸块，用玻璃棒拨入漏斗中，用洗涤液再冲洗烧杯将残存的沉淀全部转入漏斗中。有时也可用淀帚（图8-6）擦洗烧杯上的沉淀，然后洗净淀帚。淀帚一般可自制，剪一段乳胶管，一端套在玻璃棒上，另一端用橡胶胶水黏合，用夹子夹扁晾干即成。

（7）洗涤 沉淀全部转移到滤纸上后，再在滤纸上进行最后的洗涤。这时要用洗瓶由滤纸边缘稍下一些地方螺旋形向下移动冲洗沉淀，如图8-7所示，这样可使沉淀集中到滤纸锥体的底部。不可将洗涤液直接冲到滤纸中央沉淀上，以免沉淀外溅。

图8-5 最后少量沉淀的冲洗

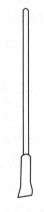

图8-6 淀帚

图8-7 洗涤沉淀

采用少量多次的方法洗涤沉淀，即每次加少量洗涤液，洗后尽量沥干，再加第二次洗涤液，这样可提高洗涤效率。洗涤次数一般都有规定，例如洗涤8~10次，或规定洗至流出液无Cl^-为止等。如果要求洗至无Cl^-为止，则洗几次以后，用小试管或小表面皿接取少量滤液，用硝酸酸化的$AgNO_3$溶液检查滤液中是否还有Cl^-，若无白色浑浊，即可认为已洗涤完毕，否则需进一步洗涤。

2. 用微孔玻璃坩埚（漏斗）过滤

有些沉淀不能与滤纸一起灼烧，因其易被还原，如AgCl沉淀。有些沉淀不需灼烧，只需烘干即可称量，如丁二肟镍沉淀、磷铝酸喹啉沉淀等，但也不能用滤纸过滤，因为滤纸烘干后，重量改变很多，在这种情况下，应用微孔玻璃坩埚（或微孔玻璃漏斗）过滤，如图 8-8 所示。这种滤器的滤板是用玻璃粉末在高温熔结而成的。

这类滤器的分级和牌号见表 8-4。滤器的牌号规定以每级孔径的上限值前置以字母"P"表示，上述牌号是我国 1990 年开始实施的新标准，过去玻璃滤器一般分为 6 种型号，现将过去使用的玻璃滤器的旧牌号及孔径范围列于表 8-5。

图8-8　微孔玻璃坩埚和漏斗

表8-4　滤器的分级和牌号

牌号	孔径分级 /μm		牌号	孔径分级 /μm	
	>	≤		>	≤
$P_{1.6}$	—	1.6	P_{40}	16	40
P_4	1.6	4	P_{100}	40	100
P_{10}	4	10	P_{160}	100	160
P_{16}	10	16	P_{250}	160	250

表8-5　滤器的旧牌号及孔径范围

旧牌号	G_1	G_2	G_3	G_4	G_5	G_6
滤板孔径 /μm	80~120	40~80	15~40	5~15	2~5	< 2

分析实验中常用 P_{40}（G_3）和 P_{16}（G_4）号玻璃滤器，例如，过滤金属汞用 P_{40} 号，过滤 $KMnO_4$ 溶液用 P_{16} 号漏斗式滤器，重量法测 Ni 用 P_{16} 号坩埚式滤器。P_4~$P_{1.6}$ 号常用于过滤微生物，所以这种滤器又称为细菌漏斗。

这种滤器在使用前，先用强酸（HCl或HNO₃）处理，然后再用水洗净，洗涤时通常采用抽滤法。如图 8-9 所示，在抽滤瓶瓶口配一块稍厚的橡皮垫，垫上挖一个圆孔，将微孔玻璃坩埚（或漏斗）插入圆孔中（市场上有这种橡皮垫出售），抽滤瓶的支管与水流泵（俗称水抽子）相连接。先将强酸倒入微孔玻璃坩埚（或漏斗）中，然后开水流泵抽滤，当结束抽滤时，应先拔掉抽

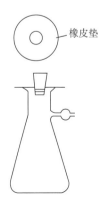

橡皮垫

图8-9　抽滤装置

滤瓶支管上的胶管，再关闭水流泵，否则水流泵中的水会倒吸入抽滤瓶中。这种滤器耐酸不耐碱，因此，不可用强碱处理，也不适于过滤强碱溶液。将已洗净、烘干、且恒重的微孔玻璃坩埚（或漏斗）置于干燥器中备用。过滤时，所用装置和上述洗涤时装置相同，在开动水流泵抽滤下，用倾泻法进行过滤，其操作与上述用滤纸过滤相同，不同之处是在抽滤下进行。

四、干燥和灼烧

沉淀的干燥和灼烧是在一个预先灼烧至质量恒定的坩埚中进行，因此，在沉淀的干燥和灼烧前，必须预先准备好坩埚。

1. 坩埚的准备

先将瓷坩埚洗净，小火烤干或烘干，编号（可用含 Fe^{3+} 或 Co^{2+} 的蓝墨水在坩埚外壁上编号），然后在所需温度下，加热灼烧。灼烧可在高温电炉中进行，由于温度骤升或骤降常使坩埚破裂，最好将坩埚放入冷的炉膛中逐渐升高温度，或者将坩埚在已升至较高温度的炉膛口预热一下，再放进炉膛中。一般在 800~950℃下灼烧 0.5h（新坩埚需灼烧 1h）。从高温炉中取出坩埚时，应先使高温炉降温，然后将坩埚移入干燥器中，将干燥器连同坩埚一起移至天平室，冷却至室温（约需 30min），取出称量。随后进行第二次灼烧，约 15~20min，冷却和称量。如果前后两次称量结果之差不大于 0.2mg，即可认为坩埚已达质量恒定，否则还需再灼烧，直至质量恒定为止。灼烧空坩埚的温度必须与以后灼烧沉淀的温度一致。

坩埚的灼烧也可以在煤气灯上进行。事先将坩埚洗净晾干，将其直立在泥三角上，盖上坩埚盖，但不要盖严，需留一小缝。用煤气灯逐渐升温，最后在氧化焰中高温灼烧，灼烧的时间和在高温电炉中相同，直至质量恒定。

2. 沉淀的干燥和灼烧

坩埚准备好后即可开始沉淀的干燥和灼烧。利用玻璃棒把滤纸和沉淀从漏斗中取出，按图 8-10 所示，折卷成小包，把沉淀包卷在里面。此时应特别注意，勿使沉淀有任何损失。如果漏斗上沾有些微沉淀，可用滤纸碎片擦下，与沉淀包卷在一起。

将滤纸包装进已质量恒定的坩埚内，使滤纸层较多的一边向上，可使滤纸灰化较易。按图 8-11 所示，斜放坩埚于泥三角上，盖上坩埚盖，然后如图 8-12 所示，将滤纸烘干并炭化，在此过程中必须防止滤纸着火，否则会使沉淀飞散而损失。若已着火，应立刻移开煤气灯，并将坩埚盖盖上，让火焰自熄。

当滤纸炭化后，可逐渐提高温度，并随时用坩埚钳转动坩埚，把坩埚内壁上的黑炭完全烧去。将炭烧成 CO_2 而除去的过程叫灰化。待滤纸灰化后，将坩埚垂直地放在泥三角上，盖上坩埚盖（留一小孔隙），于指定温度下灼烧沉淀，或者将坩埚放在高温电炉中灼烧。一般第一次灼烧时间为 30~45min，第二次灼烧时间为 15~20min。每次灼烧完毕从炉内取出后，都需要在

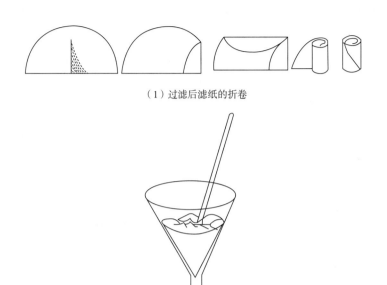

（1）过滤后滤纸的折卷

（2）胶体沉淀滤纸的折卷

图8-10 沉淀后滤纸的折卷

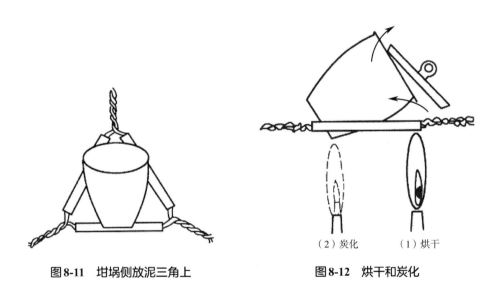

（2）炭化　　　（1）烘干

图8-11 坩埚侧放泥三角上　　　　　图8-12 烘干和炭化

空气中稍冷，再移入干燥器中。沉淀冷却到室温后称量，然后再灼烧、冷却、称量，直至质量恒定。

　　微孔玻璃坩埚（或漏斗）只需烘干即可称量，一般将微孔玻璃坩埚（或漏斗）连同沉淀放在表面皿上，然后放入烘箱中，根据沉淀性质确定烘干温度。一般第一次烘干时间要长些，约2h，第二次烘干时间可短些，约45min~1h，根据沉淀的性质具体处理。沉淀烘干后，取出坩埚（或漏斗），置干燥器中冷却至室温后称量。反复烘干、称量，直至质量恒定为止。

3. 干燥器的使用方法

干燥器是具有磨口盖子的密闭厚壁玻璃器皿，常用以保存坩埚、称量瓶、试样等物。它的磨口边缘涂一薄层凡士林，使之与盖子密合，如图8-13所示。

图8-13　干燥器

干燥器底部盛放干燥剂，最常用的干燥剂是变色硅胶和无水氯化钙，其上搁置洁净的带孔瓷板，坩埚等即可放在瓷板孔内。

干燥剂吸收水分的能力都是有一定限度的。例如硅胶，20℃时，被其干燥过的1L空气中残留水分为 6×10^{-3}mg；无水氯化钙，25℃时，被其干燥过的1L空气中残留水分小于0.36mg。因此，干燥器中的空气并不是绝对干燥的，只是湿度较低而已。

使用干燥器时应注意下列事项。

（1）干燥剂不可放得太多，以免玷污坩埚底部。

（2）搬移干燥器时，要用双手拿着，用大拇指紧紧按住盖子，如图8-14所示。

（3）打开干燥器时，不能往上掀盖，应用左手按住干燥器，右手小心地把盖子稍微推开，等冷空气徐徐进入后，才能完全推开，盖子必须仰放在桌子上。

（4）不可将太热的物体放入干燥器中。

（5）有时较热的物体放入干燥器中后，空气受热膨胀会把盖子顶起来，为了防止盖子被打翻，应当用手按住，不时把盖子稍微推开（不到1s），以

图8-14　搬移干燥器的动作

放出热空气。

（6）灼烧或烘干后的坩埚和沉淀，在干燥器内不宜放置过久，否则会因吸收一些水分而使质量略有增加。

（7）变色硅胶干燥时为蓝色（含无水 Co^{2+} 的颜色），受潮后变粉红色（水合 Co^{2+} 的颜色）。可以在120℃烘受潮的硅胶待其变蓝后反复使用，直至破碎不能用为止。

知识五　重量分析结果计算

一、重量分析中的换算因数

重量分析中，当最后称量形与被测组分形式一致时，计算其分析结果就比较简单了。

例如，测定要求计算SiO_2的含量，重量分析最后称量形也是SiO_2，其分析结果按下式计算：

$$w(SiO_2) = \frac{m(SiO_2)}{m(s)} \times 100$$

式中　$w(SiO_2)$——SiO_2的质量分数（数值以%表示）；

$m(SiO_2)$——SiO_2沉淀质量，g；

$m(s)$——试样质量，g。

多数情况下，获得的称量形与待测组分的形式不同，这就需要将由分析天平称得的称量形的质量换算成待测组分的质量。

例如，测定钡时，得到$BaSO_4$沉淀，可按下列方法换算成待测组分钡的质量。

$$BaSO_4 \longrightarrow Ba$$

$$m(Ba) = m(BaSO_4) \times \frac{M(Ba)}{M(BaSO_4)}$$

式中　$m(BaSO_4)$——称量形$BaSO_4$的质量，g；

$\dfrac{M(Ba)}{M(BaSO_4)}$——将$BaSO_4$的质量换算成Ba的质量的换算因数。

此分式是一个常数，与试样质量无关。这一比值通常称为换算因数（stoichiometric factor），又称重量分析因数，以P表示，为待测组分的摩尔质量与称量形的摩尔质量之比。将称量形的质量换算成所要测定组分的质量后，即可按前面计算SiO_2分析结果的方法进行计算。

求换算因数时，一定要注意使分子和分母所含被测组分的原子或分子数目相等，所以在待测组分的摩尔质量和称量形摩尔质量之前有时需要乘以适当的系数。表8-6列出几种常见物质的换算因数。

表8-6　几种常见物质的换算因数

被测组分	沉淀形	称量形	换算因数
Fe	$Fe_2O_3 \cdot nH_2O$	Fe_2O_3	$2M(Fe)/M(Fe_2O_3) = 0.6994$
Fe_3O_4	$Fe_2O_3 \cdot nH_2O$	Fe_2O_3	$2M(Fe_3O_4)/3M(Fe_2O_3) = 0.9666$

续表

被测组分	沉淀形	称量形	换算因数
P	$MgNH_4PO_4 \cdot 6H_2O$	$Mg_2P_2O_7$	$2M(P)/M(Mg_2P_2O_7)=0.2783$
P_2O_5	$MgNH_4PO_4 \cdot 6H_2O$	$Mg_2P_2O_7$	$M(P_2O_5)/M(Mg_2P_2O_7)=0.6377$
MgO	$MgNH_4PO_4 \cdot 6H_2O$	$Mg_2P_2O_7$	$2M(MgO)/M(Mg_2P_2O_7)=0.3621$
S	$BaSO_4$	$BaSO_4$	$M(S)/M(BaSO_4)=0.1374$

✎ **练一练8-2**：计算下列换算因数。

1. 以$BaSO_4$为称量形测定S的含量。

2. 以Fe_2O_3为称量形测定Fe的含量。

3. 以$Mg_2P_2O_7$为称量形测定$MgSO_4 \cdot 7H_2O$的含量。

二、结果计算示例

【例8-1】用$BaSO_4$重量分析法测定黄铁矿中硫的含量时，称取试样0.1819g，最后得到$BaSO_4$沉淀0.4821g，计算试样中硫的质量分数。

解：沉淀形为$BaSO_4$，称量形也是$BaSO_4$，但被测组分是S，所以必须把称量组分利用换算因数换算为被测组分，才能算出被测组分的含量。已知$BaSO_4$相对分子质量为233.4；S相对原子质量为32.06。

因为

$$w(S)=\frac{m(S)}{m(s)}\times100\%=\frac{m(BaSO_4)\dfrac{M(S)}{M(BaSO_4)}}{m(s)}\times100\%$$

所以

$$w(S)=\frac{0.4821\times32.06/233.4}{0.1819}\times100\%=36.41\%$$

答：该试样中硫的质量分数为36.41%。

【例8-2】测定磁铁矿（不纯的Fe_3O_4）中铁的含量时，称取试样0.1666g，经溶解、氧化，使Fe^{3+}离子沉淀为$Fe(OH)_3$，灼烧后得Fe_2O_3质量为0.1370g，计算试样中：（1）Fe的质量分数；（2）Fe_3O_4的质量分数。

解：（1）已知：$M(Fe)=55.85g/mol$；$M(Fe_3O_4)=231.5g/mol$；$M(Fe_2O_3)=159.7g/mol$

因为
$$w(\text{Fe}) = \frac{m(\text{Fe})}{m(\text{s})} \times 100\% = \frac{m(\text{Fe}_2\text{O}_3) \dfrac{2M(\text{Fe})}{M(\text{Fe}_2\text{O}_3)}}{m(\text{s})} = \times 100\%$$

所以
$$w(\text{Fe}) = \frac{0.1370 \times 2 \times 55.85 / 159.7}{0.1666} \times 100\% = 57.52\%$$

（2）按题意

因为
$$w(\text{Fe}_3\text{O}_4) = \frac{m(\text{Fe}_3\text{O}_4)}{m(\text{s})} \times 100\% = \frac{m(\text{Fe}_2\text{O}_3) \dfrac{2M(\text{Fe}_3\text{O}_4)}{3M(\text{Fe}_2\text{O}_3)}}{m(\text{s})} \times 100\%$$

所以
$$w(\text{Fe}_3\text{O}_4) = \frac{0.1370 \times 2 \times 231.5 / 3 \times 159.7}{0.1666} \times 100\% = 79.47\%$$

答：该磁铁矿试样中Fe的质量分数为57.52%。该磁铁矿试样中Fe_3O_4的质量分数为79.47%。

【例8-3】分析某一化学纯AlPO_4的试样，得到0.1126g $\text{Mg}_2\text{P}_2\text{O}_7$，问可以得到多少$\text{Al}_2\text{O}_3$？

解：已知$M(\text{Mg}_2\text{P}_2\text{O}_7)$ =222.6g/mol；$M(\text{Al}_2\text{O}_3)$ =102.0g/mol

按题意　　　　$\text{Mg}_2\text{P}_2\text{O}_7 : \text{P} : \text{Al} : \text{Al}_2\text{O}_3$

物质的量之比　　　　1 : 2 : 2 : 1

因此
$$m(\text{Al}_2\text{O}_3) = m(\text{Mg}_2\text{P}_2\text{O}_7) \times \frac{M(\text{Al}_2\text{O}_3)}{M(\text{Mg}_2\text{P}_2\text{O}_7)}$$

所以
$$m(\text{Al}_2\text{O}_3) = 0.1126 \times 102.0 / 222.6 = 0.05160\,(\text{g})$$

答：该AlPO_4试样可得0.05160g Al_2O_3。

【例8-4】铵离子可用H_2PtCl_6沉淀为（NH_4）$_2\text{PtCl}_6$，再灼烧为金属Pt后称量，反应式如下：
$$（\text{NH}_4）_2\text{PtCl}_6 == \text{Pt} + 2\text{NH}_4\text{Cl} + 2\text{Cl}_2 \uparrow$$

若分析得到0.1032g Pt，求试样中含NH_3的质量（g）?

解：已知$M(\text{NH}_3)$ =17.03g/mol；$M(\text{Pt})$ = 195.1g/mol。

按题意　　　　（NH_4）$_2\text{PtCl}_6 : \text{Pt} : \text{NH}_3$

物质的量之比　　　　1 : 1 : 2

因此
$$m(\text{NH}_3) = m(\text{Pt}) \frac{2M(\text{NH}_3)}{M(\text{Pt})}$$

所以
$$m(\text{NH}_3) = 0.1032 \times 2 \times 17.03 / 195.1 = 0.01802\,(\text{g})$$

答：该试样中含NH_3的质量为0.01802g。

🔆 思考与练习题

1. 影响沉淀的因素有哪些？

2. 举例说明沉淀形与称量形有何区别？重量分析法中对沉淀形和称量形有何要求？

3. 什么叫共沉淀？什么叫后沉淀？引起共沉淀的原因是什么？

4. 晶形沉淀和非晶形沉淀有何不同？重量分析法中对它们有何要求？

5. 什么叫同离子效应？什么叫盐效应？沉淀剂过量太多有什么不好？

6. 以H_2SO_4为沉淀剂沉淀为$BaSO_4$，测定钡含量时：

（1）沉淀为什么要在稀溶液中进行？

（2）沉淀为什么要在热溶液中进行？

（3）沉淀剂为什么要在不断搅拌下加入并且要加入稍过量，沉淀完全后还要放置一段时间？

7. 计算下列换算因数：

（1）以$PbCrO_4$为称量形测定Pb的含量。

（2）以Al_2O_3为称量形测定Al的含量。

（3）以$Mg_2P_2O_7$为称量形测定P_2O_5的含量。

（4）以SiO_2为称量式测定Si的含量。

8. 若0.5000g含铁化合物产生0.4990g Fe_2O_3，求该含铁化合物中Fe_2O_3和Fe的质量分数。

9. 称取0.6531g纯NaCl，溶于水后，沉淀为AgCl，得到1.6016g AgCl，计算Na的相对原子质量。已知：Ag和Cl的相对原子质量分别为107.87和35.453。

10. 称取含银的试样0.2500g，用称量沉淀法测定时，得AgCl 0.2991g，问：（1）若沉淀为AgI，可得此沉淀多少克？（2）试样中银的质量分数为多少？

11. 称取风干（空气干燥）的石膏试样1.2030g，经烘干后得吸附水分0.0208g。再经灼烧又得结晶水0.2424g，计算分析试样换算成干燥物质时的二水合硫酸钙的质量分数。

12. 某石灰石试样中CaO的质量分数约30%，用重量法测定$w(CaO)$时，Fe^{3+}将共沉淀。设Fe^{3+}共沉淀的量为溶液中Fe^{3+}含量的3%，为使产生的误差小于0.1%，试样中Fe_2O_3的质量分数应不超过多少？

挥发重量法测定样品中的水分

一、承接任务

1. 任务说明

原料的含水量往往是评判产品性能的重要指标之一，含水量的多少不仅会影响原料品质，也可能影响原料的正常使用。水分测定一般包括直接干燥法、减压干燥法、蒸馏法、卡尔费休法等。本任务以淀粉样品为例，依据GB 31637—2016《食品安全国家标准 食用淀粉》、GB 5009.3—2016《食品安全国家标准 食品中水分的测定》等相关标准，采用直接干燥法测定淀粉样品中的水分含量。

2. 任务要求

（1）学习重量分析法测定样品水分及挥发分含量的方法。

（2）掌握恒重的操作，明确恒重的概念。

二、方案设计

1. 相关知识

在一定的压强和温度下，对试样进行干燥，使水分和挥发物挥发出去，干燥前后的质量差即为水分及挥发物的质量。

淀粉中的水分一般是指在100℃左右直接干燥的情况下，所失去物质的总量。淀粉中的水分受热以后，产生的蒸汽压高于空气在电热干燥箱中的分压，使淀粉中的水分蒸发出来，同时，由于不断地加热和排走水蒸气，而达到完全干燥的目的，淀粉干燥的速度取决于这个压差的大小。直接干燥法适用于在95~105℃下，不含或含其他挥发性物质甚微的淀粉。

2. 实施方案

称量瓶的干燥、称重→样品的干燥、称重→结果计算→完成任务工单。

三、任务准备

1. 药品及试剂

淀粉固体。

2. 设备及器皿

（1）天平：分析天平、托盘天平或台秤。

（2）烘干装置：恒温干燥箱、扁形称量瓶。

（3）干燥器。

四、任务实施

1. 实施步骤

取洁净铝制或玻璃制的扁形称量瓶，置于95~105℃干燥箱中，瓶盖斜支于瓶边，加热0.5~1.0h，取出盖好，置干燥器内冷却0.5h，称量，并重复干燥至恒量。

称取2.00~10.00g淀粉样品，放入此称量瓶中，样品厚度约为5mm。加盖，精密称量后，置95~105℃干燥箱中，瓶盖斜支于瓶边，干燥2~4h后，盖好取出，放入干燥器内冷却0.5h后称量。然后再放入95~105℃干燥箱中干燥1h左右，取出，放干燥器内冷却0.5h后再称量。至前后两次质量差不超过0.2mg，即为恒重。平行测定3~4次。

2. 结果记录及处理

（1）淀粉中水分含量的测定原始数据记录　记录数据并处理，详见"挥发重量法测定样品中的水分"任务工单。

（2）数据处理

例：重量分析法测定固体原料中水分的含量。测得称量瓶的质量m_0为9.0511g，干燥前称量瓶和样品的总质量m_1为31.1519g，干燥后称量瓶和样品的总质量m_2为22.5688g，计算固体样品中水分含量是多少？

解：按题意样品的质量为干燥前的总质量减去称量瓶的质量，而样品中水分的质量为干燥前后质量的变化，所以

$$w（水）=\frac{m_1-m_2}{m_1-m_0}\times100\%$$

式中　$w（水）$——样品中水分的含量，%；

m_1——称量瓶和样品的质量，g；

m_2——称量瓶和样品干燥后的质量，g；

m_0——称量瓶的质量，g。

$$w（水）=\frac{31.1519-22.5688}{31.1519-9.0511}\times100\%=38.84\%$$

挥发重量法测定
样品中的水分
任务工单

3. 出具报告

完成"挥发重量法测定样品中的水分"任务工单。

五、任务小结

操作时应注意以下事项。

（1）搬移干燥器时，应注意用双手拿着，用大拇指紧紧按住盖子移动。

（2）打开干燥器时，不能往上掀盖，应用左手按住干燥器，右手小心地把盖子稍微推开，

等冷空气徐徐进入后，才能完全推开，盖子必须仰放在桌子上。

六、任务拓展与思考

1. 哪些样品可以使用直接干燥法测定水分及挥发分含量？
2. 如何操作确定样品恒量？本方法中规定恒量的范围是什么？

任务二 沉淀重量法测定样品中硫含量

一、承接任务

1. 任务说明

沉淀重量法是通过沉淀分离和称量沉淀进行物质含量测定的方法。适用于常量分析，准确度高，某些物质的测定仍以它为仲裁分析的公认可靠方法。硫是一种常见元素，广泛存在于自然界中的矿物、燃料、化学品等物质中。硫的存在会对环境和人类健康造成一定危害，因此对硫含量的测定显得尤为重要。硫含量测定方法包括重量法、滴定法、光度法及电化学法等。本任务参考GB/T 11899—1989《水质 硫酸盐的测定 重量法》等相关产品标准，以$BaCl_2$作沉淀剂，将Na_2SO_4样品转化为$BaSO_4$沉淀，称量并计算样品中硫的含量。

2. 任务要求

（1）了解晶形沉淀的沉淀条件。
（2）熟悉沉淀重量法的基本操作。

二、方案设计

1. 相关知识

在酸性溶液中，以$BaCl_2$作沉淀剂使硫酸盐成为晶形沉淀析出，经陈化、过滤、洗涤、灼烧后，以$BaSO_4$沉淀形式称量，即可计算样品中S的含量。

在HCl酸性溶液中进行沉淀，可防止CO_3^{2-}、$C_2O_4^{2-}$等离子与Ba^{2+}沉淀，但酸度可增加$BaSO_4$的溶解度，降低其相对过饱和度，有利于获得较好的晶形沉淀。由于过量Ba^{2+}的同离子效应存在，所以溶解度损失可忽略不计。

Cl^-、NO_3^-、ClO_3^-等阴离子和K^+、Na^+、Ca^{2+}等阳离子均可参与共沉淀，故应在热稀溶液中进行沉淀，以减少共沉淀的发生。因$BaSO_4$的溶解度受温度影响较小，可用热水洗涤沉淀。

2. 实施方案

样品的溶解、沉淀 → 沉淀的过滤、洗涤、干燥和灼烧 → 结果计算 → 完成任务工单。

三、任务准备

1. 药品及试剂

（1）6mol/L盐酸配制：用量筒量取浓盐酸50mL，注入50mL水中。

（2）0.1mol/L BaCl₂溶液配制：称取41.6g BaCl₂加入适量的蒸馏水中溶解，再稀释至2000mL。

（3）0.1mol/L AgNO₃溶液配制：称取1.75g AgNO₃加入适量不含Cl⁻的蒸馏水中溶解，稀释至100mL，贮存于棕色滴瓶中。

2. 设备及器皿

（1）玻璃仪器：烧杯、玻璃棒、量筒、试剂瓶、长颈漏斗、表面皿等。

（2）干燥灼烧：坩埚、坩埚钳、泥三角、电炉、马弗炉、干燥器。

（3）天平：分析天平、托盘天平或台秤。

3. 耗材及其他

定量滤纸、标签纸等。

四、任务实施

1. 样品的称取与溶解

精密称取Na₂SO₄样品约0.4g（或其他可溶性硫酸盐，含硫量约90mg），置于500mL烧杯中，加25mL蒸馏水使其溶解，稀释至200mL。

2. 实施步骤

（1）沉淀的制备　在上述溶液中加稀盐酸1mL，盖上表面皿，置于电炉石棉网上，加热至近沸。取BaCl₂溶液30~35mL于小烧杯中，加热至近沸，然后用滴管将热BaCl₂溶液逐滴加入样品溶液中，同时不断搅拌溶液。当BaCl₂溶液即将加完时，静置，于BaSO₄上清液中加入1~2滴BaCl₂溶液，观察是否有白色浑浊出现，用以检验是否已沉淀完全。盖上表面皿，置于电炉（或水浴）上，在搅拌下继续保温，陈化约半小时，然后冷却至室温。

【实操微课】
沉淀的制备

（2）沉淀的过滤和洗涤　将上清液用倾注法倒入漏斗中的滤纸上，用一洁净烧杯收集滤液（检查有无沉淀穿滤现象，若有，应重新换滤纸）。用少量热蒸馏水洗涤沉淀3~4次（每次加入热水10~15mL），然后将沉淀小心地转移至滤纸上。用洗瓶吹洗烧杯内壁，洗涤液并入漏斗中，并用撕下的滤纸角擦拭玻璃棒和烧杯内壁，将滤纸角放入漏斗中，再用少量蒸馏水洗涤滤纸上的沉淀（约

【实操微课】
沉淀的过滤

10 次），至滤液不显Cl⁻反应为止（用AgNO₃溶液检查，检验完毕后，含AgCl的废液应回收处理）。

（3）沉淀的干燥和灼烧 取下滤纸，将沉淀包好，置于已恒重的坩埚中，先用小火烘干炭化，再用大火灼烧至滤纸灰化。然后将坩埚转入马弗炉中，在800~850℃灼烧约 30min。取出坩埚，待红热退去，置于干燥器中，冷却 30min 后称量。再重复灼烧20min，冷却，取出，称量，直至恒重。平行测定2~3次。

【实操微课】
沉淀的干燥

3. 结果记录及处理

（1）硫酸钠含量的测定数据表 记录数据并处理，详见"沉淀重量法测定样品中硫含量"任务工单。

（2）数据处理

例：称取某可溶性盐 0.3232g，用硫酸钡重量法测定其中含硫量，得BaSO₄沉淀 0.2982g，计算试样中硫的质量分数。

解：沉淀形为BaSO₄，称量形也是BaSO₄，但被测组分是S，所以必须把称量组分利用换算因数换算为被测组分，才能算出被测组分的含量。已知BaSO₄相对分子质量为 233.4；S相对原子质量为 32.06。

因为

$$w(\text{S}) = \frac{m(\text{S})}{m(\text{s})} \times 100\% = \frac{m(\text{BaSO}_4)\dfrac{M(\text{S})}{M(\text{BaSO}_4)}}{m(\text{s})} \times 100\%$$

式中 $m(\text{S})$——样品中的硫的质量，g；

$m(\text{s})$——样品的质量，g；

$m(\text{BaSO}_4)$——硫酸钡的质量，g；

$M(\text{S})$——硫的摩尔质量，g/mol；

$M(\text{BaSO}_4)$——硫酸钡的摩尔质量，g/mol。

所以

$$w(\text{S}) = \frac{0.2982 \times \dfrac{32.06}{233.4}}{0.3232} \times 100\% = 36.41\%$$

沉淀重量法测定
样品中硫含量
任务工单

4. 出具报告

完成"沉淀重量法测定样品中硫含量"任务工单。

五、任务小结

1. 操作注意事项

（1）折叠滤纸的手要洗净擦干。

（2）进行沉淀操作时，左手拿滴管，滴加沉淀剂，右手持玻璃棒不断搅动溶液，搅动时玻璃棒不要碰烧杯壁或烧杯底，以免划损烧杯。

（3）坩埚灼烧时，将其直立在泥三角上，盖上坩埚盖，但不要盖严，需留一小缝。

（4）灼烧过程中若着火，应将坩埚盖盖上，让火焰自熄。

2. 安全注意事项

（1）取用稀盐酸应在通风橱内进行，佩戴橡胶手套。

（2）从高温炉中取出坩埚时，应先使高温炉降温，然后将坩埚移入干燥器中，将干燥器连同坩埚一起移至天平室，冷却至室温（约需30min），取出称量。

（3）坩埚每次灼烧完毕从炉内取出后，都需要在空气中稍冷，再移入干燥器中。

六、任务拓展与思考

1. 样品溶解需要注意哪些事项？

2. 结合实验说明晶形沉淀最适条件有哪些？

3. 使沉淀完全和沉淀纯净的措施有哪些？

4. 用倾泻法过滤洗涤沉淀有何优点？

5. 沉淀过滤对漏斗和滤纸有何要求？

6. 沉淀干燥与灼烧应如何操作？

7. 干燥器的使用需注意哪些事项？

【思政内容】
模块八 阅读与拓展

模块九
分光光度法

🏳 学习目标

知识目标

1. 了解分光光度法基本原理及特点。

2. 理解显色反应与显色条件的选择。

3. 掌握分光光度法测量条件的选择。

4. 掌握分光光度法定性、定量分析方法。

能力目标

1. 能够正确使用和维护分光光度计。

2. 能够正确测绘吸收曲线并选择最大吸收波长。

3. 能够正确应用分光光度法测定样品中某成分的含量。

职业素养目标

1. 培养责任意识，遵守职业道德。

2. 树立细节意识，养成良好的职业素养。

3. 培养分析和解决问题的能力和创新意识。

模块导学（知识点思维导图）

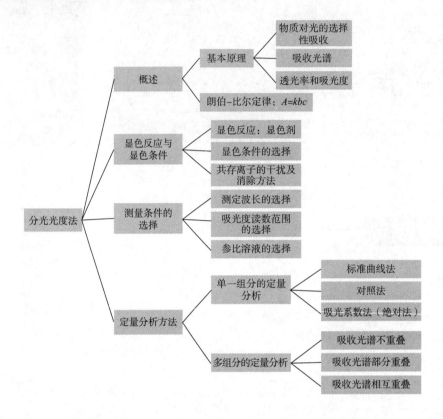

分光光度法是通过测定被测物质在特定波长处或一定波长范围内光的吸收度，对该物质进行定性和定量分析的方法。分光光度法又称吸光光度法，它是在比色分析的基础上发展起来的。

知识一　分光光度法概述

分光光度法分为可见比色法、可见分光光度法（光源波长为 380~780nm）、紫外分光光度法（光源波长为 10~380nm）和红外分光光度法（光源波长为 780~3000nm）。本部分重点讨论可见分光光度法。

分光光度法与化学分析法相比，其主要特点有以下几点。

（1）灵敏度高。适用于测定浓度为 10^{-1}~10^{-4}g/L 的微量或痕量组分。

（2）具有一定的准确度。分光光度法的相对误差一般为 2%~5%，精密仪器可达 1%~2%。

其准确度虽比容量分析、重量分析低，但对微量组分的测定能满足分析对准确度的要求。

（3）操作简便、快速，仪器设备也不复杂，易于掌握。

（4）应用广泛。几乎所有无机离子和许多有机化合物都可以直接或间接利用分光光度法进行测定。

目前，分光光度法已经发展成为一种在工农业生产、科学研究和医药卫生等方面应用十分广泛的分析方法。

一、分光光度法的基本原理

【理论微课】
光的基本性质

（一）物质对光的选择性吸收

1. 吸收光谱的分类

光是一种电磁辐射，又称电磁波。按波长排列，得到表9-1所示的电磁波谱范围表。

表9-1 电磁波谱范围表

光谱名称	波长范围	跃迁类型	分析方法
X射线	$10^{-1} \sim 10$nm	K和L层电子	X射线光谱法
远紫外线	10~200nm	中层电子	真空紫外光度法
近紫外线	200~380nm	价电子	紫外光度法
可见线	380~780nm		比色及可见光度法
近红外线	0.78~2.5μm	分子振动	近红外光谱法
中红外线	2.5~5.0μm		中红外光谱法
远红外线	5.0~1000pm	分子转动和低位振动	远红外光谱法
微波	0.1~100cm	分子转动	微波光谱法
无线电波	1~1000m		核磁共振光谱法

吸收光谱有原子吸收光谱和分子吸收光谱，原子吸收光谱是由原子外层电子选择性地吸收某些波长的电磁波而引起的。分子吸收光谱比较复杂，在分子的能级中，同一电子能级中有几个振动能级，同一振动能级中又有几个转动能级。电子能级间的能量差一般为 1~20eV，由电子能级跃迁而产生的吸收光谱位于紫外及可见光部分，这种由价电子跃迁而产生的分子光谱称为电子光谱。

电磁辐射是量子化的，即不连续地、一份一份地发射或吸收，每一份称一个光子。某物质经光照射后，组成物质的分子（或原子）中的电子从低能级跃迁到高能级，即由基态变成激发态。只有光子的能量与被照射物质分子（或原子）基态与激发态之间的能量差相等时，才能被吸收。不同物质的基态和激发态的能量差不同，选择吸收光子的波长也不同。

在电子能级变化时，不可避免地伴随着分子振动和能级的变化。因此分子的电子光谱比原子的线状光谱复杂，呈带状光谱。如果用红外线激发分子，只能引起分子振动能级和转动能级的跃迁，得到的吸收光谱称为振动转动光谱或红外吸收光谱。

2. 溶液颜色与光吸收的关系

物质呈现的颜色与光有着密切的关系。不同波长的可见光可使眼睛感觉到不同的颜色。日常所见的白光，如日光、白炽灯光，都是混合光，即它们是由波长 400~760nm 的电磁波按适当强度比例混合而成的。这段波长范围的光是人们视觉可觉察到的，所以称为可见光。当电磁波的波长小于 400nm 时称为紫外光，大于 760nm 的称为红外光，都是人们视觉觉察不到的光。

不同波长的可见光引起人们不同的视觉，但是由于人们视觉的分辨能力所限，人们看到的某种颜色光是介于一个波长范围的光。图 9-1 列出了各色光的近似波长范围。

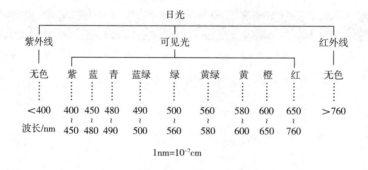

图9-1　各种光的近似波长范围

单一波长的光称为单色光（monochromatic light），由不同波长的光组成的光称为复合光（polychromatic light）。白光是一种复合光，由红、橙、黄、绿、青、蓝、紫等单色光按一定比例混合而成。若两种颜色的光按一定比例混合，也可以得到白光，这两种单色光称为互补色光，如图 9-2 中处于直线两端的两种色光为互补色光。例如绿色光和紫色光是互补色，黄色光和蓝色光是互补色。溶液呈现不同的颜色是由于该溶液对光具有选择性吸收。

当一束白光通过某溶液时，如果溶液对各种波长的光几

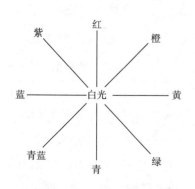

图9-2　互补色光示意图

乎都不吸收，即入射光全部通过溶液，则该溶液呈无色透明状；如果溶液对各种波长的光全部吸收，则该溶液呈黑色；如果溶液选择吸收了某些波长的光，而其他波长的光透过溶液，这时溶液呈现透过光的颜色。透过光的颜色是溶液吸收光的互补色。例如，$K_2Cr_2O_7$ 溶液选择性地吸收了白光中的蓝色光而呈现黄色，$KMnO_4$ 溶液选择性吸收了白光中的绿色光而呈现紫红色。表9-2列出了物质颜色与吸收光颜色的互补关系。

表9-2 物质颜色与吸收光颜色的互补关系

物质 颜色	吸收光	
	颜色	波长/nm
黄绿	紫	400~450
黄	蓝	450~480
橙	绿蓝	480~490
红	蓝绿	490~500
紫红	绿	500~560
紫	黄绿	560~580
蓝	黄	580~600
绿蓝	橙	600~650
蓝绿	红	650~780

（二）吸收光谱

为了更精确地说明物质具有选择性吸收不同波长范围光的性能，通常用光吸收曲线来描述。其方法是在分光光度计上，利用不同波长的单色光作入射光，按波长由短到长的顺序依次通过一定浓度和厚度的有色溶液，分别测出它们对各种波长光的吸收程度，用吸光度A（absorbance）表示。然后以入

【理论微课】
吸收光谱及其应用

射光的波长λ为横坐标，吸光度A为纵坐标作图。所得曲线即为该溶液的吸收光谱（absorption spectrum），又称吸收曲线（absorption curve）。

吸收光谱中，吸光度最大处的波长称为最大吸收波长，用λ_{max}表示。如图9-3所示，在可见光区，$KMnO_4$ 溶液对525nm左右的绿色光吸收程度最大，即$KMnO_4$ 溶液的λ_{max}为525nm。同一物质，浓度不同时光吸收光谱曲线形状基本相同，其最大吸收波长不变，但吸光度随浓度增大而增大。若采用最大吸收波长测定吸光度，则灵敏度最高。吸收光谱体现了物质的特性，是进行定性、定量分析的基础。

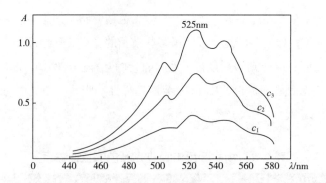

c_1—0.1×10^{-3}mol/L c_2—0.2×10^{-3}mol/L c_3—0.3×10^{-3}mol/L

图9-3   KMnO$_4$溶液的吸收光谱

（三）透光率和吸光度

当一束平行的单色光通过某有色溶液时，光的一部分被吸收，一部分透过溶液，一部分被比色皿的表面反射，如图9-4所示。在分光光度法中，由于采用相同质地的比色皿，反射光的强度基本相同，其影响可以相互抵消，不予考虑。

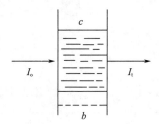

b—溶液厚度 c—溶液浓度 I_o—入射光强度 I_t—透射光强度

图9-4   有色溶液与光线关系

设入射光强度（incident light intensity）为I_o，吸收光强度（absorptive light intensity）为I_a，透射光强度（transmission intensity）为I_t，则：

$$I_o = I_a + I_t \tag{9-1}$$

透射光强度与入射光强度之比称为透光率（transmittance），用T表示，则

$$T = \frac{I_t}{I_o} \tag{9-2}$$

透光率越大，溶液对光的吸收越少；反之，透光率越小，溶液对光的吸收越多。透光率的负对数称为吸光度（absorbance），用符号A表示。

$$A = -\lg T = -\lg \frac{I_t}{I_o} = \lg \frac{I_o}{I_t} \tag{9-3}$$

二、朗伯-比尔定律

【理论微课】
光吸收定律——
朗伯-比尔定律

（一）朗伯-比尔定律的定义

溶液对光的吸收除了与溶液本性有关以外，还与入射光波长、溶液浓度、液层厚度及温度等有关。朗伯（Lambert）和比尔（Beer）分别研究了吸光度与液层厚度和溶液浓度之间的定量关系。

朗伯定律指出：当一定波长的单色光通过一固定浓度的溶液时，其吸光度与光通过的液层厚度b成正比，朗伯定律适用于任何均匀、有吸光质点的溶液、气体及固体。

比尔定律指出：当一定波长的单色光通过溶液时，若溶液厚度一定，则吸光度与溶液浓度c成正比，与被测物质的性质、入射光波长、溶剂和液层厚度及温度有关。当溶液浓度大到一定值时，有色溶液的离解或聚合程度会发生变化，导致吸光度与浓度不能保持严格的正比关系。所以比尔定律只适用于稀溶液。

如果同时考虑液层厚度和溶液浓度对光吸收的影响，朗伯-比尔定律（Lambert Beer's law）可表示为：

$$A = kbc \tag{9-4}$$

式中　b——液层厚度；

　　c——溶液浓度；

　　k——吸光系数（absorptivity）。

若c的单位为g/L，b的单位为cm，a为质量吸光系数（quality absorptivity）。a是指在一定波长时，溶液浓度为1g/L，液层厚度为1cm的吸光度。单位为L/（g·cm）。它与入射光的波长、物质的本性及溶液的温度等有关。

$$A = abc \tag{9-5}$$

若c的单位为mol/L，b的单位为cm，则k用ε表示，ε称为摩尔吸光系数（molar absorptivity）。ε是指在一定波长时，溶液浓度为1mol/L，液层厚度为1cm的吸光度。单位为L/（mol·cm），式（9-4）可表示为：

$$A = \varepsilon bc \tag{9-6}$$

ε和a的关系可通过被测物质的摩尔质量（M）进行换算：

$$\varepsilon = aM \tag{9-7}$$

在给定单色光、溶剂和温度等条件下，摩尔吸光系数表示物质对某一特定波长光的吸收能力。ε越大表示该物质对某波长光的吸收能力越强，测定的灵敏度也就越高。因此进行测定时，为了提高分析的灵敏度，必须选择摩尔吸光系数大的有色化合物进行测定，选择具有最大ε值的波长作入射光。一般ε值大于10^3即可进行分光光度法测定。

【例9-1】有一溶液，每升含有 $5.0 \times 10^{-3}g$ 溶质，该溶质的摩尔质量为 125g/mol，将此溶液放在厚度为2.0cm的比色皿内，测得吸光度为2.00，求该溶质的 a 和 ε 。

解：b=2.0cm，c=5.0×10^{-3}g/L，A=2.00，M=125g/mol。

$$a = \frac{A}{bc} = \frac{2.00}{2.0 \times 5.0 \times 10^{-3}} = 5.0 \times 10^{3}[L/(g \cdot cm)]$$

$$\varepsilon = \alpha M = 5.0 \times 10^{3} \times 125 = 6.25 \times 10^{5}[L/(mol \cdot cm)]$$

（二）朗伯-比尔定律的应用条件

朗伯-比尔定律不仅适用于紫外光、可见光，也适用于红外光；不仅适用于均匀非散射的液态样品，也适用于微粒分散均匀的固态或气态样品。另外，由于吸光度具有加和性，即在某一波长下，如果样品中几种组分同时能够产生吸收，则样品的总吸光度等于各组分的吸光度之和，即：

$$A = A_1 + A_2 + A_3 + \cdots + A_i = \sum_{i=1}^{n} A_i \qquad （9-8）$$

因此，该定律既可用于单组分分析，也可用于多组分的同时测定。

应用光吸收定律时必须符合三个条件：一是入射光必须为单色光；二是被测样品必须是均匀介质；三是在吸收过程中，吸收物质之间不能发生相互作用。

（三）偏离朗伯-比尔定律的原因

定量分析时，通常液层厚度是相同的，按照比尔定律，浓度与吸光度之间的关系应该是一条通过直角坐标原点的直线。但在实际工作中，往往会偏离线性而发生弯曲，如图9-5所示。这种现象称为偏离朗伯-比尔定律，其直线部分相对应的浓度范围称为线性范围。曲线向上弯曲称为正偏离；曲线向下弯曲称为负偏离。显然，为了提高测定的准确度，应该控制待测溶液浓度使之处于线性范围。若在弯曲部分进行定量，将产生较大的测定误差。

偏离朗伯-比尔定律的原因有以下几个方面。

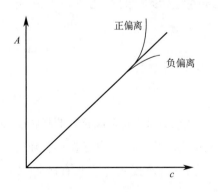

图9-5　标准曲线的弯曲

1. 非单色光所引起的偏离

朗伯-比尔定律只适用于单色光，但在实际工作中，真正的单色光无法得到，即使质量较好的分光光度计所得的入射光仍然是具有一定波长范围的复合光。在这种情况下，吸光度与浓度并不完全成直线关系，因而导致了对朗伯-比尔定律的偏离。当然，所得入射光的波长范围越窄，即"单色光"越纯，则偏离越小。

2. 比尔定律的局限性引起偏离

比尔定律是一个有限定律，它只适用于浓度小于

0.01mol/L的稀溶液。因为浓度高时，吸光粒子间的平均距离减小，受粒子间电荷分布相互作用的影响，它们的摩尔吸收系数发生改变，导致偏离比尔定律。因此，待测溶液的浓度应控制在0.01mol/L以下。

3. 化学反应引起的偏离

化学反应溶液中的吸光物质常因离解、缔合、形成新的化合物或互变异构体等的化学变化而改变了浓度，因而导致对朗伯-比尔定律的偏离。其中有色化合物的离解是偏离朗伯-比尔定律的主要化学因素。因此，必须控制显色反应条件，控制溶液中的化学平衡，防止对朗伯-比尔定律的偏离。

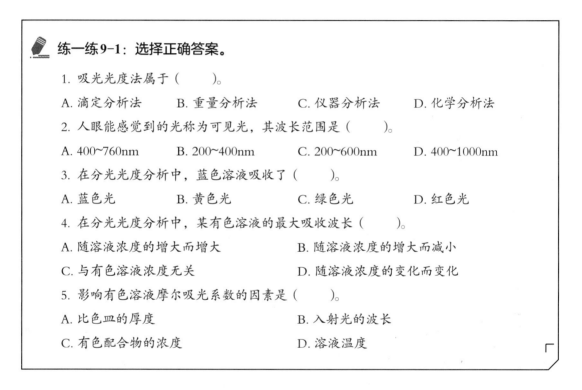

练一练9-1：选择正确答案。

1. 吸光光度法属于（　　　）。

A. 滴定分析法　　　　B. 重量分析法　　　　C. 仪器分析法　　　　D. 化学分析法

2. 人眼能感觉到的光称为可见光，其波长范围是（　　　）。

A. 400~760nm　　　　B. 200~400nm　　　　C. 200~600nm　　　　D. 400~1000nm

3. 在分光光度分析中，蓝色溶液吸收了（　　　）。

A. 蓝色光　　　　　　B. 黄色光　　　　　　C. 绿色光　　　　　　D. 红色光

4. 在分光光度分析中，某有色溶液的最大吸收波长（　　　）。

A. 随溶液浓度的增大而增大　　　　　　B. 随溶液浓度的增大而减小

C. 与有色溶液浓度无关　　　　　　　　D. 随溶液浓度的变化而变化

5. 影响有色溶液摩尔吸光系数的因素是（　　　）。

A. 比色皿的厚度　　　　　　　　　　　B. 入射光的波长

C. 有色配合物的浓度　　　　　　　　　D. 溶液温度

知识二　显色反应与显色条件

分光光度分析有两种，一种是利用物质本身对紫外及可见光的吸收进行测定，另一种是生成有色化合物即"显色"以后测定。虽然不少无机离子在紫外和可见光区有吸收，但因其强度一般较弱，所以直接用于定量分析的较少。加入显色剂使待测物质转化为在近紫外和可见光区有吸收的化合物来进行光度测定，是目前应用最广泛的测试手段，在分光光度法中占有重要地位。

一、显色反应

在光度分析中，将试样中被测组分转变成有色化合物的反应叫显色反应（color reagent）。能与被测组分生成有色物质的试剂称为显色剂（color reaction）。显色反应分为两类：配位反应和氧化还原反应，其中配位反应是最主要的显色反应。

对显色反应的要求有以下几点。

（1）选择性好：一种显色剂最好只与一种被测组分起显色反应，或显色剂与干扰离子生成的有色化合物的吸收峰与被测组分的吸收峰相距较远，这样干扰较少。

（2）灵敏度高：即有色化合物的摩尔吸收系数大。

（3）有色配合物的离解常数要小：有色配合物的离解常数越小，配合物就越稳定，光度测定的准确度就越高，并且还可以避免或减少试样中其他离子的干扰。

（4）有色配合物的组成要恒定，化学性质要稳定。

（5）如果显色剂有颜色，则要求有色化合物与显色剂之间的颜色差别要大，以减小试剂空白。一般要求有色化合物与显色剂的最大吸收波长之差在60nm以上。

（6）显色反应的条件要易于控制，如果条件要求过于严格，难以控制，测定结果的再现性就差。

显色剂包括无机显色剂和有机显色剂。

①无机显色剂：许多无机试剂能与金属离子发生显色反应用于光度分析，但由于灵敏度等原因，具有实用价值的仅有几类，见表9-3。

表9-3　重要的无机显色剂

显色剂	测定元素	酸度	络合物组成和颜色		测定波长 λ/nm
硫氰酸盐	铁	0.1~0.8mol/L HNO$_3$	Fe(SCN)$_5^{2-}$	红	480
	钼	1.5~2mol/L H$_2$SO$_4$	MoO(SCN)$_5^{2-}$	橙	460
	钨	1.5~2mol/L H$_2$SO$_4$	WO(SCN)$_4^-$	黄	405
	铌	3~4mol/L HCl	NbO(SCN)$_4^-$	黄	420
钼酸铵	硅	0.15~0.3mol/L H$_2$SO$_4$	H$_4$SiO$_4$·10MoO$_3$·Mo$_2$O$_3$	蓝	670~820
	磷	0.5mol/L H$_2$SO$_4$	H$_3$PO$_4$·10MoO$_3$·Mo$_2$O$_5$	蓝	670~820
	钒	1mol/L HNO$_3$	P$_2$O$_5$·V$_2$O$_5$·22MoO$_2$·nH$_2$O	黄	420
过氧化氢	钛	1~2mol/L H$_2$SO$_4$	TiO(H$_2$O$_2$)$^{2+}$	黄	420

②有机显色剂：大多数有机显色剂本身为有色化合物，与金属离子反应生成的化合物一般是稳定的螯合物。显色反应的选择性和灵敏度都较高，有些有色螯合物易溶于有机溶剂，可进行萃取光度法。有机显色剂种类很多，不断有新型的有机显色剂研制出来，表9-4介绍了几种常用的有机显色剂，需要时还可查阅有关手册。

表9-4　几种常用的有机显色剂

试剂	结构式	测定离子
邻二氮菲		Fe^{2+}
双硫腙		Pb^{2+}、Hg^{2+}、Zn^{2+}、Bi^{3+}等
丁二酮肟		Ni^{2+}、Pd^{2+}
铬天青S（CAS）		Be^{2+}、Al^{3+}、Y^{3+}、Ti^{4+}、Zr^{4+}、Hf^{4+}
茜素红S		Al^{3+}、Ga^{3+}、Zr^{4+}、Th^{4+}、F^-、Ti^{4+}
偶氮胂Ⅲ		UO_2^{2+}、Hf^{4+}、Th^{4+}、Zr^{4+}、RE^{3+}、Y^{3+}、Sc^{3+}、Ca^{2+}等
4-（2-吡啶偶氮）-间苯二酚（PAR）		Co^{2+}、Pb^{2+}、Ga^{3+}、Nb^{5+}、Ni^{2+}

续表

试剂	结构式	测定离子
1-（2-吡啶偶氮）-2-萘酚（PAN）	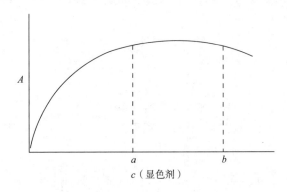	Co^{2+}、Ni^{2+}、Zn^{2+}、Pb^{2+}
4-（2-噻唑偶氮）-间苯二酚（TAR）		Co^{2+}、Ni^{2+}、Cu^{2+}、Pb^{2+}

二、显色条件的选择

1. 显色剂用量

显色反应在一定程度上是可逆的，为使显色反应尽可能进行完全，应加入过量显色剂，但并非显色剂用量越多越好，有些显色反应，过量的显色剂会影响有色产物的组成，对测定不利。

显色剂用量可通过实验确定。方法是固定待测组分浓度不变，改变显色剂用量，在其他条件相同情况下测定相应的吸光度，绘出吸光度与显色剂用量的关系曲线（图9-6），当显色剂用量在$a \sim b$时，吸光度基本为一恒定值，可在此范围内确定显色剂的合适用量。

图9-6　吸光度与显色剂用量的关系曲线

2. 溶液的酸度

许多显色剂是有机弱酸或有机弱碱，溶液的酸度会直接影响显色剂的解离程度。对某些能形成逐级配合物的显色反应，产物的组成会随介质酸度的改变而改变，从而影响溶液的颜色。另外，某些金属离子会随着溶液酸度的降低而发生水解，甚至产生沉淀，使稳定性较低的有色配合物解离。最适宜的酸度可按确定显色剂用量类似的方法，作吸光度A-pH曲线来确定。

3. 显色时间和温度

各种显色反应的快慢不同，温度对不同显色反应的影响也不同，必须通过实验选择适宜的显色时间和显色温度。方法是绘制吸光度A-显色时间的曲线和吸光度A-显色温度的曲线，从中选定适宜的条件。

三、共存离子的干扰及消除方法

1. 干扰离子的影响

当溶液中的其他成分影响被测组分吸光度值时就构成了干扰。干扰离子的影响有以下几种类型。

（1）与试剂生成有色配合物。如用钼蓝法测硅时，磷也能生成磷钼蓝，使结果偏高。

（2）干扰离子本身有颜色。

（3）与试剂反应，生成的配合物虽然无色，但消耗大量显色剂，使被测离子的显色反应不完全。

（4）与被测离子结合成离解度小的另一种化合物，使被测离子与显色剂不反应。例如由于F^-的存在，与Fe^{3+}生成FeF_6^{3-}，若用SCN^-显色则不会生成$Fe(SCN)_3$。

2. 干扰消除方法

干扰消除的方法分为两类，一类是不分离的情况下消除干扰；另一类是分离杂质消除干扰。应尽可能采用第一类方法。

消除干扰的一般方法如下。

（1）控制溶液的酸度可以使待测离子显色，干扰离子不能生成有色化合物，提高反应的选择性。

（2）加入掩蔽剂，使其只与干扰离子反应生成不干扰测定的配合物。例如，用硫氰酸盐作显色剂测定Co^{2+}时，Fe^{3+}有干扰。可加入氟化物为掩蔽剂，使Fe^{3+}与F^-生成无色而稳定的FeF_6^{3-}，消除了干扰。

（3）利用氧化还原反应，改变干扰离子的价态，使干扰离子不与显色剂反应。

（4）选择适当的参比溶液，消除显色剂本身颜色和某些共存的有色离子的干扰。

（5）选择适当的波长消除干扰。

（6）采用适当的分离方法除去干扰离子。

（7）利用导数光谱法、双波长法等新技术来消除干扰。

知识三　测量条件的选择

一、测定波长的选择

入射光波长对测定结果的灵敏度和准确度都有很大影响。通常是根据被测组分的吸收光谱（吸收曲线），选择最大吸收波长λ_{max}为入射波长。当有干扰时，应按"吸收最大，干扰最小"的原则选择适宜的波长。如图9-7所示，测定镍时，用丁二肟作显色剂，丁二肟镍配合物的λ_{max}为470nm，若待测液中有Fe^{3+}存在时，需加柠檬酸掩蔽剂，形成柠檬酸铁配合物，但柠檬酸铁配合物在470nm处也有一定的吸收，对镍测定有干扰，为此可选用520nm波长进行测定，虽然降低了一定的灵敏度，但提高了测定的选择性。

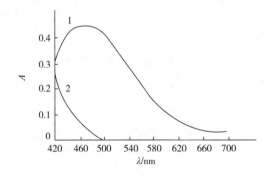

1—丁二肟镍配合物的吸收曲线　2—酒石酸铁的吸收曲线

图9-7　吸收曲线

二、吸光度读数范围的选择

由朗伯-比尔定律推导可知：当$A=0.4343$时，浓度的相对误差最小。吸光度读数在0.2~0.8时，浓度相对误差小于4%。控制的方法有：

（1）控制样品的称样量或稀释倍数来调节试液浓度；

（2）选用不同厚度的比色皿。

三、参比溶液的选择

参比溶液作用有两个：一是用来调节仪器的吸光度零点或透光率100%，作为测量的相对标准；二是用来抵消某些干扰，以减少测量误差。这些干扰因素包括显色剂、基体溶液以及干扰组分的颜色,测量中可能从容器、试剂及环境中带入一定量待测组分等。因此选择合适的参比溶液对提高测定的准确度起着重要作用。常用的参比溶液有以下四种。

1. 溶剂参比

以纯溶剂作为参比溶液,如蒸馏水。样品中仅有待测组分与显色剂形成有色配合物,其他成分在测定波长下均无吸收,溶剂参比可以消除溶剂与比色皿的干扰。

2. 试剂参比

如果显色剂或其他试剂在测定波长有吸收,按显色反应相同的条件,不加入试样,同样加入试剂和溶剂的混合液作参比溶液称试剂参比,试剂参比可以消除试剂所带来的各种干扰。

3. 试样参比

如果试样基体溶液在测定波长有吸收,而显色剂不与试样基体显色时,可按与显色反应相同的条件处理试样,只是不加入显色剂的混合液作参比溶液称试样参比。

4. 平行操作参比

用不含被测组分的试样,在相同的条件下与被测试样同时进行处理,由此得到平行操作参比溶液。

✏️ **练一练9-2:选择正确答案。**

1. 在分光光度法中,宜选用的吸光度读数范围是( )。

A. 0~0.2　　　　B. 0.1~0.3　　　　C. 0.3~1.0　　　　D. 0.2~0.8

2. 在分光光度法中,导致偏离朗伯-比尔定律的因素是( )。

A. 吸光物质浓度0.02mol/L　　B. 单色光波长　　C. 液层厚度　　D. 大气压力

3. 分光光度分析中选择最大吸收波长作为测定波长会使测定结果( )。

A. 灵敏度高　　　　B. 误差小　　　　C. 选择性好　　　　D. 干扰少

4. 如果显色剂或其他试剂在测定波长有吸收,此时的参比溶液应采用( )。

A. 溶剂参比　　　　B. 试剂参比　　　　C. 样品参比　　　　D. 蒸馏水参比

知识四　定量分析方法

分光光度法定量分析的依据是朗伯-比尔定律。

一、单一组分的定量分析

【理论微课】
标准曲线及其应用

1. 标准曲线法

标准曲线法又称工作曲线法。选取与被测物质含有相同组分的标准品，配制一系列浓度不同的标准溶液，用选定的显色剂进行显色，以不含被测组分的溶液为参比溶液，在一定波长下分别测定它们的吸光度A。以吸光度A为纵坐标，浓度c为横坐标，绘制A-c曲线，称为标准曲线。然后用完全相同的方法和步骤测定被测溶液的吸光度，从标准曲线上找出对应的被测溶液浓度或含量，这就是标准曲线法（图9-8）。

在仪器、方法和条件都固定的情况下，标准曲线可以多次使用而不必重新制作，因而标准曲线法适用于大量的经常性的工作。

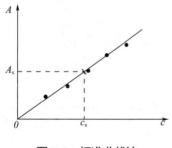

图9-8　标准曲线法

另外，还可以利用专门程序来进行线性回归处理，得到直线回归方程：

$$A = a + bc$$

式中：a、b为回归系数，其中a为直线的截距，b为直线的斜率。标准曲线线性的好坏可用回归方程的线性相关系数来表示，r接近于1说明线性好，一般要求r大于0.999。

【例9-2】以邻二氮菲为显色剂，采用标准曲线法测定微量Fe^{2+}，实验得到标准溶液和样品的吸光度数据（见下表），试确定样品的浓度。

溶液	标准1	标准2	标准3	标准4	标准5	标准6	样品
浓度c/（10^{-5}mol/L）	1.00	2.00	3.00	4.00	6.00	8.00	c_x
吸光度A	0.113	0.212	0.336	0.434	0.669	0.868	0.712

解：（1）直接以吸光度A为纵坐标，浓度c为横坐标，绘制标准曲线。

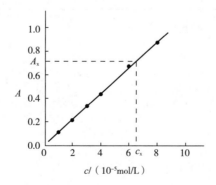

根据样品的吸光度A，从标准曲线上找出对应的被测溶液浓度为6.5×10^{-5}mol/L。

（2）采用线性处理程序进行线性回归处理，得到回归方程为：

$$A = 2.08 \times 10^{-3} + 1.09 \times 10^4 c \qquad r: 0.99956$$

标准曲线符合要求。将待测溶液吸光度代入回归方程，得到试样浓度为：

$$c_x = \frac{A_x - 2.08 \times 10^{-3}}{1.09 \times 10^4} = \frac{0.712 - 2.08 \times 10^{-3}}{1.09 \times 10^4} = 6.51 \times 10^{-5}（\text{mol/L}）$$

2. 对照法

对照法又称比较法。在相同条件下在线性范围内配制样品溶液和标准溶液，在选定波长处，分别测量吸光度。根据朗伯-比尔定律：

标准溶液　　$A_s = k_s \cdot b_s \cdot c_s$

待测溶液　　$A_x = k_x \cdot b_x \cdot c_x$

因是同种物质，同台仪器，相同厚度比色皿及同一波长测定，故$k_s = k_x$，$b_s = b_x$，所以：

$$\frac{A_s}{A_x} = \frac{c_s}{c_x}$$

$$c_x = \frac{A_x}{A_s} \times c_s \qquad\qquad （9-9）$$

为了减少误差，比较法配制的标准溶液浓度常与样品溶液的浓度相接近。标准对照法因只使用单个标准，引起误差的偶然因素较多，往往不很可靠。

3. 吸光系数法（绝对法）

在测定条件下，如果待测组分的吸光系数已知，可以通过测定溶液的吸光度，直接根据朗伯-比尔定律，求出组分的浓度或含量。

【例9-3】已知维生素B_{12}在361nm处的质量吸光系数为20.7L/（g·cm）。精密称取样品30.0mg，加水溶解后稀释至1000mL，在该波长处用1.00cm比色皿测定溶液的吸光度为0.618，计算样品溶液中维生素B_{12}的质量分数。

解：根据朗伯-比尔定律：$A = abc$，待测溶液中维生素B_{12}的质量浓度为：

$$c_{测} = \frac{A}{ab} = \frac{0.618}{20.7 \times 1.00} = 0.0299（\text{g/L}）$$

样品中维生素B_{12}的质量分数为：

$$w = \frac{0.0299 \times 1.0}{30 \times 10^{-3}} \times 100\% = 99.7\%$$

二、多组分的定量分析

根据吸光度的加和性的特点，可以在同一试样中不经分离同时测定两个以上的组分。两种纯组分的吸收光谱可能有以下三种情况，如图9-9所示。

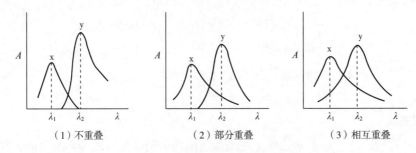

(1) 不重叠　　　　　　(2) 部分重叠　　　　　　(3) 相互重叠

图9-9　混合组分的吸收光谱

测定样品中的两个组分为x、y，需要先测定两种纯组分的吸收光谱，对比其最大吸收波长，并计算出对应的吸光系数。

1. 吸收光谱不重叠

根据图 9-9 (1) 的比较结果，表明两组分互不干扰，可以用测定单组分的方法分别在λ_1、λ_2处测定x、y两组分。

2. 吸收光谱部分重叠

比较图 9-9 (2) 中两种组分的吸收光谱，表明x组分对y组分的测定有干扰，而y组分对x组分的测定没有干扰。首先测定纯物质x和y分别在λ_1、λ_2处的吸光系数$\varepsilon_{\lambda_1}^x$、$\varepsilon_{\lambda_2}^x$和$\varepsilon_{\lambda_2}^y$，再单独测量混合组分溶液在$\lambda_1$处的吸光度$A_{\lambda_1}^x$，求得组分x的浓度$c_x$。然后在$\lambda_2$处测量混合溶液的吸光度$A_{\lambda_2}^{x+y}$，根据吸光度的加和性，即得：

$$A_{\lambda_2}^{x+y} = A_{\lambda_2}^x + A_{\lambda_2}^y = \varepsilon_{\lambda_2}^x bc_x + \varepsilon_{\lambda_2}^y bc_y$$

可求出组分y的浓度为：

$$c_y = \frac{A_{\lambda_2}^{x+y} - \varepsilon_{\lambda_2}^x bc_x}{\varepsilon_{\lambda_2}^y b} \tag{9-10}$$

3. 吸收光谱相互重叠

从图 9-9 (3) 中看出，两组分在λ_1、λ_2处都有吸收，两组分彼此互相干扰。在这种情况下，需要首先测定纯物质x和y分别在λ_1、λ_2处的吸光系数$\varepsilon_{\lambda_1}^x$、$\varepsilon_{\lambda_1}^y$、$\varepsilon_{\lambda_2}^x$和$\varepsilon_{\lambda_2}^y$，再分别测定混合组分溶液在$\lambda_1$、$\lambda_2$处溶液的吸光度$A_{\lambda_1}^{x+y}$及$A_{\lambda_2}^{x+y}$，然后列出联立方程：

$$\begin{aligned} A_{\lambda_1}^{x+y} &= \varepsilon_{\lambda_1}^x bc_x + \varepsilon_{\lambda_1}^y bc_y \\ A_{\lambda_2}^{x+y} &= \varepsilon_{\lambda_2}^x bc_x + \varepsilon_{\lambda_2}^y bc_y \end{aligned} \tag{9-11}$$

求得c_x、c_y分别为：

$$c_x = \frac{\varepsilon_{\lambda_2}^y A_{\lambda_1}^{x+y} - \varepsilon_{\lambda_1}^y A_{\lambda_2}^{x+y}}{\left(\varepsilon_{\lambda_1}^x \varepsilon_{\lambda_2}^y - \varepsilon_{\lambda_2}^x \varepsilon_{\lambda_1}^y\right)b}$$

$$c_y = \frac{\varepsilon_{\lambda_2}^x A_{\lambda_1}^{x+y} - \varepsilon_{\lambda_1}^x A_{\lambda_2}^{x+y}}{\left(\varepsilon_{\lambda_1}^y \varepsilon_{\lambda_2}^x - \varepsilon_{\lambda_2}^y \varepsilon_{\lambda_1}^x\right)b} \tag{9-12}$$

如果有n个组分的光谱互相干扰，就必须在n个波长处分别测定吸光度的加和值，然后解行n元一次方程以求出各组分的浓度。应该指出，这将是繁琐的数学处理过程，且n越多，结果的准确性越差，用计算机处理测定结果将使运算变得简单。

💡 思考与练习题

1. 物质为什么会有颜色？物质对光选择性吸收的本质是什么？

2. 什么是物质的光吸收曲线？它有何实际意义？

3. 什么叫分光光度法？它有哪些特点？

4. 什么是白光、可见光、单色光、复合光和互补色光？

5. 朗伯-比尔定律的物理意义是什么？它对吸光光度分析有何重要意义？

6. 什么是透射比、吸光度？二者有何关系？

7. 什么是摩尔吸光系数？它对光度分析有何实用意义？

8. 符合朗伯-比尔定律的有色物质的浓度增加后，最大吸收波长λ_{max}、透射比T、吸光度A和摩尔吸收系数ε有何变化？

9. 偏离朗伯-比尔定律的主要原因有哪些？

10. 以显色酸度为例，说明如何确定显色反应的条件。

11. 为减小吸光度测量误差，应使吸光度在什么范围内？如何实现？

12. 光度测量时如何选择参比溶液？

13. 填充下列表格中的空白。

透射比				5.0%	10.0%	75.0%	90.0%
吸光度	0.05	0. 30	1. 00				

14. 用邻菲罗啉吸光度测定铁的含量，已知试液中Fe^{2+}含量为$20\mu g/100mL$，用1cm厚度的比色皿在波长508nm处，测得吸光度$A=0.394$，计算铁的摩尔吸收系数。

15. 有一遵守比尔定律的溶液，比色皿厚度不变，测得透射比为 60%，如果浓度增加一倍，求：（1）该溶液的透射比；（2）吸光度。

16. 称取 0.4994g $CuSO_4·5H_2O$，溶于 1000mL 水中，取此标准铜溶液1，2，3，4，…，10mL，放入 10 支目视比色管中，加水稀释到 25mL，制成一组标准色阶。称取含铜试样 0.418g，溶于 250mL 水中，吸取 5mL 试液，放入相同的比色管中，加水稀释到 25mL，其颜色深度与第四支比色管的标准滴定溶液相当，求试样中铜的质量分数。

17. 有一浓度为 c（mol/L）的溶液，吸收了入射光强的 10%，问在同样条件下浓度为 $3c$（mol/L）的同种溶液，其 T 应是多少？

18. 已知维生素B_{12}的最大吸收波长为 361nm。精确称取样品 30mg，加水溶解稀释至 100mL，在波长 361nm 下测得溶液的吸光度为 0.618，另有一未知浓度的样品在同样条件下测得吸光度为 0.475，计算样品维生素B_{12}的浓度。

19. 一化合物的摩尔质量为 130g/mol，其摩尔吸光系数 $\varepsilon = 1.30 \times 10^4$。欲配制 1.0L 该化合物的溶液，使其在 100 倍稀释后，放在厚度为 1.0cm 的比色皿中测得的吸光度为 1.10，问应称取该化合物多少克？

20. 维生素D_2在 264nm 处有最大吸收，其摩尔吸光系数为 1.82×10^4 L/（mol·cm），摩尔质量为 397g/mol。称取维生素D_2粗品 0.0081g，配成 1L 的溶液，在 1.50cm 比色皿中用 264nm 紫外光测得溶液的透光度为 0.35，计算粗品中维生素D_2的含量。

21. 利用生成丁二肟镍配合物比色测定含镍矿渣中镍的含量。标准镍溶液浓度为 10μg/mL，为了绘制工作曲线，吸取标准滴定溶液及有关试剂后，于 100mL 容量瓶中稀释至刻度，测得下列数据：

吸取标准镍溶液体积/mL	0.0	2.0	4.0	6.0	8.0	10.0
吸光度 A	0.0	0.120	0.234	0.350	0.460	0.590

现称取试样 0.6261g，分解后移入 100mL 容量瓶中，吸取 2.0mL 试液置于 100mL 容量瓶中，在与工作曲线相同条件下显色，测得溶液的吸光度 A 为 0.300，求矿渣中镍的质量分数。

22. 称取 0.500g 钢样，溶于酸后，使其中的锰氧化成高锰酸根，在容量瓶中将溶液稀释至 100mL。稀释后的溶液用 2.0cm 厚度的比色皿，在波长 520nm 处测得吸光度为 0.620，高锰酸根离子在波长 520nm 处的摩尔吸光系数为 2235L/（mol·cm），计算钢样中锰的质量分数。

23. 用磺基水杨酸光度测铁：（1）欲配制 0.100g/L 的铁标准溶液 500.0mL，应称取铁铵矾 [$FeNH_4(SO_4)_2·12H_2O$，相对分子质量 482.18] 多少克？（2）按下表配制标准溶液，测定吸光度，试以吸光度为纵坐标，以铁的含量（mg）为横坐标，绘制工作曲线。（3）吸取待测试液 5.00mL，稀释至 250.0mL，再吸取稀释后的试液 5.00mL 置于 50mL 容量瓶中，与标准溶液同方法显色，定容，测得吸光度为 0.413，求试液中铁含量，以 g/L 表示。

标准溶液 V/mL （容量瓶容积 50mL）	1.00	2.00	3.00	4.00	5.00	6.00	7.00
吸光度	0.097	0.200	0.304	0.408	0.510	0.613	0.718

任务一 分光光度计的使用

一、承接任务

1. 任务说明

分光光度法是通过测定被测物质在特定波长处或一定波长范围内光的吸收度，对该物质进行定性和定量分析的方法，具有灵敏度高、操作简便、快速等优点，是生物、化学实验中最常用的实验方法。本任务依据 GB/T 9721—2006《化学试剂 分子吸收分光光度法通则（紫外和可见光部分）》等相关标准，分别用 722N 可见分光光度计测定 $KMnO_4$ 溶液的吸光度，用 7504A 分光光度计测定苯甲酸钠溶液的吸光度。

2. 任务要求

（1）了解紫外-可见分光光度计的构造。

（2）学会紫外-可见分光光度计的基本操作。

（3）了解参比溶液在分光光度法中的作用。

二、方案设计

（一）相关知识

紫外可见分光光度计的使用（以欣茂 7504A 为例）。

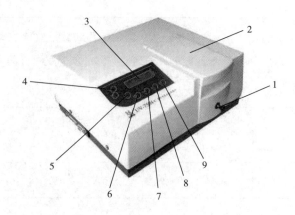

1. 比色池拉杆
2. 样品室盖板
3. 显示屏
4. 上下调节键
5. <方式>键
6. <0 ABS/100%T>键
7. <返回>键
8. <设定>键
9. <确认>键

（1）连接仪器电源线，确保仪器供电电源有良好的接地性能。为确保仪器稳定工作，建议用户使用时配交流稳压电源。

（2）接通电源，开机使仪器预热20min。至仪器自动校正后，显示器显示"546.0nm 0.000A"，表明仪器自检完毕，即可进行测试。

（3）选择模式：用<方式>键设置测试方式，根据您的需要选择，透射比（T）、吸光度（A）、浓度（c）。

（4）选择波长：按键<设定>键，屏幕上显示"WL=×××.×nm"字样，按上下输入所要分析的波长，之后按<确认>键，显示屏第一列右侧显示"×××.×Nm BLANKING"仪器自动变换到所设置的波长，并进行自动调零（0ABS或100%T）。待仪器显示出需要的波长，并且已经把参比调成0.000A时，即可测试。

（5）将参比样品溶液和被测溶液分别倒入比色皿中，打开样品室盖，将盛有溶液的比色皿分别插入比色池中，盖上样品室盖。一般情况下，参比溶液放在第一个槽位中。仪器所附的比色皿，其透过率是经过配对测试的，未经配对处理的比色皿将影响样品的测试精度。比色皿透光部分表面不能有指印、溶液痕迹，被测溶液中不能有气泡、悬浮物，否则也将影响样品测试的精度。

（6）将参比溶液推（拉）入光路中，按<0ABS/100%T>键调零"0ABS/100%T"。此时显示屏显示的"BLANKING"，直至显示"100.0%T"或"0.000A"为止。

（7）调零结束后，将被测溶液推（或拉）入光路，此时便可以从显示器上得到被测样品的测试参数。根据设置的方式，可得到样品的透射比（T）或吸光度（A）参数。

（8）浓度测试方法。分析波长根据需要自己设定，按<方式>键，将测试模式转换到"C"[浓度测试]。

测试时，首先要配制2~8个不同浓度的标准样品，接着将各个标准样品的浓度值按次序输入仪器；再将各个标准样品按次序放入测试光路，待吸光度读数稳定后，按确认键，输入和浓度值相对应的吸光度；之后仪器就自动建立"线性回归方程"$C=K*A+B$，然后把未知样品放入测试光路就能直接读出它的浓度值。

（二）实施方案

分光光度计的使用 → 样品溶液吸光度的测定 → 分光光度计的保养与维护 → 完成任务工单。

三、任务准备

1. 药品及试剂

（1）0.01mol/L高锰酸钾溶液：称取0.79g高锰酸钾于小烧杯中，加入少量水，溶解后转入500mL容量瓶中，稀释至刻度，摇匀。

（2）2g/L苯甲酸钠溶液：称取1g苯甲酸钠，于小烧杯中，加入少量水，溶解后转入500mL容量瓶中，稀释至刻度，摇匀。

2. 设备及器皿

（1）天平：托盘天平或台秤。

（2）紫外可见分光光度计，玻璃比色皿（1cm），石英比色皿（1cm）。

（3）玻璃仪器：量筒、烧杯、玻璃棒、试剂瓶、移液管、容量瓶等。

3. 耗材及其他

洗耳球、滤纸、擦镜纸、标签纸、洗瓶等。

四、任务实施

1. 样品采集及处理

（1）配制浓度为0.0001mol/L的$KMnO_4$溶液：吸取0.01mol/L $KMnO_4$溶液1.00mL于100mL容量瓶中，用蒸馏水稀释至刻度，摇匀。

（2）配制浓度为0.02mg/mL的苯甲酸钠溶液：吸取2.00mg/mL苯甲酸钠标准溶液1.00mL于100mL容量瓶中，用蒸馏水稀释至刻度，摇匀。

2. 实施步骤

（1）测定$KMnO_4$溶液的吸光度　取1cm玻璃比色皿2只，分别放入0.0001mol/L $KMnO_4$溶液和蒸馏水（作参比用），测定500，525，550和575nm波长下的吸光度，记录数据。在测定过程中，每改变一次波长，应重新调节A=0.00。

（2）测定苯甲酸钠溶液的吸光度　吸取5mL 0.02mg/mL苯甲酸钠溶液于50mL容量瓶中，稀释至刻度，振摇1min。

取1cm石英比色皿2只，分别放入蒸馏水（作为参比）和稀释后的苯甲酸钠溶液，测定234，254，280nm波长下的吸光度，记录数据。

【实操微课】
紫外-可见分光
光度计的使用

3. 结果记录及处理

记录数据并处理，详见"分光光度计的使用"任务工单。

4. 出具报告

完成"分光光度计的使用"任务工单。

分光光度计的
使用任务工单

五、任务小结

1. 操作注意事项

（1）分光光度计实验室条件

①室温保持在15~28℃，相对湿度控制在45%~65%，不超过70%。

②防尘、防震和防电磁干扰，仪器周围不应有强磁场，避免阳光直射。

③防腐蚀，应防止腐蚀性气体如H_2S、SO_2、NO_2等腐蚀仪器部件。

④应与化学操作室隔开。

⑤当测量具有挥发性和腐蚀性样品溶液时，比色皿应加盖。

⑥放置仪器的工作台，必须有足够强度（能承受30kg的重量），仪器后侧应距离墙壁至少10cm以上，以保证及时散热。

（2）仪器保养和维护方法

①在不使用时不要打开光源。

②单色器是仪器的核心部分，装在密封的盒内，一般不宜拆开。要经常更换干燥器盒的干燥剂，防止色散元件受潮生霉。

③比色皿使用后应立即洗净，为防止其光学窗面被擦伤，必须用擦镜纸或柔软的棉织物擦去水分。生物样品、胶体或其他在池窗上形成薄膜的物质要用适当的溶剂洗涤，有色物质污染，可用3mol/L HCl和等体积乙醇的混合液洗涤。

④光电器件应避免强光照射或受潮积尘。

⑤仪器的工作电源一般允许220V±22V的电压波动，为保证光源灯和检测工作系统的稳定性。在电源电压波动较大的实验室最好配备稳压器。

2. 安全注意事项

使用高锰酸钾溶液时应注意安全，穿戴防护服、护目镜和口罩。

3. 应急预案

如果皮肤和眼睛不慎接触高锰酸钾，应立即用清水冲洗。

六、任务拓展与思考

1. 可见分光光度计和紫外可见分光光度计的测定波长范围有何区别？

2. 参比溶液的作用是什么？

3. 玻璃比色皿和石英比色皿在使用上有何不同？若是混在了一起，应如何分辨开？

任务二　邻菲啰啉光度法测定未知试样中铁含量（大赛真题）

一、承接任务

1. 任务说明

铁是人体必需的微量元素之一，对于维持人体正常生理功能具有重要作用，准确测定铁含量对于人体健康评估以及食品、环境等领域的监测具有重要意义。邻菲啰啉法是测定铁含量的常用方法之一。本任务来源于全国职业技能大赛工业分析与检验赛项（高职组）真题，依据GB/T 3049—2006《工业用化工产品　铁含量测定的通用方法　1,10-菲啰啉分光光度法》等相关标准，利用邻菲啰啉光度法测定未知试样中的铁含量。

2. 任务要求

（1）了解根据吸收曲线正确选择测定波长的方法。

（2）熟悉绘制吸收曲线的方法，正确选择测定波长。

（3）学会制作标准曲线的一般方法。

（4）掌握邻菲啰啉分光光度法测定铁的原理和方法。

二、方案设计

1. 相关知识

邻菲啰啉是测量微量铁的一种较好的显色剂。在pH为 2~9 的溶液中，邻菲啰啉与Fe^{2+}生成稳定的橙红色配合物，其显色反应如下：

生成的配合物$\lg K_稳$=21.3，摩尔吸光系数 ε_{510}=1.1 × 10^4，最大吸收波长为 510nm。

Fe^{3+}与邻菲啰啉作用可生成蓝色配合物，但稳定性差，因此在实际应用中常加入还原剂（例如抗坏血酸等）使Fe^{3+}还原为Fe^{2+}，再与邻菲啰啉作用，反应如下：

$$Fe^{3+} + C_6H_8O_6 \longrightarrow Fe^{2+} + 2H^+ + C_6H_6O_6$$

测定时若酸度高，反应进行较慢；酸度太低，则离子易水解。本实验采用HAc-NaAc缓冲溶液控制溶液pH≈5.0，使显色反应进行完全。

为提高测定的灵敏度，通常选择λ_{max}为测定波长，物质的吸收曲线是分光光度法选择测定波长的重要依据。

水中常存在着微量的铁，测定铁含量具有一定意义。我国规定饮用水中铁含量<0.3mg/L。

本方法的选择性很高，相当于含铁量40倍的Sn^{2+}、Al^{3+}、Ca^{2+}、Mg^{2+}、Zn^{2+}、SiO_3^{2-}；20倍的Cr^{3+}、Mn^{2+}、VO_3^-、PO_4^{3-}；5倍的Co^{2+}、Ni^{2+}、Cu^{2+}等离子不干扰测定。但Bi^{3+}、Cd^{2+}、Hg^{2+}、Zn^{2+}、Ag^+等离子与邻菲啰啉作用生成沉淀干扰测定。

2. 实施方案

试剂准备与配制 → 吸收曲线的测绘和测量波长的选择 → 标准曲线的绘制与未知试样中铁含量的测定 → 完成任务工单。

三、任务准备

1. 药品及试剂

（1）10μg/mL铁标准使用溶液：准确称取0.8634g $NH_4Fe(SO_4)_2 \cdot 12H_2O$，置于烧杯中，加入6mol/L HCl溶液20mL和少量水，溶解后，定量转移至1000mL容量瓶中，加水稀释至刻度，充分摇匀。或准确称取铁粉0.1g左右，加入10%硫酸10mL，待完全溶解后，冷却，用水稀释至1000mL，此溶液为铁标准贮备溶液（100μg/mL）。

用移液管吸取上述铁标准贮备溶液10.00mL，置于100mL容量瓶中，加入6mol/L HCl溶液2.0mL，用水稀释至刻度，充分摇匀，此溶液为铁标准使用溶液（10μg/mL）。

（2）1g/L邻菲啰啉溶液：称取1g邻菲啰啉，用1000mL水溶解后转入试剂瓶中备用，此溶液应临用时配制。

（3）HAc-NaAc缓冲溶液（1mol/L，pH≈5.0）：称取136g醋酸钠，加水使之溶解，在其中加入120mL冰醋酸，加水稀释至500mL。

（4）6mol/L HCl：取50mL浓盐酸，用50mL水溶解后转入试剂瓶中备用。

（5）抗坏血酸：100g/L，该溶液配制完一周后不能使用。

2. 设备及器皿

（1）天平：分析天平、托盘天平或台秤。

（2）紫外可见分光光度计，玻璃比色皿（1cm）。

（3）玻璃仪器：容量瓶、吸量管、移液管、量筒、烧杯、其他玻璃器皿。

3. 耗材及其他

洗耳球、滤纸、擦镜纸、标签纸、洗瓶等。

四、任务实施

1. 样品采集及处理

准备未知试样溶液。

【实操微课】
绘制邻二氮菲-
铁配合物的
吸收光谱

2. 实施步骤

（1）吸收曲线的测绘和测量波长的选择　用吸量管吸取铁标准使用溶液（10μg/mL）0.0，8.0mL，分别放入两个50mL容量瓶中，加入1mL抗坏血酸溶液、2mL 0.1%邻菲啰啉溶液和5mL HAc-NaAc缓冲溶液，加水稀释至刻度，充分摇匀。放置10min，用1cm比色皿，以空白溶液（即在0.0mL铁标准溶液中加入相同试剂）为参比溶液，在440~560nm波长范围内，每隔10~20nm测一次吸光度；在最大吸收波长附近，每隔5~10nm测一次吸光度。

【实操微课】
邻二氮菲分光
光度法测定
微量铁

（2）标准曲线的绘制与未知试样中铁含量的测定

①比色皿的校正：将蒸馏水注入比色皿中，把其中吸收最小的比色皿的吸光度置为零，并以此为基准测出其他比色皿的相对吸光度。计算结果时，应将比色液吸光度减去比色皿吸光度。同一组比色皿相互间的差异应小于测定误差，测定同一溶液时，透光率差值应小于0.5%，否则应对差值进行校正。比色皿有方向性，有些比色皿上标有方向标记，使用时必须注意。无方向标记的比色皿需校正后做好方向标记，使用时必须按照方向标记操作。

②标准曲线的绘制。用吸量管分别移取铁标准使用溶液（10μg/mL）0.0，1.0，2.0，4.0，6.0，8.0，10.0mL，依次放入7个50mL容量瓶中，分别加入1mL抗坏血酸溶液，稍摇动，再加入2.0mL 0.1%邻菲啰啉溶液及5mL HAc-NaAc缓冲溶液，加水稀释至刻度，充分摇匀。放置10min，用1cm比色皿，以不加铁标准溶液的试液为空白参比溶液，选择λ_{max}为测定波长，依次测量各溶液的吸光度。

③未知试样中铁含量的测定。确定试样溶液的稀释倍数，配制待测溶液于三个50mL容量瓶中，按上述标准曲线的制作步骤，加入各种试剂，在λ_{max}波长处，用1cm比色皿，以不加铁标准溶液的试液为空白参比溶液，平行测定吸光度A。

3. 结果记录及处理

（1）数据记录　记录数据并处理，详见"邻菲啰啉光度法测定未知试样中铁含量"任务工单。

（2）数据处理

①根据表中数据，以波长λ为横坐标，吸光度A为纵坐标，在坐标纸上（或电脑上）绘制A-λ吸收曲线。从吸收曲线上选择最大吸收波长λ_{max}作为测定波长。

②将表中测得铁标准溶液吸光度A扣除比色皿校正值，以含铁量为横坐标，校正后吸光度

A为纵坐标，在坐标纸上（或电脑上）绘制标准曲线。求出线性方程和线性相关系数r。

③将表中样品溶液吸光度A扣除比色皿校正值，计算校正后吸光度A平均值，在标准曲线上查出待测液中铁的含量ρ_x或根据标准曲线线性方程计算出待测液中铁的含量的浓度ρ_x，计算试样中铁的含量。

④试样中铁含量计算：按下式计算出试样中铁含量，以质量浓度ρ（Fe）计，数值以g/L表示。取三次测定结果的算术平均值作为最终结果。

$$\rho(\text{Fe}) = \rho_x \times n$$

式中　ρ（Fe）——试样中铁的浓度，μg/mL；

ρ_x——从工作曲线查得的待测溶液中铁浓度，μg/mL；

n——试样溶液的稀释倍数。

⑤误差分析：对试样中铁含量测定结果的精密度进行分析，以相对极差A（%）表示，将结果四舍五入到小数点后第一位。

计算公式如下：

$$A = \frac{X_1 - X_2}{\bar{X}} \times 100$$

式中　X_1——平行测定的最大值；

X_2——平行测定的最小值；

$\bar{X}$——平行测定的平均值。

4. 出具报告

完成"邻菲啰啉光度法测定未知试样中铁含量"任务工单，应包括：实验过程中必须做好的健康、安全、环保措施；实验过程记录和结果的评价、问题分析。

邻菲啰啉光度
法测定未知试
样中铁含量
任务工单

工作线浓度范围：0~4μg/mL。未知浓度稀释基准值：2μg/mL。

五、任务小结

1. 操作注意事项

（1）邻菲啰啉溶液要使用新配制的溶液。

（2）显色过程中，每加入一种试剂均要摇匀。

（3）试验和工作曲线测定的实验条件应保持一致。

2. 安全注意事项

稀释浓盐酸时，将浓盐酸缓慢地加入水中，避免剧烈的化学反应和迸溅。

3. 应急预案

如果皮肤和眼睛不慎接触盐酸，应立即用清水冲洗。

六、任务拓展与思考

1. 邻菲啰啉分光光度法测定铁的原理是什么？用本法测出的铁含量是否为试样中Fe^{2+}含量？

2. 邻菲啰啉分光光度法测定铁时为何要加入抗坏血酸溶液？

3. 为什么绘制工作曲线和测定试样应在相同的条件下进行？这里主要指哪些条件？

4. 透光率T与吸光度A两者关系如何？分光光度测定时，一般读取A值，该值在标尺上什么范围为好？为什么？如何控制被测溶液的A值在此范围内？

5. 制作标准曲线和试样测定时，加入试剂的顺序能否任意改变？为什么？

6. 吸收曲线与标准曲线有何区别？在实际应用中各有何意义？

任务三　磺基水杨酸法测定未知试样中铁含量（大赛真题）

一、承接任务

1. 任务说明

铁是人体必需的微量元素之一，对于维持人体正常生理功能具有重要作用，因此，准确测定铁含量对于人体健康评估以及食品、环境等领域的监测具有重要意义。磺基水杨酸分光光度法是一种常用的测定铁含量的方法，具有灵敏度高、准确性好等特点。本任务来源于全国职业技能大赛工业分析与检验赛项（高职组）真题，依据GB/T 6730.7—2016《铁矿石　金属铁含量的测定　磺基水杨酸分光光度法》、GB/T 6150.16—2009《钨精矿化学分析方法　铁量的测定　磺基水杨酸分光光度法》等相关标准，利用磺基水杨酸光度法测定未知试样中的铁含量。

2. 任务要求

（1）了解根据吸收曲线正确选择测定波长的方法。

（2）熟悉绘制吸收曲线的方法，正确选择测定波长。

（3）学会制作标准曲线的一般方法。

（4）掌握磺基水杨酸分光光度法测定铁的原理和方法。

二、方案设计

1. 相关知识

磺基水杨酸是分光光度法测定铁的有机显色剂之一。磺基水杨酸与Fe^{3+}可以形成稳定的配合物，因溶液的pH不同，形成配合物的组成也不同，在pH≈ 9~11.5 的氨-氯化铵缓冲溶液中，Fe^{3+}与磺基水杨酸反应生成三磺基水杨酸铁黄色配合物，该配合物很稳定，试剂用量及溶液酸度略有改变都无影响，并且该有色配合物在最大吸收波长处测量的吸光度符合朗伯-比尔（Lambert-Beer）定律。Ca^{2+}、Mg^{2+}、Al^{3+}等与磺基水杨酸能生成无色配合物，在显色剂过量时不干扰测定；F^-、NO_3^-、PO_4^{3-}等离子对测定无影响，Cu^{2+}、Co^{2+}、Ni^{2+}、Cr^{3+}等离子大量存在时干扰测定。由于Fe^{2+}在碱性溶液中易被氧化，所以本法所测定的铁实际上是溶液中铁的总含量。

2. 实施方案

试剂准备与配制 → 吸收曲线的测绘和测量波长的选择 → 标准曲线的绘制与未知试样中铁含量的测定 → 完成任务工单。

三、任务准备

1. 药品及试剂

（1）Fe^{3+}标准储备溶液（1g/L）。

（2）Fe^{3+}标准使用溶液：用移液管吸取Fe^{3+}标准储备溶液（1g/L）8.00mL，置于100mL容量瓶中，用水稀释至刻度，充分摇匀，此溶液为铁标准使用溶液（80μg/mL）。

（3）磺基水杨酸（250g/L）。

（4）氨-氯化铵缓冲溶液（pH=9~10）：4.8g的NH_4Cl固体，50mL 1mol/L氨水稀释至500mL。

（5）去离子水。

2. 设备及器皿

（1）紫外可见分光光度计，玻璃比色皿（1cm）。

（2）玻璃仪器：容量瓶、吸量管、移液管、量筒、烧杯、其他玻璃器皿。

3. 耗材及其他

洗耳球、滤纸、擦镜纸、标签纸、洗瓶等。

四、任务实施

1. 样品采集及处理

准备未知试样溶液。

2. 实施步骤

【实操微课】
磺基水杨酸
测定铁

（1）吸收曲线的测绘和测量波长的选择　用吸量管吸取铁标准使用溶液（80μg/mL）0.0、4.0mL，分别放入两个100mL容量瓶中，加入10mL磺基水杨酸溶液，并加入10mL的氨-氯化铵缓冲溶液，加水稀释至刻度，充分摇匀。用1cm比色皿，以空白溶液（即在0.0mL铁标准溶液中加入相同试剂）为参比溶液，在390~450nm波长范围内，每隔10~20nm测一次吸光度，在最大吸收波长附近，每隔5~10nm测一次吸光度。

（2）标准曲线的绘制与未知试样中铁含量的测定

①比色皿的校正：将蒸馏水注入比色皿中，把其中吸收最小的比色皿的吸光度设置为零，并以此为基准测出其他比色皿的相对吸光度。计算结果时，应将比色液吸光度减去比色皿吸光度。同一组比色皿相互间的差异应小于测定误差，测定同一溶液时，透光率差值应小于0.5%，否则应对差值进行校正。比色皿有方向性，有些比色皿上标有方向标记，使用时必须注意。无方向标记的比色皿需校正后做好方向标记，使用时必须按照方向标记操作。

②标准曲线的绘制：用吸量管准确移取0，1.00，2.00，4.00，6.00，8.00，10.00mL铁标准使用溶液于7个100mL容量瓶中，向上述标准系列溶液中分别加入10mL磺基水杨酸溶液，加入10mL的氨-氯化铵缓冲溶液，用水稀释至刻度，摇匀。用1cm比色皿，以不加铁标准溶液的试液为空白参比溶液，选择λ_{max}为测定波长，依次测量各溶液的吸光度。以浓度为横坐标，以相应的吸光度为纵坐标绘制标准曲线。

③未知试样中铁含量的测定：确定试样溶液的稀释倍数（稀释后浓度约4μg/mL），配制待测溶液于所选用的容量瓶中，加入10mL磺基水杨酸溶液，并加入10mL的氨-氯化铵缓冲溶液，用水稀释至刻度，摇匀。按照工作曲线绘制时相同的测定方法，在最大吸收波长处进行吸光度测定，平行测定3次。由测得吸光度从工作曲线查出待测溶液中铁的浓度，求出试样中的铁含量。

3. 结果记录及处理

（1）数据记录　记录数据并处理，详见"磺基水杨酸法测定未知试样中铁含量"任务工单。

（2）数据处理

①根据表中数据，以波长λ为横坐标，吸光度A为纵坐标，在坐标纸上（或电脑上）绘制A-λ吸收曲线。从吸收曲线上选择最大吸收波长λ_{max}作为测定波长。

②将表中测得铁标准溶液吸光度A扣除比色皿校正值，以含铁量为横坐标，校正后吸光度A为纵坐标，在坐标纸上（或电脑上）绘制标准曲线，求出线性方程和线性相关系数r。

③将表中样品溶液吸光度A扣除比色皿校正值，计算校正后吸光度A平均值，在标准曲线上查出待测液中铁的含量ρ_x或根据标准曲线线性方程计算出待测液中铁的含量的浓度ρ_x，计算试样中铁的含量。

④试样中铁含量计算：按下式计算出试样中铁含量，以质量浓度ρ（Fe）计，数值以g/L表示。取三次测定结果的算术平均值作为最终结果。

$$\rho（Fe）=\rho_x \times n$$

式中　ρ（Fe）——试样中铁的浓度，μg/mL；

　　　　ρ_x——从工作曲线查得的待测溶液中铁浓度，μg/mL；

　　　　n——试样溶液的稀释倍数。

⑤误差分析。对试样中铁含量测定结果的精密度进行分析，以相对极差A（％）表示，将结果四舍五入到小数点后第一位。

计算公式如下：

$$A = \frac{X_1 - X_2}{\bar{X}} \times 100$$

式中　　X_1——平行测定的最大值；

　　　　X_2——平行测定的最小值；

　　　　$\bar{X}$——平行测定的平均值。

4. 出具报告

完成"磺基水杨酸法测定未知试样中铁含量"任务工单，应包括：实验过程中必须做好的健康、安全、环保措施；实验过程记录和结果的评价、问题分析。

工作线浓度范围：0~8μg/mL。未知浓度稀释基准值：4μg/mL。

磺基水杨酸法测定
未知试样中铁含量
任务工单

五、任务小结

1. 操作注意事项

（1）用磺基水杨酸测定Fe^{3+}时，在pH=10时形成的配合物稳定，且不容易受干扰，所以在pH=9~11.5下测定黄色在配合物时，pH对实验成败很关键。

（2）待测溶液一定要在工作曲线线性范围内，如果浓度超出直线的线性范围，则有可能偏离朗伯-比尔定律。

2. 安全注意事项

配备溶液时应注意安全，穿戴防护服、护目镜和口罩。

3. 应急预案

如果皮肤和眼睛不慎接触溶剂，应立即用清水冲洗。

六、任务拓展与思考

1. 在吸光度的测量中，为了减少误差，应控制吸光度在什么范围内？

2. 为什么待测溶液与标准溶液的测定条件要相同？

【思政内容】
模块九　阅读与拓展

附　录

附录一　不同浓度标准溶液的温度补正值

单位：mL/L

温度 /℃	标准溶液种类					
	补正值					
	0~0.05mol/L 的各种 水溶液	0.1~0.2mol/L 各种水溶液	0.5mol/L HCl 溶液	1mol/L HCl 溶液	0.5mol/L（1/2 H₂SO₄）溶液 0.5mol/L NaOH 溶液	0.5mol/L H₂SO₄ 溶液 1mol/L NaOH 溶液
5	+1.38	+1.7	+1.9	+2.3	+2.4	+3.6
6	+1.38	+1.7	+1.9	+2.2	+2.3	+3.4
7	+1.36	+1.6	+1.8	+2.2	+2.2	+3.2
8	+1.33	+1.6	+1.8	+2.1	+2.2	+3.0
9	+1.29	+1.5	+1.7	+2.0	+2.1	+2.7
10	+1.23	+1.5	+1.6	+1.9	+2.0	+2.5
11	+1.17	+1.4	+1.5	+1.8	+1.8	+2.3
12	+1.10	+1.3	+1.4	+1.6	+1.7	+2.0
13	+0.99	+1.1	+1.2	+1.4	+1.5	+1.8
14	+0.88	+1.0	+1.1	+1.2	+1.3	+1.6
15	+0.77	+0.9	+0.9	+1.0	+1.1	+1.3
16	+0.64	+0.7	+0.8	+0.8	+0.9	+1.1

续表

温度 /℃	标准溶液种类 补正值					
	0~0.05mol/L 的各种 水溶液	0.1~0.2mol/L 各种水溶液	0.5mol/L HCl 溶液	1mol/L HCl 溶液	0.5mol/L （1/2 H₂SO₄） 溶液 0.5mol/L NaOH 溶液	0.5mol/L H₂SO₄ 溶液 1mol/L NaOH 溶液
17	+0.50	+0.6	+0.6	+0.6	+0.7	+0.8
18	+0.34	+0.4	+0.4	+0.4	+0.5	+0.6
19	+0.18	+0.2	+0.2	+0.2	+0.2	+0.3
20	0.00	0.00	0.00	0.00	0.00	0.00
21	−0.18	−0.2	−0.2	−0.2	−0.2	−0.3
22	−0.38	−0.4	−0.4	−0.5	−0.5	−0.6
23	−0.58	−0.6	−0.7	−0.7	−0.8	−0.9
24	−0.80	−0.9	−0.9	−1.0	−1.0	−1.2
25	−1.03	−1.1	−1.1	−1.2	−1.3	−1.5
26	−1.26	−1.4	−1.4	−1.4	−1.5	−1.8
27	−1.51	−1.7	−1.7	−1.7	−1.8	−2.1
28	−1.76	−2.0	−2.0	−2.0	−2.1	−2.4
29	−2.01	−2.3	−2.3	−2.3	−2.4	−2.8
30	−2.30	−2.5	−2.5	−2.6	−2.8	−3.2
31	−2.58	−2.7	−2.7	−2.9	−3.1	−3.5
32	−2.86	−3.0	−3.0	−3.2	−3.4	−3.9
33	−3.04	−3.2	−3.3	−3.5	−3.7	−4.2
34	−3.47	−3.7	−3.6	−3.8	−4.1	−4.6
35	−3.78	−4.0	−4.0	−4.1	−4.4	−5.0
36	−4.10	−4.3	−4.3	−4.4	−4.7	−5.3

注：①本表数值是以20℃为标准温度以实测法测出。

②表中带有"+"、"−"号的数值是以 20℃为分界。室温低于 20℃的补正值均为"+"，高于 20℃的补正值均为"−"。

③本表的用法：如1 L $[c(\frac{1}{2}H_2SO_4)=1 \text{ mol/L}]$硫酸溶液由 25℃换算为 20℃时，其体积修正值为−1.5mL，故 40.00mL换算为 20℃时的体积为$V(20℃)=(40.00-\frac{1.5}{1000}\times40.00)$ mL = 39.94mL。

附录二 常用的缓冲溶液

附表2-1 几种常用缓冲溶液的配制

pH	配制方法
0	1mol/L HCl*
1.0	0.1mol/L HCl
2.0	0.01mol/L HCl
3.6	NaOAc·3H₂O 8g，溶于适量水中，加 6mol/L HOAc 134mL，稀释至 500mL
4.0	NaOAc·3H₂O 20g，溶于适量水中，加 6mol/L HOAc 134mL，稀释至 500mL
4.5	NaOAc·3H₂O 32g，溶于适量水中，加 6mol/L HOAc 68mL，稀释至 500mL
5.0	NaOAc·3H₂O 50g，溶于适量水中，加 6mol/L HOAc 34mL，稀释至 500mL
5.7	NaOAc·3H₂O 100g，溶于适量水中，加 6mol/L HOAc 13mL，稀释至 500mL
7.0	NaOAc 77g，用水溶解后，稀释至 500mL
7.5	NH₄Cl 60g，溶于适量水中，加 15mol/L氨水 1.4mL，稀释至 500mL
8.0	NH₄Cl 50g，溶于适量水中，加 15mol/L氨水 3.5mL，稀释至 500mL
8.5	NH₄Cl 40g，溶于适量水中，加 15mol/L氨水 8.8mL，稀释至 500mL
9.0	NH₄Cl 35g，溶于适量水中，加 15mol/L氨水 24mL，稀释至 500mL
9.5	NH₄Cl 30g，溶于适量水中，加 15mol/L氨水 65mL，稀释至 500mL
10.0	NH₄Cl 27g，溶于适量水中，加 15mol/L氨水 147mL，稀释至 500mL
10.5	NH₄Cl 9g，溶于适量水中，加 15mol/L氨水 175mL，稀释至 500mL
11.0	NH₄Cl 3g，溶于适量水中，加 15mol/L氨水 207mL，稀释至 500mL
12.0	0.01mol/L NaOH**
13.0	0.1mol/L NaOH

注：*Cl⁻对测定有妨碍时，可用HNO₃；**Na⁺对测定有妨碍时，可用KOH。

附表2-2　几种温度下标准缓冲溶液的pH

温度/℃	0.05mol/L 草酸三氢钾	25℃ 饱和酒石酸 氢钾	0.05mol/L 邻苯二甲酸 氢钾	0.025mol/L 磷酸二氢钾+ 0.025mol/L 磷酸氢二钠	0.008695mol/L 磷酸二氢钾+ 0.03043mol/L 磷酸氢二钠	0.01mol/L 硼砂	25℃饱和 氢氧化钙
10	1.670	—	3.998	6.923	7.472	9.332	13.011
15	1.672	—	3.999	6.900	7.448	9.276	12.820
20	1.675	—	4.002	6.881	7.429	9.225	12.637
25	1.679	3.559	4.008	6.865	7.413	9.180	12.460
30	1.683	3.551	4.015	6.853	7.400	9.139	12.292
40	1.694	3.547	4.035	6.838	7.380	9.068	11.975
50	1.707	3.555	4.060	6.833	7.367	9.011	11.697
60	1.723	3.573	4.091	6.836	—	8.962	11.426

表中标准缓冲溶液的配制方法如下。

（1）0.05mol/L草酸三氢钾溶液：称取在（54±3）℃下烘干4~5h的草酸三氢钾[$KH_3(C_2O_4)_2\cdot 2H_2O$]12.71g，溶于无二氧化碳的蒸馏水，于容量瓶中稀释至1L。

（2）25℃饱和酒石酸氢钾溶液：在磨口玻璃瓶中装入无二氧化碳的蒸馏水和过量的酒石酸氢钾（$KHC_4H_4O_6$）粉末（约20g/L），控制温度在25℃，剧烈摇动20~30min，溶液澄清后，用倾泻法取其清液备用。

（3）0.05mol/L邻苯二甲酸氢钾溶液：称取在（115±5）℃下烘干2~3h的邻苯二甲酸氢钾（$C_6H_4CO_2HCO_2K$）10.21g，溶于无二氧化碳的蒸馏水中，于容量瓶中稀释至1L。

（4）0.025mol/L磷酸二氢钾和0.025mol/L磷酸氢二钠混合溶液：分别称取在（115±5）℃下烘干2~3h的磷酸二氢钾（KH_2PO_4）3.40g和磷酸氢二钠（Na_2HPO_4）3.54g，溶于无二氧化碳的蒸馏水中，在容量瓶中稀释至1L。

（5）0.008695mol/L磷酸二氢钾和0.03043mol/L磷酸氢二钠混合溶液：分别称取在（115±5）℃下烘干2~3h的磷酸二氢钾（KH_2PO_4）1.179g和磷酸氢二钠（Na_2HPO_4）4.30g，溶于无二氧化碳的蒸馏水中，在容量瓶中稀释至1L。

（6）0.01mol/L硼砂溶液：称取硼砂（$Na_2B_4O_7\cdot 10H_2O$）3.81g（注意不能烘），溶于无二氧化碳的蒸馏水中，在容量瓶中稀释至1L。

（7）25℃饱和氢氧化钙溶液：在聚乙烯塑料瓶中装入无二氧化碳的蒸馏水和过量的氢氧化钙$Ca(OH)_2$粉末（约5~10g/L）。控制温度在25℃，剧烈摇动20~30min，迅速用抽滤法滤取清液备用。

附录三　弱酸和弱碱的离解常数

附表3-1　弱酸的离解常数

名称	离解常数 K_a（25℃）	pK_a
砷酸H_3AsO_4	$K_{a1}=6.3 \times 10^{-3}$	2.20
	$K_{a2}=1.0 \times 10^{-7}$	7.00
	$K_{a3}=3.2 \times 10^{-12}$	11.50
硼酸H_3BO_3	$K_{a1}=5.8 \times 10^{-10}$	9.24
氢氰酸HCN	$K_{a1}=6.2 \times 10^{-10}$	9.21
碳酸H_2CO_3	$K_{a1}=4.2 \times 10^{-7}$	6.38
	$K_{a2}=5.6 \times 10^{-11}$	10.25
铬酸H_2CrO_4	$K_{a1}=1.8 \times 10^{-1}$	0.74
	$K_{a2}=3.2 \times 10^{-7}$	6.50
氢氟酸HF	$K_{a1}=6.6 \times 10^{-4}$	3.18
亚硝酸HNO_2	$K_{a1}=5.1 \times 10^{-4}$	3.29
磷酸H_3PO_4	$K_{a1}=7.6 \times 10^{-3}$	2.12
	$K_{a2}=6.3 \times 10^{-8}$	7.20
	$K_{a3}=4.4 \times 10^{-13}$	12.36
硫化氢H_2S	$K_{a1}=1.3 \times 10^{-7}$	6.89
	$K_{a2}=7.1 \times 10^{-15}$	14.15
亚硫酸H_2SO_3	$K_{a1}=1.3 \times 10^{-2}$	1.90
	$K_{a2}=6.3 \times 10^{-8}$	7.20
硫酸H_2SO_4	$K_{a1}=1.0 \times 10^{-2}$	1.99
甲酸HCOOH	$K_{a1}=1.8 \times 10^{-4}$	3.74
醋酸CH_3COOH	$K_{a1}=1.8 \times 10^{-5}$	4.74
一氯乙酸$CH_2ClCOOH$	$K_{a1}=1.4 \times 10^{-3}$	2.86

续表

名称	离解常数 K_a（25℃）	pK_a
二氯乙酸CHClCOOH	$K_{a1}=5.0 \times 10^{-2}$	1.30
三氯乙酸CCl₃COOH	$K_{a1}=0.23$	0.64
草酸H₂C₂O₄	$K_{a1}=5.9 \times 10^{-2}$	1.23
	$K_{a2}=6.4 \times 10^{-5}$	4.19
琥珀酸（CH₂COOH）₂	$K_{a1}=6.89 \times 10^{-5}$	4.16
	$K_{a2}=2.47 \times 10^{-6}$	5.61
酒石酸CH（OH）COOH 　　　　| 　　　CH（OH）COOH	$K_{a1}=9.1 \times 10^{-4}$	3.04
	$K_{a2}=4.3 \times 10^{-5}$	4.37
柠檬酸CH₂COOH 　　　| 　　C（OH）COOH 　　| 　　CH₂COOH	$K_{a1}=7.4 \times 10^{-4}$	3.13
	$K_{a2}=1.7 \times 10^{-5}$	4.76
	$K_{a3}=4.0 \times 10^{-7}$	6.40
苯酚C₆H₅OH	$K_{a1}=1.1 \times 10^{-10}$	9.95
苯甲酸C₆H₅COOH	$K_{a1}=6.2 \times 10^{-5}$	4.21
水杨酸C₆H₄（OH）COOH	$K_{a1}=1.0 \times 10^{-3}$	3.00
	$K_{a2}=4.2 \times 10^{-13}$	12.38
邻苯二甲酸C₆H₄（COOH）₂	$K_{a1}=1.1 \times 10^{-3}$	2.89
	$K_{a2}=3.9 \times 10^{-6}$	5.41

附表3-2　弱碱的离解常数

名称	离解常数 K_b（25℃）	pK_b
氨水NH₃·H₂O	$K_{b1}=1.8 \times 10^{-5}$	4.74
羟胺NH₂OH	$K_{b1}=9.1 \times 10^{-9}$	8.04
苯胺C₆H₅NH₂	$K_{b1}=3.8 \times 10^{-10}$	9.42
乙二胺H₂NCH₂CH₂NH₂	$K_{b1}=8.5 \times 10^{-5}$	4.07
	$K_{b2}=7.1 \times 10^{-8}$	7.15
六亚甲基四胺（CH₂）₆N₄	$K_{b1}=1.4 \times 10^{-9}$	8.85
吡啶	$K_{b1}=1.7 \times 10^{-9}$	8.77

附录四 金属配合物的稳定常数

金属离子	离子强度	n	$\lg\beta_n$
氨配合物			
Ag^+	0.1	1，2	3.40，7.40
Cd^{2+}	0.1	1，…，6	2.60，4.65，6.04，6.92，6.6，4.9
Co^+	0.1	1，…，6	2.05，3.62，4.61，5.31，5.43，4.75
Cu^{2+}	2	1，…，4	4.13，7.61，10.46，122.59
Ni^{2+}	0.1	1，…，6	2.75，4.95，6.64，7.79，8.50，8.49
Zn^{2+}	0.1	1，…，6	2.27，4.61，7.01，9.06
氟配合物			
Al^{3+}	0.53	1，…，6	6.1，11.15，15.0，17.7，19.4，19.7
Fe^{3+}	0.5	1，2，3	5.2，9.2，11.9
Th^{4+}	0.5	1，2，3	7.7，13.5，18.0
TiO^{2+}	3	1，…，4	5.4，9.8，13.7，17.4
Sn^{4+}	*	6	25
Zr^{4+}	2	1，2，3	8.8，16.1，21.9
氯配合物			
Ag^+	0.2	1，…，4	2.9，4.7，5.0，5.9
Hg^{2+}	0.5	1，…，4	6.7，13.2，14.1，15.1
碘配合物			
Cd^{2+}	*	1，…，4	2.4，3.4，5.0，6.15
Hg^{2+}	0.5	1，…，4	12.9，23.8，27.6，29.8
氰配合物			
Ag^+	0~0.3	2，…，4	21.1，21.8，20.7
Cd^{2+}	3	1，…，4	5.5，10.6，15.3，18.9
Cu^{2+}	0	2，…，4	24.0，28.6，30.3
Fe^{2+}	0	6	35.4
Fe^{3+}	0	6	43.6
Hg^{2+}	0.1	1，…，4	18.0，344，7，38.5，41.5
Ni^{2+}	0.1	4	31.3
Zn^{2+}	0.1	4	16.7
硫氰酸配合物			
Fe^{3+}	*	1，…，5	2.3，4.2，5.6，6.4，6.4
Hg^{2+}	1	2，…，4	16.1，19.0，20.9

续表

金属离子	离子强度	n	$\lg\beta_n$
硫代硫酸配合物			
Ag^+	0	1, 2	8.82, 13.5
Hg^{2+}	0	1, 2	29.86, 32.26
柠檬酸配合物			
Al^{3+}	0.5	1	20.0
Cu^{2+}	0.5	1	18
Fe^{3+}	0.5	1	25
Ni^{2+}	0.5	1	14.3
Pb^{2+}	0.5	1	12.3
Zn^{2+}	0.5	1	11.4
磺基水杨酸配合物			
Al^{3+}	0.1	1, 2, 3	12.9, 22.9, 29.0
Fe^{3+}	3	1, 2, 3	14.4, 25.2, 32.2
乙酰丙酮配合物			
Al^{3+}	0.1	1, 2, 3	8.1, 15.7, 21.2
Cu^{2+}	0.1	1, 2	7.8, 14.3
Fe^{3+}	0.1	1, 2, 3	9.3, 17.9, 25.1
邻二氮杂菲配合物			
Ag^+	0.1	1, 2	5.02, 12.07
Cd^{2+}	0.1	1, 2, 3	6.4, 11.6, 15.8
Co^{2+}	0.1	1, 2, 3	7.0, 13.7, 20.1
Cu^{2+}	0.1	1, 2, 3	9.1, 15.8, 21.0
Fe^{2+}	0.1	1, 2, 3	5.9, 11.1, 21.3
Hg^{2+}	0.1	1, 2, 3	—, 19.65, 23.35
Ni^{2+}	0.1	1, 2, 3	8.8, 17.1, 24.8
Zn^{2+}	0.1	1, 2, 3	6.4, 12.15, 17.0
乙二胺配合物			
Ag^+	0.1	1, 2	4.7, 7.7
Cd^{2+}	0.1	1, 2	5.47, 10.02
Cu^{2+}	0.1	1, 2	10.55, 19.60
Co^{2+}	0.1	1, 2, 3	5.89, 10.72, 13.82
Hg^{2+}	0.1	2	23.42
Ni^{2+}	0.1	1, 2, 3	7.66, 14.06, 18.59
Zn^{2+}	0.1	1, 2, 3	5.71, 10.37, 12.08

注：*，—表示离子强度不定。

附录五 标准电极电位（18~25℃）

半反应	$\varphi^{\ominus}/V$
$Li^+ + e^- \rightleftharpoons Li$	−3.045
$K^+ + e^- \rightleftharpoons K$	−2.924
$Ba^{2+} + 2e^- \rightleftharpoons Ba$	−2.90
$Sr^{2+} + 2e^- \rightleftharpoons Sr$	−2.89
$Ca^{2+} + 2e^- \rightleftharpoons Ca$	−2.76
$Na^+ + e^- \rightleftharpoons Na$	−2.711
$Mg^{2+} + 2e^- \rightleftharpoons Mg$	−2.375
$Al^{3+} + 3e^- \rightleftharpoons Al$	−1.706
$ZnO_2^{2-} + 2H_2O + 2e^- \rightleftharpoons Zn + 4OH^-$	−1.216
$Mn^{2+} + 2e^- \rightleftharpoons Mn$	−1.18
$Sn(HO)_6^{2-} + 2e^- \rightleftharpoons HSnO_2^- + 3OH^- + H_2O$	−0.96
$SO_4^{2-} + H_2O + 2e^- \rightleftharpoons SO_3^{2-} + 2OH^-$	−0.92
$TiO^{2+} + 4H^+ + 4e^- \rightleftharpoons Ti + 2H_2O$	−0.89
$2H_2O + 2e^- \rightleftharpoons H_2 + 2HO^-$	−0.828
$HSnO_2^- + H_2O + 2e^- \rightleftharpoons Sn + 3OH^-$	−0.79
$Zn^{2+} + 2e^- \rightleftharpoons Zn$	−0.763
$Cr^{3+} + 3e^- \rightleftharpoons Cr$	−0.74
$AsO_4^{3-} + 2H_2O + 2e^- \rightleftharpoons AsO_2^- + 4OH^-$	−0.71
$S + 2e^- \rightleftharpoons S^{2-}$	−0.508
$2CO_2 + 2H^+ + 2e^- \rightleftharpoons H_2C_2O_4$	−0.49

续表

半反应	$\varphi^{\ominus}/V$
$Cr^{3+} + e^- \rightleftharpoons Cr^{2+}$	-0.41
$Fe^{2+} + 2e^- \rightleftharpoons Fe$	-0.409
$Cd^{2+} + 2e^- \rightleftharpoons Cd$	-0.403
$Cu_2O + H_2O + 2e^- \rightleftharpoons 2Cu + 2OH^-$	-0.361
$Co^{2+} + 2e^- \rightleftharpoons Co$	-0.28
$Ni^{2+} + 2e^- \rightleftharpoons Ni$	-0.246
$AgI + e^- \rightleftharpoons Ag + I^-$	-0.15
$Sn^{2+} + 2e^- \rightleftharpoons Sn$	-0.136
$Pb^{2+} + 2e^- \rightleftharpoons Pb$	-0.126
$CrO_4^{2-} + 4H_2O + 3e^- \rightleftharpoons Cr(OH)_3 + 5OH^-$	-0.12
$Ag_2S + 2H^+ + 2e^- \rightleftharpoons 2Ag + H_2S$	-0.036
$Fe^{3+} + 3e^- \rightleftharpoons Fe$	-0.036
$2H^+ + 2e^- \rightleftharpoons H_2$	0.000
$NO_3^- + H_2O + 2e^- \rightleftharpoons NO_2^- + 2OH^-$	0.01
$TiO^{2+} + 2H^+ + e^- \rightleftharpoons Ti^{3+} + H_2O$	0.10
$S_4O_6^{2-} + 2e^- \rightleftharpoons 2S_2O_3^{2-}$	0.09
$AgBr + e^- \rightleftharpoons Ag + Br^-$	0.10
$S + 2H^+ + 2e^- \rightleftharpoons H_2S$（水溶液）	0.141
$Sn^{4+} + 2e^- \rightleftharpoons Sn^{2+}$	0.15
$Cu^{2+} + e^- \rightleftharpoons Cu^+$	0.158
$BiOCl + 2H^+ + 3e^- \rightleftharpoons Bi + Cl^- + H_2O$	0.158
$SO_4^{2-} + 4H^+ + 2e^- \rightleftharpoons H_2SO_3 + H_2O$	0.20
$AgCl + e^- \rightleftharpoons Ag + Cl^-$	0.22
$IO_3^- + 3H_2O + 6e^- \rightleftharpoons I^- + 6OH^-$	0.26

续表

半反应	$\varphi^{\ominus}/\text{V}$
$Hg_2Cl_2 + 2e^- \rightleftharpoons 2Hg + 2Cl^-$ （$0.1mol \cdot L^{-1}$ NaOH）	0.268
$Cu^{2+} + 2e^- \rightleftharpoons Cu$	0.340
$VO^{2+} + 2H^+ + e^- \rightleftharpoons V^{3+} + H_2O$	0.36
$Fe(CN)_6^{3-} + e^- \rightleftharpoons Fe(CN)_6^{4-}$	0.36
$2H_2SO_3 + 2H^+ + 4e^- \rightleftharpoons S_2O_3^{2-} + 3H_2O$	0.40
$Cu^+ + e^- \rightleftharpoons Cu$	0.522
$I_3^- + 2e^- \rightleftharpoons 3I^-$	0.534
$I_2 + 2e^- \rightleftharpoons 2I^-$	0.585
$IO_3^- + 2H_2O + 4e^- \rightleftharpoons IO^- + 4OH^-$	0.56
$MnO_4^- + e^- \rightleftharpoons MnO_4^{2-}$	0.56
$H_3AsO_4 + 2H^+ + 2e^- \rightleftharpoons HAsO_2 + 2H_2O$	0.56
$MnO_4^- + 2H_2O + 3e^- \rightleftharpoons MnO_2 + 4OH^-$	0.58
$O_2 + 2H^+ + 4e \rightleftharpoons H_2O_2$	0.682
$Fe^{3+} + e^- \rightleftharpoons Fe^{2+}$	0.77
$Hg_2^{2+} + 2e^- \rightleftharpoons 2Hg$	0.796
$Ag^+ + e^- \rightleftharpoons Ag$	0.799
$Hg^{2+} + 2e^- \rightleftharpoons Hg$	0.851
$2Hg^{2+} + 2e^- \rightleftharpoons Hg_2^{2+}$	0.907
$NO_3^- + 3H^+ + 2e^- \rightleftharpoons HNO_2 + H_2O$	0.94
$NO_3^- + 4H^+ + 3e^- \rightleftharpoons NO + 2H_2O$	0.96
$HNO_2 + H^+ + e^- \rightleftharpoons NO + H_2O$	0.99
$VO_2^+ + 2H^+ + e^- \rightleftharpoons VO^{2+} + H_2O$	1.00
$N_2O_4 + 4H^+ + 4e^- \rightleftharpoons 2NO + 2H_2O$	1.03
$Br_2 + 2e^- \rightleftharpoons 2Br^-$	1.08

续表

半反应	$\varphi^{\ominus}$ / V
$IO_3^- + 6H^+ + 6e^- \rightleftharpoons I^- + 3H_2O$	1.085
$IO_3^- + 6H^+ + 5e^- \rightleftharpoons 1/2I_2 + 3H_2O$	1.195
$MnO_2 + 4H^+ + 2e^- \rightleftharpoons Mn^{2+} + 2H_2O$	1.23
$O_2 + 4H^+ + 4e^- \rightleftharpoons 2H_2O$	1.23
$Au^{3+} + 2e^- \rightleftharpoons Au^+$	1.29
$Cr_2O_7^{2-} + 14H^+ + 6e^- \rightleftharpoons 2Cr^{3+} + 7H_2O$	1.33
$Cl_2 + 2e^- \rightleftharpoons 2Cl^-$	1.358
$BrO_3^- + 6H^+ + 6e^- \rightleftharpoons Br^- + 3H_2O$	1.44
$Ce^{4+} + e^- \rightleftharpoons Ce^{3+}$	1.443
$ClO_3^- + 6H^+ + 6e^- \rightleftharpoons Cl^- + 3H_2O$	1.45
$PbO_2 + 4H^+ + 2e^- \rightleftharpoons Pb^{2+} + 2H_2O$	1.46
$MnO_4^- + 8H^+ + 5e^- \rightleftharpoons Mn^{2+} + 4H_2O$	1.491
$Mn^{3+} + e^- \rightleftharpoons Mn^{2+}$	1.51
$BrO_3^- + 6H^+ + 5e^- \rightleftharpoons 1/2Br_2 + 3H_2O$	1.52
$HClO + H^+ + e^- \rightleftharpoons 1/2Cl_2 + H_2O$	1.63
$MnO_4^- + 4H^+ + 3e^- \rightleftharpoons MnO_2 + 2H_2O$	1.679
$H_2O_2 + 2H^+ + 2e^- \rightleftharpoons 2H_2O$	1.776
$Co^{3+} + e^- \rightleftharpoons Co^{2+}$	1.842
$S_2O_8^{2-} + 2e^- \rightleftharpoons 2SO_4^{2-}$	2.00
$O_3 + 2H^+ + 2e^- \rightleftharpoons O_2 + H_2O$	2.07
$F_2 + 2e^- \rightleftharpoons 2F^-$	2.87

附录六 难溶化合物的溶度积常数（18~25℃）

难溶化合物	化学式	溶度积 K_{sp}	pK_{sp}
氢氧化铝	Al（OH）$_3$	1.3×10^{-33}	32.9
溴化银	AgBr	5.0×10^{-13}	12.30
碳酸银	Ag$_2$CO$_3$	8.1×10^{-12}	11.09
氯化银	AgCl	1.8×10^{-10}	9.75
铬酸银	Ag$_2$CrO$_4$	2.0×10^{-12}	11.71
氢氧化银	AgOH	2.0×10^{-8}	7.71
碘化银	AgI	9.3×10^{-17}	16.03
硫化银	Ag$_2$S	2×10^{-49}	48.7
硫氰化银	AgSCN	1.0×10^{-12}	12.00
碳酸钡	BaCO$_3$	5.1×10^{-9}	8.29
铬酸钡	BaCrO$_4$	1.2×10^{-10}	9.93
草酸钡	BaCr$_2$O$_4$·H$_2$O	2.3×10^{-8}	7.64
硫酸钡	BaSO$_4$	1.1×10^{-10}	9.96
氢氧化铋	Bi（OH）$_3$	4.0×10^{-31}	30.4
碘化铋	BiI$_3$	8.1×10^{-19}	18.09
磷酸铋	BiPO$_4$	1.3×10^{-23}	22.89
碳酸钙	CaCO$_3$	2.9×10^{-9}	8.54
草酸钙	CaC$_2$O$_4$·H$_2$O	2.0×10^{-9}	8.70
氟化钙	CaF$_2$	2.7×10^{-11}	10.57
硫酸钙	CaSO$_4$	9.1×10^{-6}	5.04

续表

难溶化合物	化学式	溶度积 K_{sp}	pK_{sp}
硫化钴-α	CoS-α	4×10^{-21}	20.4
硫化钴-β	CoS-β	2×10^{-25}	24.7
氢氧化铬	Cr（OH）$_3$	6.0×10^{-31}	30.2
硫化铬	CrS	8×10^{-27}	26.1
硫化铜	CuS	6×10^{-36}	35.2
硫化镉	CdS	8×10^{-27}	26.1
溴化亚铜	CuBr	5.2×10^{-9}	8.28
氯化亚铜	CuCl	1.2×10^{-6}	5.92
碘化亚铜	CuI	1.1×10^{-12}	11.96
硫化亚铜	Cu$_2$S	2×10^{-48}	47.7
硫氰酸亚铜	CuSCN	4.8×10^{-15}	14.32
碳酸亚铁	FeCO$_3$	3.2×10^{-11}	10.50
氢氧化铁	Fe（OH）$_3$	4×10^{-38}	37.4
氢氧化亚铁	Fe（OH）$_2$	8×10^{-16}	15.1
磷酸亚铁	FePO$_4$	1.3×10^{-22}	21.89
硫化亚铁	FeS	6×10^{-18}	17.2
溴化亚汞	Hg$_2$Br$_2$	5.8×10^{-23}	22.24
氯化亚汞	Hg$_2$Cl$_2$	1.3×10^{-18}	17.88
碳酸亚汞	Hg$_2$CO$_3$	8.9×10^{-17}	16.05
碘化亚汞	Hg$_2$I$_2$	4.5×10^{-29}	28.35
氢氧化亚汞	Hg$_2$（OH）$_2$	2×10^{-24}	23.7
硫化汞	HgS	4×10^{-53}	52.4
碳酸镁	MgCO$_3$	3.5×10^{-8}	7.46
氟化镁	MgF$_2$	6.4×10^{-9}	8.19

续表

难溶化合物	化学式	溶度积 K_{sp}	pK_{sp}
磷酸铵镁	$MgNH_4PO_4$	2×10^{-13}	12.7
氢氧化镁	$Mg(OH)_2$	1.8×10^{-11}	10.74
氢氧化锰	$Mn(OH)_2$	1.9×10^{-13}	12.72
硫化锰	MnS	2.0×10^{-13}	12.7
氢氧化镍	$Ni(OH)_2$	2.0×10^{-15}	14.7
碳酸铅	$PbCO_3$	7.4×10^{-14}	13.13
铬酸铅	$PbCrO_4$	2.8×10^{-13}	12.55
氟化铅	PbF_2	2.7×10^{-8}	7.57
氢氧化铅	$Pb(OH)_2$	1.2×10^{-15}	14.93
硫化铅	PbS	8×10^{-28}	27.1
硫酸铅	$PbSO_4$	1.6×10^{-8}	7.79
氢氧化锡	$Sn(OH)_4$	1×10^{-56}	56.0
氢氧化亚锡	$Sn(OH)_2$	1.4×10^{-28}	27.85
碳酸锶	$SrCO_3$	1.1×10^{-10}	9.96
氟化锶	SrF_2	2.4×10^{-9}	8.61
硫酸锶	$SrSO_4$	3.2×10^{-7}	6.49
氢氧化钛（Ⅳ）	$TiO(OH)_2$	1×10^{-29}	29.0
碳酸锌	$ZnCO_3$	1.4×10^{-11}	10.84
氢氧化锌	$Zn(OH)_2$	1.2×10^{-17}	16.92
硫化锌	ZnS	2×10^{-22}	21.7

参考文献

[1] Nalimov V V. The Application of Mathematical Statistics to Chemical Analysis ［M］. Oxford: Pergamon,1963.

[2] Meties L. Handbook of Analytical Chemistry ［M］. Boston: McGraw-Hill, 1963.

[3] Michel Soustelle. Chemical Equilibria ［M］. Hoboken: Wiley-Iste, 2015.

[4] 张丽，黄荣增.分析化学 ［M］.2 版.北京：科学出版社，2023.

[5] 武汉大学主编.分析化学 ［M］.6 版.北京：高等教育出版社，2016.

[6] 周心如，杨俊佼，柯以侃.化验员读本(上) ［M］.5 版.北京：化学工业出版社，2017.

[7] 华东理工大学分析化学教研组，四川大学工科化学基础课.分析化学 ［M］.7 版.北京：高等教育出版社，2018.

[8] 华东理工大学，四川大学.分析化学(第七版)学习指导 ［M］.北京：高等教育出版社，2019.

[9] 陶移文，汪敬武.药物分析化学 ［M］.北京：科学出版社，2023.

[10] 汤启昭.化学原理与化学分析 ［M］.北京：科学出版社，2009.

[11] 周性尧，任建国.分析化学中的离子平衡 ［M］.北京：科学出版社，1998.

[12] 钱政，王中宇.误差理论与数据处理 ［M］.北京：科学出版社，2023.

[13] 李龙泉.定量化学分析 ［M］.合肥：中国科技大学出版社，2020.

[14] 黄一石，黄一波，乔子荣.定量化学分析 ［M］.4 版.北京：化学工业出版社，2020.

[15] 武汉大学主编,分析化学实验 ［M］.6 版.北京：高等教育出版社，2021.

[16] 首都师范大学教材编写组.分析化学实验 ［M］.北京：科学出版社，2023.

[17] 胡伟光，张文英.定量化学分析实验 ［M］.4 版.北京：化学工业出版社，2020.

[18] 姚思童，张进.现代分析化学实验 ［M］.北京：化学工业出版社，2020.

[19] 杨小林，贺琼.分析检验的质量保证与计量认证 ［M］.北京：化学工业出版社，2018.

[20] 中国实验室国家认可委员会.实验室认可与管理基础知识 ［M］.北京：中国计量出版社，2009.

[21] 中国实验室国家认可委员会.化学分析中不确定度的评估指南 ［M］.北京：中国计量出版社，2019.